医院建设BIM应用与项目管理
——江苏省妇幼保健院工程实践

主　编　赵奕华　张玉彬
副主编　朱　根　李　迁　刘鹏飞　陈　岗　陈国蓬
主　审　王　水　钱　英

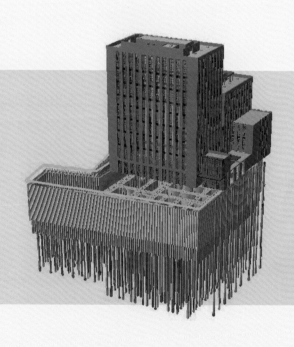

同济大学 出版社
TONGJI UNIVERSITY PRESS

内 容 提 要

　　本书以案例的形式分阶段总结了BIM技术在江苏省妇幼保健院住院综合楼项目中的应用实践与经验,对该项目建设初步设计论证、桩基支护方案优化、主体结构优化、机电管线综合、参建团队的组织优化与创新中的研究与运用方面做了详尽的阐述,并展望了BIM技术在医院建设中应用的发展趋势。

　　本书可供医院建设项目管理的决策者、执行者使用,也可供专业的咨询单位、参与项目建设的设计、监理、咨询、施工、供货等多方主体参考使用。

图书在版编目(CIP)数据

　　医院建设BIM应用与项目管理:江苏省妇幼保健院工程实践 / 赵奕华,张玉彬主编. --上海:同济大学出版社,2019.12
　　ISBN 978-7-5608-8914-6

　　Ⅰ.①医… Ⅱ.①赵… ②张… Ⅲ.①妇幼保健—医院—建筑设计—计算机辅助设计—应用软件 Ⅳ.①TU246.1-39

　　中国版本图书馆CIP数据核字(2019)第279373号

医院建设BIM应用与项目管理——江苏省妇幼保健院工程实践

主编 赵奕华 张玉彬 **副主编** 朱根 李迁 刘鹏飞 陈岗 陈国蓬 **主审** 王水 钱英
责任编辑 陈佳蔚 **责任校对** 徐逢乔 **封面设计** 陈益平

出版发行　同济大学出版社　　　www.tongjipress.com.cn
　　　　　(地址:上海市四平路1239号　邮编:200092　电话:021-65985622)
经　　销　全国各地新华书店、建筑书店、网络书店
印　　刷　上海安枫印务有限公司
开　　本　787 mm×1092 mm　1/16
印　　张　22
字　　数　549 000
版　　次　2019年12月第1版　　2019年12月第1次印刷
书　　号　ISBN 978-7-5608-8914-6

定　　价　158.00元

本书编委会

主   编   赵奕华   张玉彬

副主编   朱 根   李 迁   刘鹏飞   陈 岗   陈国蓬

主   审   王 水   钱 英

编   委   严鹏华   金正开   杨朋辉   徐 丹   金 蕾

              张鹏洋   卞开锋   顾翔荣   唐天勇   陈思聪

              马 倩   王 娟   韩若祎   苏红青   王效磊

              王晓斌   田 灏   吴钟鹏   孟 瑜   高增孝

              陶添光   唐子韫   曹肖烈   孙景锟   戴开波

参编单位   江苏省妇幼保健院

              山东同圆数字科技有限公司

              江苏建科工程咨询有限公司

              中建安装集团有限公司

              南京大学 BIM 技术研究院

              苏州市华丽美登装饰装潢有限公司

              江苏全成工程造价咨询有限公司

              南京巨鲨显示科技有限公司

              江苏环亚医用科技集团股份有限公司

序
Preface

江苏省妇幼保健院承担着江苏省妇女儿童医疗、保健及健康教育、业务培训、妇幼卫生信息、科研、教学等职能和任务，是江苏省唯一的省级三级甲等妇幼保健院，是江苏省省级危急重症孕产妇及新生儿救治指导中心。

江苏省妇幼保健院于2012年开始启动医院改扩建总体规划设计。设计方案分三期：一期为住院综合楼及配套门急诊前地下停车库项目；二期为科研综合楼项目；三期为门急诊综合楼项目。一期住院综合楼项目自2013年正式启动，到2014年完成初步设计。医院分管基建的赵奕华副院长从初步设计开始就在住院综合楼项目建设中积极推行和使用BIM技术，使我院成为江苏省内最早在医院建设全过程中使用BIM技术的医院之一。实践证明，BIM技术应用为项目科学决策提供了准确参考，使非建筑专业的医院决策层和各科室人员对待建区域的复杂性有了直观的了解，避免了因跨专业之间的理解"分歧"，尤其在"看不见"的深基坑桩基优化、机电管线综合布置、医院一楼大厅结构优化与病房区域空间优化等方面取得了预期的应用成果，为工程建设稳步有序推进提供了保障。同时，通过业主方主导的BIM应用，使整个项目参建团队组织更加高效、更具凝聚力，也为医院培养了一支优秀的基建专业团队。

本书拟将施工阶段的BIM成果在医院运维过程中为智慧医院建设打下数字化基础，以完善BIM竣工模型作为医院运营管理的载体，使新建住院综合楼的运营管理更加高效智能。同时，将住院综合楼项目BIM应用经验进行系统性总结，以便提供给全国医院建设的同行借鉴。

本书从案例出发，分阶段总结了BIM技术在我院住院综合楼项目中的应用实践与经验，在住院综合楼项目建设初步设计论证、桩基支护方案优化、主体结构优化、机电管线综合、参建团队的组织优化与创新中的研究与运用方面做了详尽的阐述，充分展现了参建团队的集体智慧、创新思维及勇于探索的精神。在此，特别感谢所有参加医院建设的设计、监理、造价咨询、施工单位和基建团队；感谢关心和支持医院建设的各级主管部门领导；感谢本书全体编写人员的精心总结和思考；感谢在住院综合楼建设中各BIM应用单位给予的大力支持。

王水

2019 年 11 月

前言
Foreword

建筑信息模型（Building Information Modeling，简称 BIM），是指在建筑工程及设施全生命周期内，对其物理和功能特性进行数字化、可视化表达，并依此进行设计、施工、运营的过程和结果的总称。随着我国综合国力的迅速提升，国家加大了对公共基础建设配套项目的投入，医院建设项目也得到支持。国家卫健委要求医院建设按照布局合理、功能完善、流程科学、规模适宜、标准合规、运行经济的原则开展医院建设。仅江苏省近 3 年的公益医院建设项目（含改扩建）就多达 80 多个，总建筑面积约 1 080 万 m²，总投资造价约 864 亿元，医院建设工程进入建设高潮。医院建设工程具有公益性、公共性、专业性、系统性、复杂性、甲方（群）动态性以及不可复制性，在其全生命周期的建设管理过程中，质量、安全、进度、投资的有效控制，设计、施工、交付、运维等各阶段的协同联动，需要用新理念、新方法、新技术的新型项目管理模式来组织实施。BIM 技术应用是大型公建项目的发展趋势，集成管理是面对复杂系统工程的有效手段，通过总结江苏省妇幼保健院住院综合楼项目经验，探索出一套适用于医院建设的 BIM 应用模式。

江苏省妇幼保健院住院综合楼项目批复概算 63 856 万元，建筑面积 68 063.9 m²，其中，地上建筑面积 55 558.1 m²（其中，辅楼改造面积 5 376 m²），地下建筑面积 12 505.8 m²，建筑高度 78.5 m，机动车位 230 个（其中，地下车位 196

个）。地下两层为高低压变配电所（含发电机）、中央空调机房、供水消防泵房、机械停车库，人防区域；1—6 层为医技部分，包括：公共服务区域、影像科、检验科、输血科、信息中心、住院药房（含静脉配置中心）、ICU/OICU、病理科、产房、新生儿/NICU、手术室（16 间）、腔镜清洗中心等；7—18 层为病房，包括：妇科、产科、乳腺科、小儿外科、综合病区等，设计床位 631 张。

江苏省妇幼保健院住院综合楼项目于 2018 年先后获得"最美医院""全国优秀手术室工程奖""全国优秀手术室工程建设管理奖""十佳医院基建管理项目奖"，并获得"第 3 届中国建设工程 BIM 大赛卓越工程项目三等奖""2018 年安装行业 BIM 技术应用成果行业先进（Ⅲ类）"。该项目为医院发展提供了良好的硬件条件，创造了很好的社会效益和经济效益。

本书是基于 BIM 技术在江苏省妇幼保健院住院综合楼项目工程实践经验的总结梳理，从 BIM 应用的组织模式、技术基础、全生命周期中的应用案例出发，通俗、具体地介绍了案例的背景、优化分析、优化内容、执行方案及效果评价，不断改进和完善工程项目，减少变更及返工，缩短工期，提高工程质量和投资效益，实现建设过程责任可追溯，为医院实现基于 BIM 的后勤运维智能化提供了良好的技术支撑。

本书获江苏省住房和城乡建设厅 2016 年省建设领域科技指导性项目（项目编号：2016ZD103）、

江苏现代医院管理研究中心 2017 年度课题（项目编号：JS-3-2017-072）、江苏省住房和城乡建设厅及江苏省财政厅 2018 年度江苏省级节能减排（建筑节能和建筑产业现代化）奖补资金项目中高品质建造奖补项目［建筑信息模型（BIM）技术应用工程项目］的支持。

本书具有实用性、可操作性、可借鉴性，希望能为广大医院建设项目管理的决策者、执行者们提供帮助。由于作者水平有限，书中如有表述不当之处，恳请读者指正。

编　者

2019 年 12 月

目录
Contents

第一篇 | 基础篇

建设前旧貌

第一章
医院建设概述

1.1 医院建设的特征

医院建设项目通过科学的规划和管理，在合理的时间内以交付质量合格的医院建筑为成果。其全过程具有公益性、公共性、专业性、系统性、复杂性、甲方（群）动态性、不可复制性的显著特征。

1.1.1 公益性

医院是有关社会公众福祉和利益的社会公益组织，医院建筑是体现医院为人民群众提供医疗保健服务的载体，部分项目的建设资金以政府全额或部分投入占主体加医院自筹。建成后的全过程运维、经营管理等也均以非营利为目的。

1.1.2 公共性

《民用建筑设计通则》定义的公共建筑，是指可供人们进行公共活动的建筑。在公共建筑的办公、商业、旅游、科教文卫、通信以及交通运输六大类建筑中，医疗建筑属于最典型的一类公共建筑，一般位于人口密集、交通便利的区域，由门诊、急诊、住院等各种专业功能的建筑群组成，365 天 24 小时全天候对社会开放，其全生命周期中的新建、改建、扩建、拆除等都属于公共社会活动中最为关注的重大民生工程，受到建设项目周边居民或该建设项目同级行政区域以下各级社会阶层的广泛关注。

1.1.3 专业性

医院建设项目除需要具备常规公共建筑项目所具有的建筑、结构、电气、智能化、给排水、暖通等专业外，还要具有与医学相关专业关联、

在项目建设过程中配套同步实施的各类医院特有的亚专业，如院内感染控制、放射防护、磁屏蔽、电磁兼容、分质供水处理、医用废水处理、毒气废气排放、净化空调、医用气体、物流传输、交通流线等。这些专业设计极其重要，但因没有标准的工艺设计规范，其深化设计与所选择的设备品牌密切相关，而设备选型受后期开办阶段招投标规定的影响，因此建设项目前期需求很难明确，导致医院建设项目产生进度、投资的不可控和大量设计、施工的返工。

1.1.4 系统性

著名学者钱学森认为，系统是由相互作用、相互依赖的若干组成部分结合而成，是具有特定功能的有机整体，而且这个有机整体又是它从属的更大系统的组成部分。因而，医院建设项目为体现全人医疗而存在的建筑全生命周期，也是一个具有特定内涵和外延的系统，即医疗建筑系统。其与外部环境、内部各建筑、各专业、各功能区、各项工艺流程之间，从规划论证、设计施工到交付运维的全生命周期中，在空间、时间、投资、工程管理等多维度交叉形成具有特定功能的有机整体，又从属于项目所在城市规划建设体系，具有显著的系统特性。

1.1.5 复杂性

医院建设项目因其公益性而受到政策的影响，如投资的拨付，建设规模的核定，建设模式的选择，招投标及政府采购的具体方式；因公共性而受到社会各阶层的关注，如对周边环境的日照影响，污水废气排放影响，以及人口密集区的建设灰尘、噪声影响；因建设项目所涉及的建筑、结构、暖通、给排水、电气、智能化、桩基础及支护、室外幕墙、景观道路、室内装饰装修、三网

通信等专业系统与医疗特有的医用气体系统、物流传输系统、机械停车系统、净化层流系统、放射防护系统、医疗信息化系统、大型医疗设备系统既独立自成体系又存在相互关联配合；因专业性、系统性与医院多需求方的需求多变性、不可确定性之间的矛盾；因建设场地有限、建筑体量庞大、分期投资影响等需要进行统筹规划、分期建设，甚至大部分综合性医院需要在老城区进行拆迁和改扩建；因工程管理的项目管理模式与医院职能型组织之间存在的管理矛盾。以上种种因素导致医院建设项目具有明显的复杂性。

1.1.6 甲方（群）动态性

医院建设项目的决策方因其事业单位的性质，核心决策方为院领导的集体组织，涉及"三大一重"事项还需要经过医院职工代表大会表决通过，此层级的需求方为高层级甲方，主要负责宏观决策。医院建设项目主要由急诊部、门诊部、住院部、医技科室、保障系统、行政管理和院内生活用房等七大功能区域构成，每个区域由各自的科室主任或行政领导负责，其中，住院部根据科室医疗专业不同分为若干个病区，医技科室根据业务功能不同分为若干个学部，保障系统和行政管理根据职能划分为若干个科室或处室，此层级的需求方为中层级甲方，主要负责中观决定。每个病区还根据专业方向分为不同的医疗小组，每个功能区域又具体分为不同的功能房间，其涉及的具体房间的医疗设备配置、建设专业配合等都有不同要求，此层级的需求方为低层级甲方，具体负责微观需求。同时，医院建设时间从立项到建成交付一般需要3~5年，甚至更长，此时间段可能与医院的人事调整时间交叉重合，人事的调整将再度引起需求的变化，进而导致项目的变更。因此，医院建设项目具有动态变化的甲方（群）

动态性。

1.1.7 不可复制性

与居民小区、综合商业体不同，医院建设项目的不同地域、不同文化、不同的水土结构、不同的人口结构、不同的政府投入、不同的卫生医学发展水平、不同的医院性质、不同的医院管理模式、不同的医院定位及学科特色、不同的建设管理模式，都影响和制约着某一个具体的医院建设项目的实施，很难实现医院建设项目的模块化、标准化和可复制。

1.2 医院建设的难点

针对医院建设的特征，梳理总结出医院建设的重点和难点，经过调研分析，找到科学合理的解决办法，就像研制出一种特效药或提出一种新的手术方法，给存在"病痛"的医院建设项目管理的决策者和执行者们带来帮助。

与常规公共建筑项目相同，医院建设项目的投资、安全、质量、进度是医院建设项目管理中的重点。根据工程项目管理的范围、时间、成本、质量、人力资源、沟通、风险、采购、集成、干系人十大要素，结合医院建设项目的公益性、公共性、专业性、系统性、复杂性、甲方（群）动态性、不可复制性七大特征，通过对江苏省妇幼保健院工程项目建设实践的总结和经验梳理，基于BIM的一种合理的建设管理模式、一个科学合理的业务流程、一个高效的建设管理团队、一个融会贯通的信息平台，对内做好需求侧管理，对外做好干系人管理，是整个建设管理的重中之重。

医院建设项目管理的难点就是执行过程中的

重点。医院建设项目大多数属于有政府投资的公共建设项目，建设管理模式通常有代建制、项目管理和医院自建三种，其中代建制在上海、北京、江苏苏州等省市应用较为成功，大部分医院选择抽调人员组织建设团队进行自建或选择有经验的项目管理公司进行管理咨询。由于医院医疗技术的应用、研究和对疾病的诊治，都需要十分严谨的思维方式和执行体系，因此医院的管理者对建设满足其功能的建筑要求，比常规建设领域的管理者更严、标准更高，对项目建设所期待的完美程度更深。而实际上，建设工程领域的管理现状远达不到医疗管理的精益化水平，使医院建设领域存在严重的业主高标准要求和建设方低标准服务之间的矛盾，阻碍着医院建设项目管理的精益化管理目标的实现，因此需要有针对复杂医院建设管理的方法和方法论。具体体现在以下四个方面。

1.2.1 医院建设团队的现状和客观存在的专业性、系统性、复杂性与参建人员高综合素质需求之间的矛盾

医院建设项目的特殊性，不仅需要有相当经验的工程专业和工程管理背景的工程师人才，还需要懂得医疗相关专业知识背景，并具有很好的组织沟通协调能力的医疗管理人才。而在医疗领域，对工程项目的专业性和复杂性认识不足，对相关专业技术人员的培养和重视不够。近十年，继高校建设的一波高峰后，政府开始向基础建设和公共服务建设增大投入，医院建设步入大发展时期，工程建设专业人员的匮乏和建设管理经验的严重不足，使医院决策者开始反思。近五年来，医院虽然逐步开始引入工程专业技术人员，但对其专业能力的积累、职业发展规划和激励措施仍然重视不够，对建设管理团队重要性的认识

缺乏，依然通过职能型组织而不是项目型组织进行建设管理，无法建立高效的建设管理团队。在面对系统复杂的建设项目时，如果再选择了不适合自身的管理模式，则必然导致工作量激增、管理无序混乱、协调沟通不见成效、进度滞后、变更增加、投资超概算。

1.2.2 医院建筑全生命周期的技术应用发展与全人生命周期的医疗技术发展需求之间的矛盾

近年来不少医院面临改扩建或选址新建，开始进行整体的建设规划布局，因大部分改扩建的医院都位于主城区核心地段，建设改造往往见缝插针、因地制宜，因政策、资金、技术等原因，很少能做到整体规划。江苏省妇幼保健院建筑群经过近20年的发展，面临建筑物年久失修、外立面不合时宜、设备系统老化、地下管线不明、不能满足新消防规范等难题。面对如此复杂的技术难题，医院的建设、运维管理却往往缺乏工程专业技术人员，无法对建设、运维的技术、信息等做到有效管理。而整个建筑业经历了从手绘图纸到CAD电脑出图的过程，所有能保留下来的图纸等信息都是以纸质形式保存在档案室，且大部分与现状不符，那些与现状相符的信息却仅凭几名老师傅的记忆，而这些人又即将退休，这给医院的改扩建的设计、施工带来了极大的难度。而反观医疗技术的快速发展，医院建筑虽是医疗活动的基础配套，其技术发展和管理水平理应与医疗发展同步，而建筑全生命周期的技术应用、管理水平现状虽然随着建筑业各项新技术、新材料、新方法的应用有了很大提高，但依然无法满足医疗临床发展的实际需要。

1.2.3 医院内部需求的不明确和多变与建设过程中设计系统化、工序流程化之间的矛盾

医院建设项目的甲方是"虚数"，常规的建设管理团队只是代表甲方的一个执行部门，整个项目的决策者是医院核心领导层，但具体到专业功能区或者某个医疗科室，则科室行政主任、学科带头人或实际管理者甚至是某个功能房间的使用者都是真正的甲方。因为建筑最终是为使用者服务的，也就是说，一个医院建设项目中，有多少个科室或病区，就至少有多少个能提出需求的"小甲方"。而因为医学专业和工程专业的"语言不通"，又导致了"答非所问"的需求分析和"牛头不对马嘴"的初步设计。因此，如何做一名有经验的好"翻译"，进一步成为工程和医学两大系统良性耦合的"催化剂"，是对内做好需求侧管理的关键。

1.2.4 公共建筑的审批建设流程和行政职能部门的过程管理与医院建设的实际需求之间的矛盾

医院建设项目从立项到可行性研究阶段，对外需要对接发改委、财政厅、卫健委、规划局、国土局、消防部门、地铁、环保局、考古部门、园林局、交通局、公安局、城管局、省政府、市政府、区政府、街道、周边居民等，从可行性研究到初步设计再到开工建设直至项目竣工交付，除需要继续对接以上部门外，还需要面对设计单位、监理单位、跟踪审计单位、招标代理、招标办、图审中心、测绘局、渣土办、质监站、安监站、材料检测中心、施工单位、供货商等，如果存在纠纷或索赔，还要面对法院和律师。如此众多的项目参与者都是重要的项目干系人，他们大

都具有行政管理职能或具有一定的执法权，或者能够直接影响到工程的进度、质量、安全、投资。因此，医院建设项目的干系人管理尤其重要，如何利用好医院特有的医疗资源为干系人做好服务，是调动干系人更快更好地推进医院项目建设的关键。

1.3 医院建设行业现状

在医院早期建设过程中，鉴于观念所限且缺少总体规划与发展构想，医院建设一直处于被动建设以满足当前需要的状态。随着社会经济水平的不断发展和人民物质生活水平的不断提高，国民对公共设施的要求越来越高，对医疗保健服务也提出了更高要求，舒适、温馨的环境成为艺术疗愈的重要元素。医院在运营过程中不断暴露出规划设计不合理、用地紧张、功能缺失、环境杂乱等问题，严重制约了医疗服务的品质和医院的工作效率。鉴于当前的发展状况，我国医院势必通过新建、改建、扩建的方式增加医疗卫生资源的供应，缓解医疗卫生资源供给低于医疗服务需求之间的矛盾。

近十年来，医院建设取得了令人瞩目的成绩，基础设施和医疗服务环境得到大幅度改善，医生、患者满意度提高，医疗卫生行业大环境得到改善。在医疗服务环境提升的同时也带来很多问题：医院建设管理模式落后，缺乏有效制度和监管机制；没有按批准的规模和概算限额设计；随意变更设计，缺乏有效造价控制，存在"三超"现象；医院之间盲目攀比，追求床位规模、竞相购置大型医疗设备等粗放式扩张发展；节能设计薄弱。医院建设工程如何在有限的时间与资金内，既满足国家相关建筑设计、医疗卫生规范标准，又满足

人民群众对医疗卫生资源的需求，促使医院建设健康发展，成为工程建设者亟待解决的问题。

1.3.1 项目复杂，技术难度高

医院建设项目不仅包括建筑、结构、给排水、暖通、电气等常规专业系统，还包含手术室、影像科、检验科、病理科、口腔科、消毒供应、污水处理、医用纯水、物流传输等医疗专项设计，系统配置复杂，专业要求高，不同工艺流程区域往往要求不同，对使用功能和效果要求较高。

1.3.2 项目协同效率低下，变更不断

医院建设项目涉及参建单位较多，面对海量数据，建设单位、设计单位、跟踪审计单位、施工单位、专业厂家、后期运维单位等各方之间缺乏有效协同，导致沟通不畅、信息不对称。为追求建设速度，项目建设前期不能充分了解使用者需求，后期医院建筑设计与专业性系统设计不能很好地衔接，造成建设过程中大量的设计变更、返工频繁，导致投资增加。

1.3.3 施工质量、安全管理难度大

施工单位的施工水平参差不齐，施工总包单位进场较早，专业分包单位进场较晚，为追求施工进度，前期进场施工单位往往未与专业分包单位进行有效对接便仓促施工，导致后期施工质量不能满足科室要求。同时，从事过医院建设的专业施工单位较少，投标时即使某些单位有过医院建设的成绩，但具体到项目组，常常没有类似经验，或者用具有医院建设成绩的项目经理参与投标，中标后变更项目经理，所以很难在项目建设前期对医院建设施工过程起到统筹的作用。

1.3.4 资金管理复杂，数据处理缓慢

医院建设项目投资大，涉及工程量复核以及上、下游结算，审批流程较慢。由于参建方较多，往往造成前期施工界面划分不清，后期增项较多，结算成本大大增加，加大了资金管理的难度。

1.3.5 运维、后期改造成本高

医院建设项目的建造阶段可能只需要 3～5 年，其运营管理周期可长达几十年。竣工资料是后期运维过程中重要的参考依据，竣工后档案资料不能及时交接，竣工图与实际不符，导致后期运维和改造中难以使用和参考，给后期运维工作和工程改造造成了很大的困难。

第二章

BIM 概述

全景图

2.1 BIM 的概念

20 世纪 70 年代，美国佐治亚理工大学建筑与计算机学院的查克·伊士曼（Chuck Eastman）博士最早提出了有关 BIM（Building Information Modeling）的概念，且将建筑信息模型（BIM）定义为"将建设工程全生命周期内的所有信息集成到一个模型中，此模型能够清晰地展示项目的所有过程控制信息，包括项目或构件的几何特性、功能要求、施工进度以及建造过程等"。

美国国家 BIM 标准将 BIM 定义为："一个设施（建设项目）物理和功能特性的数字表达；一个共享的知识资源；一个分享有关设施的信息，为该设施从概念到拆除的全生命周期中的所有决策提供可靠依据的过程。在项目不同阶段，不同利益相关方通过在其中插入、提取、更新和修改信息，以支持和反映其各自职责的协同作业"。

2012 年，Autodesk 公司正式提出"建筑信息模型"的概念，并指出建筑信息模型是指在建设工程全生命周期内可创建、可使用的和可计算的数码信息。

美国国家 BIM 标准（NBIMS）定义 BIM 是具有客观物理性质，具备功能型体现的一种信息模型，其作为一种数字信息资源，在项目实施中通过共享贯穿项目的全过程。其通过建模过程中添加、导出、更新或完善信息，在建设项目各阶段反映所有参建方的职责。BIM 是体现标准化并能有效协同工作和共享信息的一种数字化模型。

BIM 技术是一种应用于工程设计、建造、管理的数据化工具，通过对建筑的数据化、信息化模型整合，在项目策划、运行和维护全生命周期过程中进行共享和传递，使工程技术人员对建筑信息作出正确理解和高效应对，为各参建单位提供协同工作的基础，在提高生产效率、节约成本和缩短工期方面发挥重要作用。信息是 BIM 的核心，基于 BIM 的数据及信息的封装与解析是相关应用的源头，以 BIM 数据为核心的业务管理体系可以对接物联网、大数据、运营维护开发等数据库的相关应用领域。各参建单位在项目概念产生到完全拆除的整个生命周期内都能够在模型中操作信息和在信息中操作模型，改变传统工作模式下从业人员单纯依靠符号、文字进行项目建设和管理的工作方式，在建设工程项目全生命周期内提升工作效率和质量，减少错误和风险。

2.2 BIM 的特点

根据对 BIM 技术应用的各类参考文献阅读和分析，经综合汇总，得出 BIM 具有一致性、关联性、完备性、可视化、优化性、协调性、模拟性、可出图性、造价可控性、综合集成性十大基本特点（表 2-1）。

表 2-1　BIM 的十大基本特点

BIM 的特点	说　明
一致性	建筑全生命周期中任意阶段录入的某一信息始终一致，无须重复输入，避免信息错漏
关联性	对象、信息之间可以相互识别和关联，并具有时间、任务维度的关联功能
完备性	包含建设项目的模型（对象、人、材料、机械）信息，设计、施工、运维的过程信息
可视化	三维立体模型展示，支持多角度的动态可视化
优化性	基于 BIM 的各类性能分析软件等通过数据、逻辑的插入进行方案的综合优化比选
协调性	各专业之间的碰撞（硬碰撞、软碰撞）检查，消除设计之间的冲突，协调建设各参与方
模拟性	日照模拟、声能模拟、冷热负荷模拟、5D 模拟、疏散逃生模拟等
可出图性	支持常规平、立、剖面出图，可输出任何构件、部位、预埋套管、管线综合的专项图
造价可控性	利用 Revit、Takla、Magi CAD、鲁班算量等建模软件和算量软件进行模型的搭建与计算，直接生成并统计主要材料的工程量，根据模型深度对各阶段的造价进行科学控制
综合集成性	基于模型对设计、施工、采购、设备设施、运维、造价等可综合集成，动态模拟

以上基本特点具体体现在以下五个方面。

2.2.1　三维可视化、辅助决策

可视化，即"所见即所得"，医院建设工程具有"多甲方、不可复制性"的特点，上至医院决策层，下至临床科室，都是甲方的一份子。在精通医学不懂工程的临床使用者和不懂医学懂工程的工程建设者之间存在着需求沟通障碍。临床使用者的需求不能完全传递给工程建设者，犹如工程建设者看不懂医学专业的影像报告，临床使用者也看不懂、看不透传统的设计图纸。这就导致设计方案在项目建成后与想象的不一致，进而面临大量的设计变更、投资超概算、工期延误。因为传统的二维施工图纸只是各个构件信息在图纸上线条式的表达，采用的是工程语言，建筑物真实的样子要靠工程师基于图纸标高、构件在图纸上表达的方式勾勒项目建成后的样子。随着建设工程规模的扩大、设计方案复杂度的提高，靠想象勾勒建筑越来越不现实，或因多种因素影响造成对建设工程项目理解的偏差。

传统工作模式下为了使非工程建设人员能更好地理解设计意图，往往会委托效果图公司出一些 3D 效果图，如果一两张效果图也难以表达清楚时，就委托模型公司做一些建筑实体模型，但是实体模型也仅仅停留在效果展示，对协调建筑各专业没有太大作用。BIM 技术可实现"所见即所得"，临床使用者可提前推敲功能布局方案的合理性，工程建设者在项目建造前可多角度、多维度审查建设过程中可能遇到的风险，以直观的方式辅助使用者对房间布局进行论证并确认最终方案，减少后期需求变更，提升施工质量。同时，模型所包含的信息参数可以有效指导各参建单位进行协调沟通，项目规划、设计、建造、运营过程中的沟通、讨论、决策均在可视化的状态下进行。

2.2.2　专业协同、一体化管理

在建设工程项目管理中，从建设单位到设计单位、监理单位、施工单位等，为了实现目标，都在有意识地搭建一个沟通交流的平台机制，做着各种协调配合的工作。遇到问题，相关单位工程人员召开工程协调会，针对施工过程中遇到的问题进行商讨并出具解决方案，进行设计变更，通过补救措施保证下一步工作的开展。可是，难道只有到出现问题以后才能开始相关协调工作吗？可否防微杜渐？设计过程都是分专业进行，往往存在不同专业设计人员之间沟通不到位的情况，在设计成果交付后仍面临很多碰撞问题。比如，暖通施工人员在施工过程中往往依据本专业施工图进行施工，在进行管道井内管道布置中却发现立管的位置处恰好存在一根梁，影响立管布置，类似问题在施工过程中并不鲜见。难道这样的碰撞问题也只能在出现之后再商量解决吗？基于BIM全专业构件信息可生成碰撞点的协调信息，供建设单位、设计单位提前修正，除此之外还可以解决建筑设计与功能需求之间、装饰装修与机电安装之间、不同设计单位之间的设计协调性问题。

BIM技术可实现从规划、设计到施工、验收、运营等全生命周期各环节的一体化管理。其核心技术是基于模型数据库将规划、设计阶段的数据传递到施工阶段，完善修正后传递到后期运营管理阶段，将构件信息与行为信息集成于同一个数据模型，从规划设计更新到后期运营，实现建造信息与运维信息的融合。

2.2.3 性能模拟、设计优化

BIM具有模拟性，它不仅将二维图纸模拟成三维模型，还可以突破常规，模拟真实世界中不能操作的事物。在方案设计阶段，利用三维模型，对建筑的采光、通风、得热等性能进行三维可视化计算模拟，为建筑设计提供准确的数据支持。对一些特殊区域还可以有其他的模拟，如声场模拟、坡道模拟、客流量仿真模拟等。在施工阶段，

可在模型中添加时间维度，依据施工组织设计模拟施工情况，从进度、成本方面确定合理的施工方案，进而指导现场施工，还可引入造价维度信息，实现过程管理对造价指标的实时掌握，进行成本控制管理。在项目建成后模拟各突发事件应急预案，有序指导人群的疏散及逃生，减少事故的发生。

传统设计成果中各专业之间的冲突碰撞，如果单纯依靠遇到问题就召开协调会，那么大量的设计问题势必会造成协调工作量加大、工程进度滞后。基于BIM技术可通过三维可视化手段在施工前期集中发现各类问题并反馈给相关单位修改完善，在提升问题解决效率的同时将原来可能发生在关键线路上的问题转移至非关键线路，管理者将更多的时间用于项目建设目标的提升。施工班组工人按照优化后的方案进行施工，有效避免了传统设计方案深度不够带来的返工浪费。

建设工程项目全生命周期中所涉及的规划、设计、施工、验收、运营阶段本身是一个不断优化的过程。虽然这些跨阶段优化与BIM技术并没有必然的关系，但是基于BIM技术可以更好地做优化、做出更好的优化。BIM技术能够集成建筑物中所包含的实际信息，包括几何信息、物理信息、行为信息、运维信息等，并可随着建筑的变化实现信息模型的不断更新。当建设工程项目复杂到一定程度的时候，依靠某个人掌握建筑所有的构件信息是一件非常困难的事情，这时需借助新技术来完成设备信息的管理，辅助完成全生命周期内的设备更替迭代。BIM技术依靠其高效的数据集成能力对复杂项目提供了优化的可能性。在规划设计阶段，依据测绘地形数据对项目区域现状地形进行三维数字化还原，结合地质情况对其进行高程分析、坡向分析、坡度分析，为调整设计方案、确定施工方案提供大量的、科学的数

字依据，能够明显节约成本、缩短工期。与传统设计方案的评价标准不同，过去在评价设计方案的时候，往往只是评价方案的观赏度、使用效果，忽略了经济性指标。通过 BIM 技术对原始方案和可优化方案进行模拟，可出具相关造价成本指标，多维度评价设计方案的可行性。比如，特殊项目中裙房、幕墙、屋顶区域会有不少异形设计，这些区域的内容可能所占比例不是很大，但是成本造价却很高，利用 BIM 技术可以提前评估施工的难度及造价，对施工方案进行优化，降低建设过程中的成本。

可出图性并不是指二维设计图纸及一些预制构件加工图纸，而是通过对 BIM 模型进行可视化展示、协调论证、模拟分析、优化调整之后形成深化设计模型，基于 BIM 模型输出净高分析、支架、预留洞、管线综合优化等 BIM 成果图。以上 BIM 成果图基于原有设计图纸信息分散、各专业不协调的情况进行综合模拟论证后输出，能够指导现场精细化施工管理，避免交叉施工带来的大量协调论证工作。

2.2.4　量化工程数据，力促科学管理

BIM 模型包含建筑混凝土结构、门窗、机电管线设备、医疗设备等构件信息，通过不同阶段的模型深化，导出各阶段工程量信息辅助招投标管理、现场进度管理、工程款支付等，在项目交付完成后输出门、窗、医疗设备等构件数量及属性信息，辅助进行资产管理。BIM 模型精度达到构件级，可以快速提供支撑项目各条线管理所需的数据信息，有效提升项目管理效率，为项目管理团队的决策提供强有力的数据支撑。

在项目建造过程中会产生大量的建造数据，这些海量数据信息分散在不同的文字档案中，在没有工程节点及纠纷时，这些数据通常被遗落在

档案中，缺少过程管理。基于 BIM 技术可实时调用模型构件所包含的成本、质量、进度等信息，为项目管理提供工程基础数据，辅助项目精细化管理，减少材料浪费，辅助制订设备材料供应计划及工程款支付。

通过 BIM 技术三维可视化加上时间维度进行施工模拟，可以实时展示项目的施工情况。BIM 模型与施工进度计划关联起来，一方面辅助总进度控制管理，另一方面通过节点模拟，提前发现工序交叉带来的协同管理问题，制订合理的施工组织计划，引导各施工单位合理进场施工。BIM 技术结合施工方案、施工模拟和现场监测，能有效避免建筑质量问题，减少安全事故的发生，提升现场项目管理质量。

2.2.5　完善模型数据，指导运维管理

建筑体作为一个系统，当建造完成准备投入使用时，首先需要进行必要的测试和调整，以确保可以按照设计来运营。在项目完成后的移交环节，物业管理部门需要的不只是常规设计图纸、竣工图纸，还需要能正确反映真实的设备、材料安装使用情况，常用件、易损件等与运营维护相关的文档和资料。过去，这些信息大都被淹没在不同种类的纸质文档中，而纸质文档具有不可延续性和不可追溯性，造成项目移交过程中可能出现问题隐患，物业管理部门在日后运维过程中需要从头摸索建筑设备和设施的特性和工况。

模型数据具有参数化特性，BIM 模型能实时添加及修改构件信息。信息随着构件属性改变而改变，参数化的方式可以实时显示构件更新后的状态和属性。一个成功的维护方案可提高建筑物性能，降低能耗和修理费用，进而降低总体维护成本。通过 BIM 模型与施工的过程记录信息相关联，实现包括隐蔽工程图像资料在内的全生命周

期建筑信息集成，充分发挥空间定位和数据记录优势，合理制订维护计划，分配专人专项维护工作，降低建筑物在使用过程中出现突发状况的概率。对于重要设备可以跟踪维护工作历史记录，对设备适用状态提前作出判断。依托 BIM 竣工模型，通过运营维护信息录入和数据集成，建立 BIM 运营维护模型，依托 BIM 运营维护模型，集成 BIM、GIS 和物联网技术，构建 BIM 运营维护管理平台，实现设备精细化和可视化管理，实现设备运行实时监测、分析、控制和三维模型联动，提高运维效率和水平。

一套有序的资产管理系统可有效提升建筑资产或设施的管理水平，但由于建筑施工和运维的信息割裂，这些资产信息在运维初期需要依赖大量人工录入，很容易出现数据录入错误。BIM 模型中包含的大量建筑信息能够顺利导入资产管理系统，大大减少系统初始化在数据准备方面的时间及人力投入。传统的资产管理系统本身无法准确定位资产位置，通过 BIM 技术结合 RFID 的资产标签芯片，能使资产在建筑物中的定位及相关参数信息一目了然，快速查询。

为推动绿色医院评价工作的开展，我国于2014年发布《绿色医院运行评价标准》，并将其作为行业标准。该项举措的实行，引导医院建设向绿色医院发展的步伐将进一步加快，从政府层面也会加大政府对医院建设工程的支持，在医院改扩建项目的建设过程中，各方参与者也应秉承"四节一环保"的绿色理念开展绿色节能设计，有效避免传统项目"竣工之日便是新的改造之日"的处境，确保建成的是一所安全、合理、节约、适用、高效的绿色医院。BIM 技术在实现绿色设计、可持续设计方面具有很大的优势，可用于分析包括影响绿色条件的采光、能源效率和可持续性材料等建筑性能的方方面面，为建筑设计的"绿色探索"注入高科技力量。

2.3　BIM 应用点及模型等级

BIM 模型所形成的设施展示平台，具有数据丰富、目标导向、智能化和参数数字化等特点。BIM 模型包含地理、空间关系、几何信息、工程量以及建筑要素性能、成本估计、材料存储和项目进度等信息。同时，本书在参考美国 BuildingSMART 联盟发布的 BIM 项目执行指南中所总结的 25 个 BIM 在工程全生命期的应用点基础上，根据目前 BIM 技术的应用发展，整理了 28 个 BIM 全生命周期的应用点，见表 2-2。

美国建筑师学会（American Institute of Architects，AIA）对模型层次细节（Levels of Detail，LOD）进行定义，根据建筑元素在 BIM 模型的准确性和 BIM 元素的详细程度，将建设项目全生命周期模型的不同阶段分为五个级别：概念、几何逼近、精确的几何形状、制造、建造和完成。BIM 模型的 LOD 级别见表 2-3。

表 2-2　BIM 技术全生命周期应用点

阶　段	BIM 技术应用点	
方案阶段	创建环境模型	阶段计划
	成本估算	需求分析
	设计审查	场地分析
	方案制作	其他专项分析
设计阶段	能源评估	可持续性评估
	结构分析	规范审查
	查明分析	碰撞检查
	3D 协同	数字化建造
施工阶段	场地临时设施	3D 控制和计划
	施工系统设计	工序、资源优化分析
	专项施工方案论证	材料、方案比选
交付阶段	记录信息、完善模型	资产、造价管理
运营阶段	维护进度计划	空间管理与追踪
	建筑能效系统分析	灾害预防

表 2-3　BIM 模型详细等级的内容描述

LOD 等级	对应阶段	具体内容
LOD100	方案设计	模型通常为表现建筑整体类型分析的建筑体量，分析包括体积、建筑朝向、每平方米造价等
LOD200	初步设计	模型包含普遍性系统大致的数量、大小、形状、位置以及方向，通常用于系统分析以及一般性表现目的
LOD300	施工图设计	模型已经能很好地用于成本估算以及施工协调包括碰撞检查、施工进度计划以及可视化，应包括业主在 BIM 提交标准里规定的构件属性和参数等信息
LOD400	施工阶段	模型被认为可以用于模型单元的加工和安装，更多地被专门的承包商和制造商用于加工和制造项目的构件包括水电暖系统的工程实施参考
LOD500	竣工图	模型作为中心数据库整合到建筑运营和维护系统中去，包含业主 BIM 提交说明里制定的完整的构件参数和属性

2.4 BIM 应用的内涵

BIM 应用的内涵是一个综合了工程建造过程中各类信息的数字化 3D 模型，该物理模型基于包含整个建筑全生命周期（Building Lifecycle Management，BLM）所需信息的数据库。同时，BIM 也是一种可以运用于整个 BLM 内数字化集成的管理方法，在设计、施工、运维等阶段均可以提高管理效率并降低风险。同时，从广义范围理解，BIM 又是一种建设管理的先进思想，即"协同、集成、共享"的理念，通过 BIM 的可视化特点，让建设工程的复杂性通过实体模型简单、直观、数字化地表达出来，消除了因专业、经验、流程的隔阂而带来的信息不对称。

BIM 不是简单地通过模型将单一数据信息进行集成，更多的是通过数据集成进行数据应用，包含了在 BIM 应用过程中所涉及的行为、资源、交付三个维度，各阶段、各环节、各参建单位信息在项目的前期策划、设计、施工、运维阶段进行数据共享，在项目实施过程中给出相应的实施标准与实践内容。基于 BIM 技术，集成建设工程管理环境信息，提前预见问题、解决问题，把潜在风险提前预判，从而避免了建设过程中的资源浪费。通过 BIM 技术获取、分析工程量信息，指导医院建设工程概算，集设备信息、材料信息、施工信息于一体，为施工全过程提供数据支撑服务。基于 BIM 的平台化应用，避免了过程信息分散的情况，项目各参与成员可基于 BIM 平台提升协同工作效率，确保项目按时、高效、安全地完成，实现建设过程责任可追溯。

BIM 不仅仅是一个工具或一项技术产品，BIM 是一种共享、协同、集成的理念，其思想正深刻影响着医疗建设领域甚至是整个建筑业的思维和管理方式。BIM 的最终价值是促进建设领域的设计集成、建筑项目的管理集成和产业链的装配式集成。而目前在医院建设领域，BIM 作为一项技术应用，主要还是需要依靠业主方主导驱动。

因此，BIM 的内涵可以理解为：模型和信息是 BIM 的必要条件，模型是信息的载体，信息是模型的内容，而 BIM 是模型与信息的思维方式。

第三章
医院建设与 BIM 概述

3.1 医院建设常规流程

医院建设按照审批流程一般分为立项阶段、可行性研究阶段、扩充初步设计阶段、施工实施阶段和竣工验收阶段；如果按医院建筑的全生命周期划分，一般分为项目建设准备期（规划、决策）、项目建设实施期（设计、实施）、项目竣工交付期（验收、交付）和项目运营期（运维、运营）。建设期仅占建筑全生命周期的一小部分，但在建筑全生命周期中起决定性作用。

医院建设常规流程如图3-1所示。

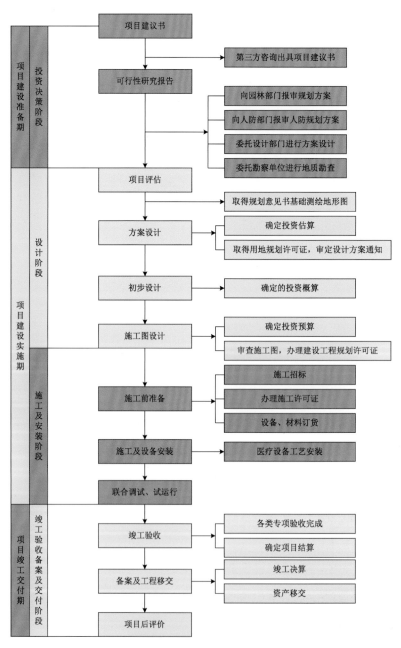

图 3-1 医院建设常规流程

3.2 医院建设常规管理存在的问题

医院建设根据项目特征分析、项目重点难点及行业现状分析，在项目管理、图纸设计、施工建造、交付运营等方面如按照常规建设工程的管理模式、方法、流程实施，会存在较多问题，具体表现在以下四个方面。

3.2.1 项目管理存在的问题

医院建设项目管理一般缺少专业技术团队，对建设审批、管理流程不熟悉，尤其对复杂的医院建筑缺少系统性思维，因此缺少对整个建设项目的整体科学规划与顶层设计以及对项目建设管理的全盘把控。主要体现在以下五点：

（1）审批、需求、设计、施工、运维各阶段缺乏协同，沟通不畅导致大量重复劳动；

（2）建设过程中各种原因造成的设计变更不断，导致投资增加、返工频繁；

（3）建设工期紧，人手不足，协同管理各专业信息不够，导致过程信息缺失；

（4）基建与总务、财务、资产、设备等部门缺乏前馈沟通和有效协同；

（5）竣工后档案资料没有及时交接，竣工图与实际不符，后期运维和改造难以使用和参考。

3.2.2 图纸设计存在的问题

医院建设常规流程下的图纸设计过程，从最初的院方需求不明、为了批项目而建，到设计单位接手后的需求调研、方案设计、可行性研究、初步设计、施工图设计，再到实施过程中的不断变更，设计图纸就不停地进行着调整、变更甚至

版本的更替。与其他公共建筑尤其不同的是，有近60个亚专业的完全不同的医疗专项设计，与常规建筑设计的建筑、结构、给排水、暖通、电气、智能化等相结合，极大增加了设计融合的难度。主要存在以下问题：

1. 需求不明确、多变

医院建设项目主要为政府投资占主体，需要按照政府公共建筑项目建设立项—可行性研究—初步设计的批复流程进行，批复完成后方可进行施工，批复流程虽理论上每个阶段约1个月，实际上每个批复的前置条件的材料准备工作极其复杂且存在先后顺序，因此一般完成三个阶段的批复需要1~2年。医院决策方往往只考虑医院建设发展在周边区域的战略机遇、土地和资金的尽快落实，至于批复周期较长则采取边等待批复边设计，同时又由于医学技术发展较为快速、医院人力资源的周期调整等客观因素，致使医院建设项目的需求不明确，且在整个建设过程中存在不断的变化，给设计工作带来很大的隐患与风险。

2. 单项设计深度不足

建筑工程设计的流程一般按照可研设计、扩初设计、施工图设计三个阶段进行，持续时间一般在3个月到半年，因各阶段的设计直接对应概算批复、招投标和施工展开，各阶段要求设计人员出图的时间相对紧迫。同时，甲方一般对自己的最终实际需求并不非常明确，因此在设计时往往先满足尽快出图却忽略质量，加之设计单位同时负责多个项目，为满足甲方要求先交差一个初稿，抱着后面甲方肯定会变更，变更后再改的想法，因此设计精度不高、深度不够。

3. 各项专业设计缺乏协同整合，耦合度差

医院建筑主要以建筑设计为主，建筑设计中建筑、结构、给排水、电气、暖通设计间存在设计协调问题，设计单位自身如没有好的管理体系和审查程序，会有大量的设计细节是相互不耦合的，需要在工程推进中，不断通过设计深化、图审中心审查、招标清单编制、监理及施工单位看图来发现问题。除此以外，医院建筑设计中还涉及深基坑、综合管网、室外景观等专业设计和医用气体、污水处理、洁净手术室、放射防护等各类医院特有专业设计，而这些设计均在建筑设计的扩初设计之后才会逐一进行深化配合，如此多的各专业之间完美配合，必须采用一项系统科学的管理体系，也就是各设计单位之间各专业设计人员的管理。设计人员的专业水平、责任心和协同能力都是设计图纸是否合格的关键，而在实际项目实施中，很难做好各设计单位、各设计人员与监理、施工单位专业人员之间的有效沟通和协同，很难既满足医院的实际需求又确保施工进度、概算的有效控制，结果往往是业主总在协调，图纸总在路上，且因各专业间先后进行的程度和深度不同，导致图纸耦合度差，给现场施工带来不便，给项目有效实施带来进度、概算的不可控。

4. 设计参数的选型和定位不明确

每项设计完成后都需要通过施工单位、供货商来完成最后的深化契合。设计人员的设计都需要对应到市场上可选择的材料设备，就不可避免地对应到新材料、特殊技术参数等与材料设备供货商密切相关的设计需求。医院如果没有明确的需求，设计人员就会根据相关国家、行业规范或约定俗成进行基础设计，待在施工过程中招标确定好供货商后，常常需要再决定是否进行针对性的参数修改。

5. 设计质量评价不重视

目前，我国很多建设工程的评价工作都存在滞后现象或缺乏有效性，往往是在施工过程中或竣工后才展开，"事前评价"或"事中评价"严重不到位，导致对于设计的评价无法发挥其应有的职能和价值，甚至没有针对医院建筑设计的评价标准。

3.2.3 施工建造存在的问题

医院建设常规流程下的施工建造过程在专项施工方案优化论证、施工人力资源和施工物资机械组织调配、施工工序交叉协调联动、施工过程资料信息的共享与保存、施工过程的变更管理等多个方面，存在论证不科学、组织调配不合理、协调不合理、信息不对称、管理不规范等现象，这对工程的决策、质量、安全、进度、造价将造成不利影响。主要原因有以下五个方面。

1. 专项施工方案优化论证不科学

施工过程中，针对设计图纸的现场实现，往往需要有经验的施工单位和相关专家进行专项施工方案的论证优化，如钢结构制作、高制模浇筑、深基坑开挖等。一般由施工单位根据经验提供数据，邀请行业专家进行论证，而专家们是在较短的时间内通过施工单位提供的、根据经验计算得出的数据进行论证，存在论证不充分、不科学的风险。

2. 施工人力资源、物资机械的组织调配不合理

各参建单位的管理水平、组织能力参差不齐，施工单位除现场项目管理团队外，大部分施工单位劳务常为外包，现场一线施工人员的调配实际由劳务工头或班组长负责，而材料、物资、机械的调配又由公司采购部门统一调配，因此，当多

家参建单位现场配合施工时，存在相互扯皮、推诿和现场项目管理团队无法调动或调配不能满足工程需要的情况。

3. 施工工序交叉协调不合理

传统的工程进度管理使用横道图展示施工进度，无法清楚表达各工序之间的逻辑关系及与计算相关的时间参数，关键工作和关键路线无法确定，调整计划的工作量很大，因此横道图难以适用于复杂、系统的进度计划编制。工程建设在桩基支护、土方开挖、结构浇筑、建筑施工、机电安装、装饰装修、医疗设备安装等一整套施工流程中，各专业自身的施工工序较为明确和清晰，但专业之间的交叉配合协调存在较严重的不合理，增加了与医疗设备等相关专业配合之后，更暴露出缺少科学合理的工序组织管理。

4. 施工过程资料信息有缺失、不对称

常规施工过程中，有基坑监测、材料检测、开箱检验、隐蔽专项验收、单项效能测试、监理旁站记录、施工质量复验等各类检测报告、数据记录等资料信息，同时有各类监理例会、安全检查、施工交底、专题会等会议纪要，医院建设还同步有大量的医疗设备供应商提供的配合要求等技术资料。常规资料信息都采用纸质保存，无法进行信息共享，导致信息断裂无法关联。

5. 施工变更管理不规范

医院建设项目因为需求方众多、需求一直在变化，导致施工过程中变更不断，常规的变更流程一般能处理较少的变更需求，而一旦到了机电安装和内部装修阶段，随着从图纸到实物的逐渐清晰，医院各部门的需求方到现场"眼见为实"后，因为前期对图纸的理解不全面而对现场已完

成的内容提出整改要求，大量的变更随着工程的快速推进在短时间内无法面面俱到。同时，因为各专业之间缺少逻辑关联，而客观上各系统之间是存在逻辑关联的，在处理变更的过程中就会不断出现疏漏，也存在管理重心偏向医疗部门提出的变更的情况而影响正常工程的推进。大量的变更无法做到规范管理。

3.2.4 交付运营存在的问题

医院建设项目通常是建设与运营界面划分清晰、责任主体分开，建设过程仅考虑前期的投资控制和建设管理便利，不会从建筑的全生命周期和后期运维管理的角度"自找麻烦"。这就出现了医院管理最为"头疼"的扯皮现象，即交付接收慢、交付后即改造、维修保障推诿等。主要有以下五个原因。

1. 竣工图"图不符实"

根据现行图纸审查及竣工要求，竣工图章应加盖在具有审图合格章的设计图纸上并完全按图施工，如超过原设计图纸的相应比例或有重要内容进行设计变更时，应重新申报设计审查。而医院建设项目因其复杂性、需求多变等原因，实际完成的现状与原设计图纸相比早已"面目全非"。为了保证工程进度，同时大多数情况下因涉及费用等原因，一般不会因设计变更超出一定比例而重新申报审查，因此，交付档案馆及使用方的合法竣工图几乎是"图不符实"。同时，大量的现场变更单、设计变更单的变更内容无法在一套图纸中完全体现，如变更管理做得不到位，更加导致图与现状不符。

2. 竣工交付无明确质量标准

医院建设项目一般体量大、系统多、专项验

收项目多、验收持续时间长,各类合同、招投标文件、专项检测报告、使用手册等技术文档即使整理得有条不紊,但经过多年建设周期形成的庞大文件资料,通过最后一次竣工验收后,使用部门无法及时消化掌握,往往是基建部门认为已验收完成即可交付,而总务、保卫、信息等管理部门却迟迟不肯接收。主要原因是医院缺少明确的竣工交付标准,面对实施的新技术、新设备,缺少能快速接管的具有技术支撑和知识体系的团队。

3. 未完全验收即投入使用

为了尽快产生效益,医院建设项目通常会以试运行的方式,在未完全取得竣工验收的所有手续和实质性交接时,早早地投入使用。一是因为现行的验收过程耗时长,二是因为医院"一床难求"的现状,迫切需要发挥新建楼宇的作用,改善患者的就医环境和体验,尽早发挥政府投资的社会效益。故大多数医院建设项目都可能存在一些打"擦边球"的实际情况,需要医院多方协调和整改才能完成验收手续。这无疑给现场使用管理带来极大的安全风险。

4. 项目结算收尾难

根据规定,竣工验收完成后方可整理汇总申报变更签证等工程结算材料,一般情况下,此时现场大部分管理人员均已撤场,这给工程量价款的认定、审核带来了很大的困扰,几年完成的工程量价款要在几个月内审核完成,如果没有很好的过程变更管理和招投标过程的细致严谨,基本都会拖延较长时间,而此时新建筑在使用过程中又会出现各类需要整改的内容,新旧内容交织,增加了工程收尾的难度。

5. 运维、资产管理难

因大量纸质图纸、资料已归档且常有不符之处,运维技术和管理人员又无法在短期内对整个建筑的各个体系完全掌握,致使维修效率低、基建与总务部门相互扯皮,直接导致临床满意度低。而对于所涉及的各类设备设施,只有在工程完成决算后方可转入资产系统,后期的维修、保养、更换,以及备品备件的采购、库存和折旧等,无法高效地调用到各类信息,增加了管理难度。

3.3 医院建设 BIM 应用的价值

3.3.1 BIM 应用的技术优势

随着医院建设项目规模的扩增、项目难度的增大,如果只停留在建筑师脑海中的 CAD 设计,已经远远不能满足日益复杂的建筑设计。在设计过程中,会面临主体设计、深化设计等多家单位,不同设计单位、不同专业设计人员在工作衔接界面会面临许多错误。由于缺少一种能够快速发现错误的介质,这些问题往往到施工过程中才会暴露出来,当问题暴露以后,再会同各参建单位进行沟通、对接、确定方案、出图、现场施工,有时候还会造成现场拆改,导致工期延误、投资超概算,工程建设质量无法得到保证。

传统的二维设计图纸,各专业各系统信息、各专项设计材料信息相对分散,通常只能依靠图纸罗列,用对应设备材料表的方式进行信息集合。而利用 BIM 技术可在前期通过建立数据模型,将建筑各构件信息以统一的方式录入 BIM 模型,附加相关管理信息,实现建筑信息的集成化和信息化管理。通过一系列 BIM 应用,在前期对数据模型进行碰撞检查、设计修正。同时,通过三维可视化手段，对功能布局、设计细节进行多角度推敲论证，避免前期设计深度不够，后期频繁变更的情况。在后期实施过程，将成本、进度信息录入数据模型，并根据项目实施进度进行实时更新，通过数据查询和数据分析，实时掌握工程进度，利用无线射频技术及传感装置，将检测的信息实时传递给三维数据模型，辅助现场质量安全管理。

针对医院建设的公共性、公益性、专业性、系统性、复杂性、甲方（群）动态性、不可复制性，以及医院建设的项目管理模式、项目建设团队、建筑全生命周期的技术要求、对内的需求侧管理、对外的干系人管理等问题，如何从系统和管理角度去解决，是医院建设管理者需要思考的。管理是相通的，特别是建筑与医疗的全生命周期和全人生命周期，都是针对一个动态的系统进行管理，而医学诊疗的发展是以医疗新技术、新材料、新方法应用为前提，目前建筑业的发展也是依靠新技术、新材料、新方法的应用。通过技术应用改变管理难题，是一条可靠途径。

BIM 是建筑"全生命周期"中的一种新技术、新方法与新理念，其几何与非几何信息的集成与连续性应用、跨专业和阶段性的立体可视化协同、静态与动态过程信息的实时把控、宏观与微观层次空间的整合等，体现出 BIM 技术具有十分明显的应用优势。在医疗建设项目中，BIM 针对前面提到的重点难点所能做到的有以下八个方面。

（1）BIM 的模拟建造可满足专业性、系统性、概算、临时设施、环境影响等需求。医院建设项目的初步设计阶段，可以根据医院各专业的综合集成设计进行需求模拟，建造出整个待建设的各专业系统，并通过科学合理的参数、工序、环境因素设置，进行临时设施布置、塔吊和吊机的安全分析、日照分析、环境冷热负荷分析、工序模拟、应急疏散模拟等，并可以大致给出模拟工程

量作为概算、预算的参考依据。

（2）BIM 的碰撞检查等功能可以解决系统复杂性问题。通过需求设置，直接由计算机一键发现各专业系统之间存在的硬性碰撞问题，反馈给设计单位进行修改；可以通过管线综合排布指导土建预留预埋，通过综合支架计算指导、统筹机电安装施工，指导内装设计确定楼层标高和管线装饰处理。

（3）BIM 的信息模型可满足不可复制性和全生命周期的应用要求。根据建设进度进行全过程的信息管理，不断维护、修改、完善 BIM 模型，将材料设备的参数信息、商务信息（生产日期、质保年限）、检测监测信息、故障维修信息保存在模型中，查看设计变更过程信息、验证实际施工与设计相符性、对接资产管理、指导后期运维管理和应急事故处理。

（4）BIM 的协同管理平台可满足建设管理流程规范化、扁平化、高效的需求。基于 BIM 的协同管理平台，将设计、施工、监理、建设方、供货商等参建各方有效组织在一个管理平台上，可以高效地统筹联动，将常规的例会、监理旁站、工程日志、资料管理、图纸管理、工程量审核、价款支付等进行扁平化、信息化综合管理，有效推动工程建设的项目管理。

（5）BIM 的 VR/AR 交互展示应用解决需求侧管理的需求。VR 的发展，使医院各类需求方能够直观地将所提需求在虚拟建造的场景中进行检验，并提出改进信息，在项目付诸实施前尽可能将需求明确化，避免建设过程中因专业差异和对空间布局的无体感性而产生较多变更。同时，对于项目决策者，通过模拟建造的虚拟展示，能直观地对建筑方案的比较、功能布局的规划等进行科学合理的决策。

（6）BIM 与地理信息系统（Geographic Information System，GIS) 集成可满足公共性、公益性需求。医院项目应用 BIM 后交付的数字化医院模型与三维 GIS 集成，实现了在地理环境下城市三维立体空间的可视化分析应用，为智慧城市的城市建筑模型和智能化应用提供了重要的基础信息和广阔的应用前景，积极体现了医院的公共性和公益性。

(7) BIM 天生具备集成的特点。BIM 技术拥有强大的数据集成能力，可实现项目全过程管理对象、管理要素的信息集成、共享和传递，各参建单位可基于 BIM 技术的数据集成能力进行综合管理，统筹协调。不同要素的进展情况或者变更都将直接或者间接影响其他要素，单个要素与项目的成功有着不可分割的联系，多要素相互关联、相互影响，使基于 BIM 技术集成各管理要素并统筹实施成为必然。

(8) "BIM + 集成管理" 在现阶段医院建设管理中具有明显的优势。医院建设工程的目标体系应具备能够吸引不同组织人员、管理经验、智力资源、生产技能、资金、设备等因素的条件，组建新的管理体系，目的是为了追求多目标的优化，包括保证工程建设进度、降低建设成本、提升建设质量、按时交付各子项目等。努力做到项目目标驱动项目管理运转的模式，使医院建设管理组织化、秩序化、效果最优化。在建设工程项目全生命周期过程中，BIM 模型作为信息集成的有效途径，它不仅包含了建筑物各构件信息，同时还包含了建筑工程的行为管理。建筑物的 BIM 模型与该项目行为管理结合在一起，形成一个完美的数据载体，可以模拟真实建设工程项目的建筑行为。

在建设工程项目管理过程中，集成建设单位、设计单位、监理单位、施工单位、供货商、运营单位等部门数据信息，减少项目各参建单位的沟通障碍，避免无效沟通，提升沟通的效率，降低沟通成本，保证项目多对象、多元素协同对整体目标的推进作用。建设过程中，各参建单位在项目中所担任的角色及职责各不相同，在项目中产生的信息也有差异，基于 BIM 技术的信息管理平台提供了一个可供各参建单位进行信息交流的平台环境，避免传统纸质工单传递审批、决策流程缓慢的问题。各参建单位运用 BIM 技术和计算机技术，结合项目管理的理论，集成各管理对象、管理元素在各阶段、各环节产生的信息，进行虚拟环境的构建。在平台化办公应用中，赋予各参建单位不同的权限，对所属工作范围内的事务灵活处理、及时落实，并传递给下一级，有效避免了传统工作方式带来的时间滞后、效率低下等问题，实现信息的共享和协同工作。

很多大中型项目，设计方案的多元性、人员体系架构的复杂性都将导致管理难度增大，这使得项目建设周期越来越长。工程管理行业亟须建立高效协同的信息化技术管理手段，在质量、成本、人员、工期、安全等方面进行系统的计划和控制，避免单一指标控制不合理造成项目整体管理的不协调。而医院建设工程所涉及的医疗模式从 "生物" 到 "生物—心理—社会" 的转变，促使现代医院建筑所要具备的条件也发生了变化。从场地、建筑、设备，到医疗配套设备、医疗卫生条件，以及更高层次的需求，使医院建设工程管理的难度要高于住宅项目及传统公共建筑。从医生、患者、家属的使用需求，从建筑设计、机电设计、医疗专项设计等设计规范，从施工总包单位、施工分包单位、材料供应单位的施工管理，从项目规划、建设、验收、交付等，传统建设工程管理模式下，过程交互信息分散，无效沟通导致的工作量大，动态管理成效较差，需要面临的问题极为复杂，应把项目管理计划作为计划管理的一部分，从全生命周期、全参与方、全要素方面实现医院建设工程的数据化管理。

3.3.2 BIM 应用的经济效益和社会效益

随着 BIM 技术的普及，建立以 BIM 技术为载体的项目管理系统，提升项目生产效率，缩短项目建设工期，降低建造成本，提升建筑质量。其经济效益和社会效益可概括为以下内容。

1. 经济效益

BIM 技术的方案优化、碰撞检查、工程量对比分析等应用能在实际过程中控制投资概算，产生直接经济效益。

（1）提高资金使用效率

医院建设工程涉及大量的资金投入，尽管通过严格的审批和监管流程，仍然无法有效地控制资金的使用，这与目前的工程管理技术水平和应用手段有关。通过 BIM 技术及其辅助手段，将建设投资预先录入整个数据系统中，将工程的工程量、建设方案、实施进度等与资金的使用情况以信息化的方式结合在一起，可提前预估资金的用途、使用量、支付顺序以及支付方向，从而有效提高资金使用效率，降低资金的使用风险。

（2）降低建设成本

BIM 技术的出现，给建设工程带来最直接的收益就是降低建设成本。由于改变了设计方法、协作模式、统计手段等，使整个医院的决策和建设过程更加合理化和科学化，极大地减少了设计中的表达模糊、工程错误，缩短了造价核算量的用时，降低了建筑材料的损耗，使施工过程更加有效和有序。

（3）易于控制建设质量

应用 BIM 技术，协作模式由传统的串行模式转变为以建筑信息模型为中心的并行模式，使设计信息、施工信息、采购信息能够快速且充分为各参建单位所掌握，从而保障了医院建设过程中的质量管理。

2. 社会效益

BIM 应用除产生直接经济效益外，前期建设过程、后期运营管理中的社会效益也十分明显。

（1）提高医院建设工程管理水平

在医院建设各个阶段，应用 BIM 技术能够使决策依据更加充分和透明，无论是理论还是实践，均有利于提高建设管理水平。依托 BIM 技术形成的数据库，管理者能迅速掌握全方面数据，包括医院的建设成本、设计思路、设备设施等，更为重要的是，通过三维模拟等手段，可在问题实际发生之前，就能够有效进行判断并避免。

（2）为打造智慧医院做准备

医院建设工程数字化是实现医院智能化的重要基础。通过 BIM、GIS 等多种技术途径，将医院的土建、设备等信息充分整合起来，形成可利用的大数据，据此改进医院的运维管理模式，提高设备使用效率，降低维护成本。除此之外，适当面向社会的数据共享，有利于推动智慧医院的发展。

传统的运维管理包含各种运维管理系统的应用，如设施管理系统、电子文档管理系统、能源管理系统、楼宇自动化系统，等等，但这些系统信息相互独立，不能达到资源的共享和业务的协同。BIM 经历设计、施工的反复检核、追踪修订、持续增进数据，保证了最终竣工模型的正确性和完整性，过程中获得的丰富数据信息，为后期运维管理奠定了坚实的基础。通过 BIM 模型将建筑全生命周期的各种相关信息集成在一起，使得信息相互独立的各个系统实现资源共享和业务协同，各专业设施设备模型在建筑物中的位置，使得运维现场定位管理成为可能，同时能够传送或显示运维管理的相关内容。

基于 BIM 模型运用应急疏散仿真工程软件对建筑进行系统性分析，加载逃生路径，设置疏散人数，输出疏散时间、疏散轨迹、疏散口人数曲线图和区域人数变化曲线图，利用模拟分析结果，辅助设计人员进行设计优化及调整，对建筑出口位置以及疏散宽度进行合理化布置，避免在紧急情况下产生人流拥挤、疏散不均等问题，有效地缩短逃生时间，确保人员安全。另外，模拟数据可协助应急响应人员定位和识别潜在的突发事件，提前预警并辅助决策。

(3) 可辅助提升患者就诊体验

医院整体服务水平的好坏，除了高超的医疗技术以外，整洁的环境不可或缺。医院建筑空间环境与人的行为是相互制约且相互影响的。医院作为具有治病救人功能的特殊场所，每个设计细节都扮演着重要角色，对患者的康复起着重要作用。因此，医院不仅要提供满足基本医疗设备的建筑场所，还要结合各种患者所面临的心理、生理、行为等各项因素，从规范性、合理性、先进性等角度提升建筑空间环境设计，体现以患者为本，更好地为人民服务。

通过全生命周期 BIM 技术应用，着重医疗工艺，以建筑空间为核心，从各层面进行分析，辅助医院建设过程中所有工程技术专业开展设计和施工工作。通过一级、二级、三级工艺流程仿真模拟，实现科室布置合理，人流、物流动线合理，医疗技术实施合理，促使医疗工艺流程更加优化，提升患者就诊效率。基于 BIM 的设计方案比选、大空间可视化论证等，对医院大厅、电梯厅、护士站、走廊、标准单元等区域进行模拟预建造，对空间、装饰效果等进行多维度论证，提高设计的合理性，避免空间压抑、使用不合理等因素致使患者满意度降低。

近年来，已有众多医院在建设过程中开始使用 BIM 技术，但在使用范围、深度、效果、效益等方面，仍存在应用障碍和不确定性，需医院建设同行共同完善和总结。越来越多的建设管理者认识到 BIM 技术在医院建设中的应用价值，BIM 技术的全面运用，将是未来医院建设的趋势。

3.4　医院建设 BIM 应用的驱动与阻碍因素

随着 BIM 在医院建设工程中的广泛运用，越来越多的医院开始关注并在建设过程中使用了 BIM 技术。比如，上海市胸科医院通过设计和施工阶段的 BIM 应用，顺利优化了建筑功能，提高了设计成果质量，并解决了施工过程中的一系列难题；浙江大学医学院附属第四医院在项目建设后期引入 BIM 技术，建立了基于 BIM 技术的医院建筑运维管理系统，取得了良好的效果；首都医科大学附属北京天坛医院将 BIM 技术应用到项目管理工作中，为医院项目的顺利进行奠定了基础；上海交通大学医学院附属瑞金医院采用 BIM 技术对项目重点、难点区域进行模拟，阐述 BIM 应用价值与效益，探索更优的 BIM 技术应用模式。越来越多的学者开始关注 BIM 在医院建设工程的应用，但是，国内外对于如何吸引医院建设者在医院建设工程中应用 BIM 缺乏系统性研究，缺少医院建设工程中应用 BIM 的驱动与阻碍因素分析。本节通过对医院建设者问卷调查的基础上，总结出医院建设工程中 BIM 应用的驱动与阻碍因素，并给出相应的建议。

3.4.1 分析方法

1. 问卷调查

问卷除受访者的基本信息外，主要包括受访者所在医院建设过程中 BIM 的使用情况及对 BIM 的态度、驱动因素和阻碍因素三个部分。驱动因素和阻碍因素指标是通过对资深医院建设人员的深度访谈并借鉴文献等相关研究成果而得（表3-1）。通过网上问卷调查的方式，向全国各地的医院建设者发放问卷，收回的 124 份问卷中 99 份有效，其中，66 份来自综合医院，23 份来自专科医院，10 份来自其他相关医院。受访者年龄集中在 25～60 岁，半数以上为医院建设部门负责人，其余为医院分管建设的副院长及建设部门科员，80% 以上具有中高级职称。

表 3-1　驱动因素和阻碍因素

N_L 驱动因素	N_Z 阻碍因素
N_{L1} 政府政策的激励	N_{Z1} BIM 技术的政府政策推动力度不足，缺少真正切实可行的具体政策和配套措施
N_{L2} 医院高层管理者的支持	N_{Z2} 医院建设方无能力选择与建设项目匹配的 BIM 技术服务来支持应用
N_{L3} 有医院建设经验的 BIM 咨询单位提供智力保障	N_{Z3} 缺乏成熟的 BIM 团队
N_{L4} 其他医院建设工程中 BIM 成功案例和应用经验	N_{Z4} 医院工程参建单位传统思维转变和新技术接纳困难
N_{L5} 建立以医院建设方为主导的基于 BIM 的合作模式	N_{Z5} BIM 技术为医院带来的经济效益不明显
N_{L6} 通过 BIM 的可视化表达，能够提高前期策划和设计过程中医疗人员、决策人员的参与程度	N_{Z6} BIM 模型准确度管理难
N_{L7} 能够优化施工方案，更好地开展实施阶段的进度、质量、造价和安全管理	N_{Z7} 缺乏足够的时间来评判 BIM 在医院工程中的应用效果
N_{L8} 对后期改造、智能化运维、智慧医院提供了技术和数据支撑	N_{Z8} 基于 BIM 的工作流程尚未建立
N_{L9} 基于 BIM 的协同管理平台是实现医院建设项目集成管理的重要方法	N_{Z9} BIM 应用软件之间的不兼容
N_{L10} BIM 与地理信息系统集成为智慧城市的城市建筑模型提供了重要基础信息	N_{Z10} 软硬件成本、培训咨询费用高

2. 众数和离散系数

众数是一组数据在其统计分布上具有明显集中趋势点的数值，代表数据的一般水平，可以表征受访者普遍看重的医院建设工程中 BIM 应用的驱动因素和阻碍因素。

离散系数又称变异系数，可用以衡量一组数据的离散程度，可表征受访者对医院建设工程中 BIM 应用的驱动和阻碍因素判断的不一致程度，其计算公式为

$$\delta = \frac{\sigma}{\mu} \tag{1}$$

式中，δ 值越大，离散程度越大，表明受访者的判断差别很大，大于 0.25 就可以考虑剔除。

3. 重要程度指数

重要程度指数（Degree of Importance, DOI）用于衡量受访者对医院建设工程中 BIM 应用的驱动和阻碍因素的相对重要程度，其计算公式为

$$DOI_i = 100 \times \sum_{i=1}^{5} \frac{N_{ij} \cdot j}{5N} \tag{2}$$

式中，DOI_i 为第 i 项指标的重要程度指数值；N_{ij} 为问卷中对第 i 项指标判断为 "j" 级的反馈人数；j 为 1～5 的打分结果；N 为返回的问卷总数。

3.4.2 分析结果

1. BIM 的使用情况及对 BIM 的态度

从前期医院建设项目 BIM 使用率、将 BIM 应用于医院建设的过程及后期医院建设工程准备应用 BIM 的百分比三个方面初步了解受访者对 BIM 的使用情况及对 BIM 的态度，其中，42.42% 的受访者在医院建设工程中应用过 BIM，57.58% 的受访者在医院建设工程中没有应用过 BIM。而在应用过 BIM 的受访者中，将 BIM 应用在设计阶段、土建阶段、安装装饰阶段、运维阶段的百分比分别是 45.45%，33.33%，44.44%，23.23%；后期医院如果再有建设工程，93.94% 的受访者愿意应用 BIM，6.06% 的受访者不愿意应用 BIM。

以上数据表明：①目前大部分医院建设工程中，BIM 被应用在了设计阶段和安装阶段；②BIM 技术在医院建设工程中还存在巨大的应用潜力。

2. 驱动因素

基于重要性指数的驱动因素评价调查结果见表 3-2。

说明如下："N_{L2} 医院高层管理者的支持""N_{L3} 有医院建设经验的 BIM 咨询单位提供智力保障""N_{L6} 通过 BIM 的可视化表达，能够提高前期策划和设计过程中医疗人员、决策人员的参与程度"是医院建设者最看重的驱动因素。另外，"N_{L7} 能够优化施工方案，更好地开展实施阶段的进度、质量、造价和安全管理""N_{L8} 对后期改造、智能化运维、智慧医院提供了技术和数据支撑"也可以激励医院建设者在医院建设工程中应用 BIM。

表 3-2　基于重要性指数的驱动因素评价调查结果

评价指标	反馈结果					μ	σ	δ	DOI	Rank
	1	2	3	4	5					
N_{L1}	2.00	3.00	16.00	41.00	37.00	4.09	0.91	0.22	81.82	10
N_{L2}	0.00	3.00	7.00	16.00	73.00	4.61	0.75	0.16	92.12	1
N_{L3}	1.00	1.00	11.00	29.00	57.00	4.41	0.80	0.18	88.28	2
N_{L4}	1.00	1.00	10.00	41.00	46.00	4.31	0.77	0.18	86.26	6
N_{L5}	1.00	2.00	9.00	47.00	40.00	4.24	0.78	0.18	84.85	8
N_{L6}	0.00	2.00	10.00	32.00	55.00	4.41	0.75	0.17	88.28	2
N_{L7}	1.00	1.00	11.00	38.00	48.00	4.32	0.79	0.18	86.46	5
N_{L8}	0.00	1.00	14.00	33.00	51.00	4.35	0.76	0.17	87.07	4
N_{L9}	1.00	1.00	12.00	40.00	45.00	4.28	0.79	0.18	85.66	7
N_{L10}	0.00	3.00	17.00	37.00	42.00	4.19	0.82	0.20	83.84	9

注：1～5 依次为非常不重要、比较不重要、一般、比较重要、非常重要。

3. 阻碍因素

基于重要性指数的阻碍因素评价调查结果见表 3-3。

说明如下：(1) "N_{Z3} 缺乏成熟的 BIM 团队" "N_{Z1} BIM 技术的政府政策推动力度不足，缺少真正切实可行的具体政策和配套措施" "N_{Z4} 医院工程参建单位传统思维转变和新技术接纳困难" 是阻碍医院建设者应用 BIM 的主要障碍因素。

(2) "N_{Z7} 缺乏足够的时间来评判 BIM 在医院工程中的应用效果" "N_{Z9} BIM 应用软件之间的不兼容" "N_{Z10} 软硬件成本、培训咨询费用高" 的 δ 值大于或等于 0.25，表明受访者对这些指标的意见分歧较大，故可以剔除。

表 3-3　基于重要性指数的阻碍因素评价调查结果

评价指标	反馈结果					μ	σ	δ	DOI	Rank
	1	2	3	4	5					
N_{Z1}	1.00	4.00	16.00	45.00	33.00	4.06	0.86	0.21	81.21	2
N_{Z2}	0.00	4.00	19.00	50.00	26.00	3.99	0.78	0.20	79.80	4
N_{Z3}	0.00	1.00	14.00	37.00	47.00	4.31	0.75	0.17	86.26	1
N_{Z4}	0.00	5.00	21.00	40.00	33.00	4.02	0.86	0.21	80.40	3
N_{Z5}	2.00	3.00	34.00	40.00	20.00	3.74	0.88	0.24	74.75	10
N_{Z6}	3.00	4.00	27.00	46.00	19.00	3.75	0.91	0.24	74.95	9
N_{Z7}	3.00	5.00	27.00	42.00	22.00	3.76	0.95	0.25	75.15	8
N_{Z8}	1.00	5.00	19.00	44.00	30.00	3.98	0.89	0.22	79.60	5
N_{Z9}	2.00	3.00	33.00	34.00	27.00	3.82	0.94	0.25	76.36	6
N_{Z10}	3.00	6.00	28.00	36.00	26.00	3.77	1.00	0.27	75.35	7

注：1~5 依次为非常不重要、比较不重要、一般、比较重要、非常重要。

3.4.3　改进措施

在认识到 BIM 在专业复杂繁多、技术指标要求严苛的医院建设工程中应用前景广阔的背景下，可以从以下五个方面激励更多的医院建设者在医院建设中使用 BIM 及更好地应用 BIM。

(1) 医院建设者应通过参观考察、学习访问等各种形式，深入了解 BIM 应用的优势（技术层面、经济层面等），从而获得医院高层管理者的支持。

(2) BIM 咨询单位的模型制作人员应具备专业设计和项目应用的经验，而不仅仅是一个"绘图

建模员"，并应从医院建设项目中积累经验，总结出医院建设项目的共性及个性，从而更好地为医院建设服务。

(3) 充分发挥 BIM 的虚拟现实（Virtual Reality，VR）/增强现实（Augmented Reality，AR）交互展示应用解决需求侧管理的需求。VR 的发展，使医院各类需求方能够直观地对所提需求在虚拟建造的场景中进行检验，并提出改进信息，在项目付诸实施前尽可能将需求明确化，避免建设过程中因专业差异和对空间布局的无体感性而产生较多变更。同时，对于医院决策者，通过模拟建造的虚拟展示，可以直观地对建筑方案的比

较、功能布局的规划等进行科学合理的决策。

（4）政府部门、行业协会应整体推进和推广 BIM 应用工作，积极参与 BIM 标准的制定，完善行业规范，建立 BIM 应用的框架。政府可委托行业协会和研究机构共同制定适用于医院等公共建筑的 BIM 标准。BIM 项目中使用 BIM 标准所发现的问题，也反馈给制定者，从而不断完善 BIM 标准。

（5）任何技术推广都要从理念知识开始。只有建设各参与方对 BIM 的应用价值有了足够的认识，才有积极性去学习和应用 BIM。建筑设计人员的思维方式应逐步从 2D 向 3D 转变，而施工单位应通过 BIM 进行方案的优化，监理单位也应逐步适应使用 BIM 模型去现场核对，针对现场施工及建设过程中成本、进度等方面的偏差，及时予以纠偏处理。当各方具备相应的 BIM 技能，基于 BIM 的主动协作使得沟通交流更加顺畅，减少信息偏差，提高直接效益。

第二篇 | 应用实施篇

住院综合楼 BIM 模型

第四章

基于 BIM 的医院建设项目管理顶层设计

顶层设计是运用系统论的方法，从全局的角度，对某项任务或者某个项目的各方面、各层次、各要素统筹规划，以集中有效资源，高效快捷地实现目标。医院建设项目具有典型的系统性、复杂性，建设周期长、投资规模大，建成后的建筑体系在运营阶段几乎是全年满负荷运行。因此，要使医院建筑体系建成后能更加智能、高效、便捷地满足临床医疗需求，进而满足人民群众的健康需要，医院建设在规划立项之初需要进行顶层设计。常规的医院建设项目管理通过 BIM 这项新技术的应用、新理念的实施，更需要进行基于 BIM 的项目管理顶层设计。

4.1 基于 BIM 的顶层设计原则

BIM 是一种集成、协同理念的载体，基于 BIM 的医院建设顶层设计在常规项目管理顶层设计"科学、合理、高效、经济"的原则基础上，更加需要体现要素集成、管理协同，同时遵循以运维为导向，涵盖医院建设项目管理的全过程和医院建筑的全生命周期。

4.2 基于 BIM 的顶层设计内容

BIM 技术不仅仅是改变现有工程实施的一项新技术，同样对项目管理的全过程产生直接且深远的影响。医院建设的项目管理，基于 BIM 的顶层设计，从顶层决定性、整体关联性、实际可操作性三个特征进行分析，包含以下具体内容。

1. 顶层决定性
医院建设从医院发展的整体战略出发而确定

建设目标，医院决策层首先确定是否在医院建设过程中使用 BIM 技术，如明确使用 BIM，则根据医院建设的整体目标，需要确定应用 BIM 的方式、目标、范围、深度、投资。在明确 BIM 应用的基础上，医院建设项目基于 BIM 的项目组织架构与配置、项目管理决策机制及权责划分、项目投资概算控制/支付/审计的内控流程与适当授权等内容均需要进行项目决策级顶层设计。

2. 整体关联性
医院建设在明确应用 BIM 的目标、范围、深度、投资等决定性内容后，因参考或制定符合本医院建设总体目标的 BIM 应用技术标准、各阶段应用点、实施模式，同时基于 BIM 应用的项目管理业主方组织与参建单位不断扩展的组织架构、医院建设项目的医疗规模与分类/后勤保障体系与设备选型/业主方项目管理配置、业主方针对项目分类分级分层管理的具体制度、项目的业务管理流程、医院项目部的绩效考核分配等内容，需要从分项到整体、整体再关联的项目管理级顶层设计。

3. 实际可操作性
医院建设在建立基于 BIM 的技术应用标准、项目组织架构、业务管理制度/流程/绩效后，应结合本医院项目管理实际情况（如当地的建设管理流程、医院财务审计流程），细化实际可操作的本项目 BIM 应用业务流程、协同机制，合同中 BIM 应用的权责条款、奖惩措施和技术要求，以及能清晰界定医院内部各部门/医院与政府主管部门/医院与参建单位之间标准化的接口、能清晰界定设计与施工/设计与采购/施工与采购/各专业施工之间/试运行与交付的标准化业务接口、能清晰界定各参建单位的项目进度管理、质量管理、资源管理、风险管理、投资管理等标准化管理接口和管理目标等项目执行级顶层设计。

4.3 基于 BIM 的项目管理整体架构及流程

医院建设项目的顶层设计是自上而下展开的项目管理系统设计，是医院未来发展目标和医院核心管理理念的直接体现，应注意医院内部管理要素之间的关联、匹配和有效协同，应关注医院与外部管理要素之间的关联、联动和有效支撑。基于 BIM 的项目管理整理架构及流程是为落实顶层设计而建立的一整套相关联、能匹配的具有实操性的、更加具体、更为详细的一系列管理机制，需要在适合本医院发展现状、经充分科学论证的顶层设计框架下不断完善、融合，形成以项目建设为核心的管理系统。

因为"一床难求"，医院建设一般期待尽快完成交付以形成规模效应，所以在建设规范流程的基础上，完成初步设计后就开始仓促招标开工，相关施工许可证等办理也会滞后。在需求方面，医院建筑有其特殊的复杂性，门急诊、医技、病房等医疗部分的工艺流程、设备配置、辅助用房等互不相同、自成体系，但区域与区域之间又存在关联。医院建设的专业复杂性和设计市场面对医疗专项的不专业，导致部分医院项目在初步设计时，大部分医疗需求和功能定位仍然不明确或无法科学、客观地确定，就会出现初步设计后就开始进行重大设计变更和概算调整的情况。随着项目的推进，各种各样的细节需求逐渐显现，医疗设备配置滞后，使微观需求达到一定量级后影响中观系统的变化，从而带来设计、施工的变更，造价投资的增加，工期的延误，甚至是局部推倒

重来的建设浪费。医院建设项目在多个重要节点出现的设计、施工的变更，变更的源头是需求。而需求不明确的主要原因，一是因为医疗与建筑的跨领域，提需求和做设计的两方知识无法做到有效融合；二是需求的提出未经过科学、客观的论证；三是医疗设备的采购进度与建设进度不匹配，滞后于建设所需要的节点。由此可见顶层设计的重要性，而 BIM 技术给顶层设计的科学性提供了技术保障。

2014 年，江苏省妇幼保健院首先在江苏省医院建设项目管理中全面引入 BIM 技术，从初步设计阶段开始进行 BIM 的全过程应用，但由于受当时的 BIM 技术水平、BIM 应用管理能力和对 BIM 内涵和外延所理解的限制，同时由于投资概算中并未包含此项费用，所以未能充分考虑 BIM 应用顶层设计的重要性，仅仅从设计、施工阶段的局部技术应用出发，边推进项目建设边局部应用 BIM 技术。通过项目建设后的技术应用、管理方式等全方面总结，提出医院建设管理基于 BIM 的顶层设计尤其重要，需要科学地建立适应医院发展的基于 BIM 的整体架构和流程。

4.4 江苏省妇幼保健院基于 BIM 的顶层设计

江苏省妇幼保健院自 2006 年开始准备扩建规划设计，因政府区域发展政策、医院发展重点及资金等因素影响，直到 2012 年项目才正式立项。经过 6 年多的时间，各项政策、法规、建设规范、医疗技术及业务需求都发生了巨大变化，基地周边的人口密度、配套设施、交通组织等综合环境也日新月异，医院从最初以满足保健科室的发展需要制定建设规划，到 2013 年立足于辐射周边、

指导全省发展特色，建设满足医院"十三五"发展需要，规模床位从340床增加到1000床，有条件增加到1500床的三级甲等省级保健医院。规划设计方案从建一栋楼到从全院发展规划出发，结合既有建筑，分三期进行改扩建，建成后以住院综合楼及门急诊前地下停车库（扩建一期）、科教综合楼（扩建二期）、新门急诊病房综合楼（扩建三期）三栋建筑为主体的医院建设新格局。

在此背景下，医院决策层通过对医院建设的客观认识、周边医院建设经验的总结分析和对建设市场的前沿应用判断，决定组建培养一支专业的建设管理团队，确定以建设方集成管理为核心，选择适应江苏建设实际的自建模式，基于BIM应用为技术手段来进行项目全过程管理，以期实现以数字化医院为基础信息平台的建设成果交付、配合，实现未来智慧医院发展的战略目标。

住院综合楼项目在初步设计阶段开始全面启用BIM技术，医院在原本建设目标"标志性有特色、人性化可生活、绿色节能、智能温馨"，组织目标"培养专业化建设团队"，管理目标"质量、安全、规范、高效"，质量目标"确保扬子杯、争创鲁班奖"的基础上，结合医院未来发展的战略目标"智慧医院"，提出BIM应用的目标是建立"数字化医院的建筑信息底层基础"。明确以BIM运维为导向的建设期间BIM各阶段应用，因投资概算中未列此项费用，医院自筹资金，选择了以业主方主导的实施模式，以建模、方案优化为主的17项应用，除标准病房等局部空间达到精装修模拟外，其余管线在直径40 mm以上、结构不含钢筋的建模精度要求。在后续招投标的合同中均列入明确要求配合和提供BIM技术服务的技术、商务条款。同时，在引入BIM应用后，针对前期医院已有的基建项目管理制度、流程，针对性地根据项目现状和BIM应用水平等修订编制了《江苏省妇幼保健院基建管理手册》，其中各项流程均体现BIM应用的内容。

住院综合楼项目在建设过程中，医院共与120家单位签订合同（含补充协议）236份，实际建设过程中项目现场核心管理人员最高峰时达到45人，根据不断地BIM优化、摸索合作模式、消除意见分歧，最终探索出适应于医院建设的基于BIM的组织架构、业务流程、应用标准等成果。具体内容在后续章节中将详细阐述。

第五章

 医院工程建设 BIM
应用的前期策划

5.1 制定 BIM 实施规划

BIM 技术作为一种新兴的管理工具，需要各参建单位的配合，行之有效的实施规划必不可少。BIM 实施规划是项目 BIM 应用和管理过程中具有全局性、规范性、引导性的文件，促使 BIM 技术在医院建设项目中实现既定应用目标。实施规划内容需结合项目自身特点和实施难点，充分考虑医院建设项目的特殊性；加强 BIM 应用与项目管理的深度融合，提升工程建设和管理的专业化、信息化水平；明确项目实施各阶段重点 BIM 应用；统筹兼顾，加强各参建单位信息之间的衔接、流转和协调；BIM 应用成果需满足建成后项目使用和管理的需求。在医院建设前期结合项目管理实践，明确各参建单位在项目中的 BIM 应用目标、标准、流程和交付成果。制定各应用阶段（包括前期策划阶段、设计阶段、施工阶段、运维阶段）的 BIM 技术实施工作流程、职责和标准，BIM 实施规划可作为招标文件中的 BIM 应用技术要求，建设单位可组织 BIM 咨询单位等编制各阶段工作流程，完善 BIM 实施规划，指导项目 BIM 应用。

各参建单位应严格按照实施规划内容完成各自任务，保证整体建设目标得以实现。实施规划宜包含以下内容：

（1）制定项目各阶段 BIM 模型管理制度，包括但不限于模型文件组织、模型标准与详细程度（须考虑前期策划阶段、设计阶段、施工阶段、运维阶段对模型的需求）、建模计划与分工，建立统一的 BIM 建模标准，并根据进展情况进行调整或补充。

（2）制定项目 BIM 协调和沟通机制，包括但不限于 BIM 团队人员组织架构、各参建单位沟通流程、访问权限等，并根据进展实际情况进行调整或补充。

（3）制定项目各阶段 BIM 工作流程及确定各方职责，包括前期策划阶段 BIM 工作流程及各方职责确定；确定设计阶段 BIM 工作流程及各方职责；确定施工阶段 BIM 工作流程及各方职责；确定运维阶段 BIM 工作流程及各方职责。

（4）制定项目 BIM 技术方案，编制与应用方案配套的 BIM 协同管理平台以及软硬件系统方案，组织建设和保证系统正常运行。

（5）编制设计、施工和监理等参建单位招标和合同中 BIM 技术应用条款。

5.2 各阶段 BIM 应用内容

随着 BIM 技术在国内的开发和应用日渐成熟，BIM 技术也逐渐成为医院建设管理中的热门应用，但相对国外发达国家 BIM 技术应用成熟程度而言，我国医院建设项目 BIM 应用仍停留在碰撞检查和施工初步模拟等较为基础的图纸检查层次，远未发挥 BIM 技术在建设全生命周期中的应用价值。针对目前医院建设项目管理中存在的不足，BIM 技术可在以下四个阶段进行深度应用。

5.2.1 前期策划阶段

前期策划阶段对整个医院建设过程影响很大，BIM 技术在项目前期策划阶段应用很多，包括辅助总图规划、辅助方案论证、专项分析模拟、辅助投资估算等，主要应用于项目决策的数据化、可视化。

1. 辅助总图规划

总图规划是一级流程设计在前期阶段需要完

成的重要任务，从工艺角度考虑总图规划，充分考虑项目定位、项目规模等功能要素。基于现状图纸资料构建道路、建筑物、河流、绿化以及高程的变化起伏，根据规划条件构建项目用地红线及道路红线，生成面积指标。

在现状模型基础上根据容积率、绿化率、建筑密度等建筑控制条件构建建筑体各种方案，从实际出发，在综合考虑功能划分、交通规划、管线敷设等因素下，充分利用地形、地质条件，使各项用地在高程上协调，在平面上达到和谐，以达到社会效益、经济效益和环境效益的最大化，做好总图规划、道路交通规划、景观规划、竖向规划以及管线综合规划。利用 BIM 结合 GIS 技术对场地及拟建的建筑物空间数据进行预模拟，对诸如土石方平衡量、排水泄洪方案、预留发展地块等进行数据分析，辅助建设项目在规划阶段评估场地的使用条件和特点。

2. 辅助方案论证

在医院建设项目前期策划阶段，通常会基于建设条件预留发展空间，以满足日后发展或功能转变之需。项目前期策划根据建设目标所处社会环境及相关因素，包括对城市化进程、人口图谱、疾病谱和当地医疗资源及分布等进行逻辑数理分析，制定和论证建筑设计依据，科学地确定设计内容，而这一过程主要以数据分析为手段对目标进行研究。

在医院建设项目中普遍存在由于前期科室参与深度不够、流程论证不充分，造成后期建筑资源浪费、人流与物流动线紊乱的现象，给患者就医带来了极大的不便。基于 VR 的工艺流程展示，通过空间分析来理解复杂空间的标准和法规，对医疗工艺流程进行反复讨论和沟通，实现各科室纵向布置合理，人流、物流动线合理，方便患者就诊医疗服务及后期管理。应给规划和方案设计阶段留有充足的时间，确保建设过程中减少需求变更，利于设计与方案评审，促进工程项目的规划、设计、招投标、报批与管理。

在方案设计阶段，利用 BIM 技术通过构建或局部调整的方式，形成多个备选设计方案并进行比选，使项目方案的沟通讨论和决策在三维可视化场景下进行，比对多个备选模型方案的可行性、功能性和美观性等方面，实现项目设计方案决策的直观和高效。该阶段应用 BIM 技术时，宜组织多方会审，对不同设计方案进行多角度论证，保证最终设计方案的可实施性。业主方或投资方可基于 BIM 技术，评估设计方案的布局、照明、安全、声学、色彩及是否符合相关规范。

3. 专项分析模拟

在医院建设项目中，场地的选择和布置对医院的后期运行起到至关重要的作用。场地分析是研究影响建筑物定位的主要因素。确定建筑物的空间方位和建筑物的外观、建立建筑物与周围景观的拓扑关系，通过场地分析对景观规划、环境现状、施工配套及建成后交通流量等各种影响因素进行评价及分析，如基于 BIM 技术结合分析软件模拟医院交通流线和出入口布置分析，以获得最佳方案。

基于 BIM 模型或者通过建立分析模型，利用专业性能分析软件，对建筑物的日照、采光、通风、能耗、人员疏散、火灾烟气、声学、结构、碳排放等进行模拟分析，综合各项结果反复调整，模拟后收集各单项分析数据进行评估，寻求建筑综合性能平衡点。通过室外风环境模拟，改善建筑周边人行区域的舒适性和流场分布；通过室内风环境模拟，改善室内舒适度；通过采光模拟，分析室内自然采光效果，根据房间功能使用情况，进一步优化调整房间布局等。

4. 辅助投资估算

BIM 模型具有强大的数据信息统计功能，在方案阶段可运用数据指标等方法获得较为准确的各专业工程量及造价指标信息，通过多设计方案比选，快速得出成本的变动情况，权衡不同设计方案的造价优劣，为项目决策提供准确的数据支撑。通过计算机强大的数据处理能力进行投资估算，使工程造价人员的计算工作量大大减轻，进而可以从事更有价值的工作，如施工方案的确定、风险评估等，更为细致地去考虑施工中如何节约成本等专业问题，指导工程造价的精细化管理。

5.2.2 设计阶段

1. 设计需求翻译

在医院建设项目中，建设决策者往往缺乏对医疗和建筑的综合理解，目前医院建设方案评审往往过于追求效果图的好坏，平面化分析判断医院场地布置对医院运营、日后发展的影响。由于每个人经验的不同和对方案理解的差异导致评判尺度不一，造成医院在决策时就蕴藏着不合理性和发展制约因子。BIM 技术实现了建筑设计人员与建设决策者的无障碍沟通，专业需求得到有效翻译，基于 BIM 技术的可视化属性对规划、设计方案进行多方位推敲论证以确定最优方案；功能房间区域实时面积统计，辅助院方进行指标控制；仿真模拟装饰装修效果，预见真实就医环境，提供舒适性感受，对不合理或有缺陷的地方提前进行设计优化，有效降低前期设计深度不够，建设过程中反复调整设计的现象。鉴于 BIM 技术三维可视化的特点，在项目设计之初就改变以往二维设计方式，以三维设计贯穿设计全过程，为建设决策者模拟房间平面、空间尺寸大小、医疗家具

设备的摆放以及人流、物流等，使决策者直观了解空间、面积指标、设备信息等，对不合理的地方予以提前反馈，为平面设计提供科学决策的依据，避免因对图纸理解差异造成的设计变更、工程延期、资金浪费等。

2. 专业设计协同

传统二维设计模式下，各专业设计各自为政，缺乏沟通，专业间的设计问题往往被忽略，在管线综合优化过程中多以"叠图"方式进行各专业综合排布，但二维图纸的信息缺失以及缺乏直观的交流平台，导致管线综合成为业主对施工图纸成果最不放心的"最后一公里"，这对施工单位的机电深化能力提出了很高的要求，同时增加了项目投资的不确定性。

医院建设项目不仅涉及建筑、结构、给排水、电气、暖通等常规设计专业，还涉及医用气体、物流传输、净化设计、医用纯水等医疗专项设计，主体设计、二次设计等存在各专业彼此不协调、不交圈的现象。BIM 技术能够整合建筑、装饰、专项设计等不同专业，一方面发现设计中存在的"错、漏、碰、缺"等问题，提升设计质量；另一方面可以有效衔接建筑设计与专项设计之间的图纸问题，做到问题事前落实。利用 BIM 技术进行综合协调，可提前消除各专业之间的矛盾或冲突，使后期设计变更大大减少。BIM 技术的同步性和联动性可以实现设计工作的高效协同，为不同专业设计人员的自检和互检提供了非常便利的条件。

5.2.3 施工阶段

随着 BIM 理念在我国建筑行业不断地被认知和认可，BIM 技术在施工实践中不断展现出其优越性，使其对建筑企业的施工生产活动带来极为重要和深刻的影响，应用效果较为显著。对医院

建设项目而言，施工单位施工水平参差不齐，为追求进度，忽略了施工过程的精细化管理，导致后期施工质量不能满足建设要求。基于 BIM 技术，可通过数据化管理手段指导施工过程的精细化管理，主要体现在辅助进度管理、质量管理、安全管理、成本管理。

1. 进度管理

通过 BIM 技术进行虚拟进度与实际进度对比，发现实际进度与进度计划间的差异，分析原因并提出解决方案，实现对项目进度的合理控制与优化，大大减少信息不对称的影响，提高进度计划的准确性。通过优化施工现场及施工方案，提高进度管理的效率，尽早发现场地布置冲突、工作面冲突以及资源配置冲突。

基于 BIM 技术进行综合协调，减少不合理方案或问题方案，大大减少设计变更。在项目实施中设计阶段往往只提供设备参数，后期设备采购过程中经常会有各种因素导致现场情况不满足设备安装条件，基于 BIM 模型可提前发现此类问题，并及时做好变更签证管理，避免设备进场后因各种问题频频暴露而造成的大面积拆装。大型医疗设备等对土建要求高的区域都应采取提前模拟论证的方式，以减少现场变更签证。

通过虚拟建造、施工模拟等 BIM 技术应用，施工图方案能够得到优化，资源配置及场地协调均能够在施工前得到合理计划与安排，使得项目管理人员增强与施工人员的协作，提高工作效率，有效减少冲突，从而保证项目在计划工期内完成，提高经济效益。

2. 质量管理

各专业设计深度不够、图纸专业不全导致现场施工管理难度大，基于 BIM 技术进行各专业深化设计，以施工工艺的技术指标、操作要点、资源配置、作业时长、质量控制为核心，以工艺流程为主线，编制 3D 作业指导书，保证施工成果符合管理目标及要求，同时将施工操作规范与施工工艺融入施工作业模型，使施工图深化设计模型满足施工作业指导的需求。将施工 BIM 模型构建关联质量信息，对质量管理的重点部位或分部分项工程进行动态管理，及时预警和调整可能发生的问题并提前予以解决。

在施工质量控制中应用 BIM 技术可以实现建筑信息数据的高度集成，与传统质量管理相比，在施工质量、原材料质量、设备质量等方面，基于 BIM 技术的质量管理具有更突出的价值。作为建设单位，更关注质量管理的总体结果，通过 BIM 技术可直观了解和掌握项目的总体质量情况，能够在三维模型中全面有效地阅读模型所展示的信息。在施工现场可以一边施工一边通过移动端实时查看模型信息，将现场的质量问题一一暴露、问题情况上传至云端，将所有施工进场的物料情况与实验报告录入到信息模型中，通过信息集成管理平台不仅可以做到全过程质量管理，还可以建立追踪反馈机制。

通过移动平台、iPad 平台和三维彩色数据展示管线综合排布成果，直接浏览模型、进度、图纸，方便过程管理，让施工人员更直观地了解现场管线排布情况。经过探索与实践，多项信息技术手段已经被广泛应用与推广，提高了竣工成果交付的完整性。

3. 安全管理

传统的安全管理、危险源的判断和防护设施的布置需要依靠管理人员的经验来进行，而 BIM 技术在安全管理方面可以发挥其独特的作用，从场容场貌、安全防护、安全措施、外脚手架、机械设备等方面建立文明管理方案，指导安全文明施工。

通过施工过程仿真技术，直观展示施工过程，分析安全文明控制要点，使现场管理人员有针对性地进行安全文明管理，提升现场安全文明管理水平和效率，规避施工风险。对于结构体系复杂、施工难度大的结构，结构施工方案的合理性与施工技术的安全可靠性都需要验证，利用 BIM 技术建立试验模型，对施工方案进行动态展示，从而为试验提供模型基础信息。在项目中利用 BIM 技术建立三维模型，让各分包管理人员提前对施工的危险源进行判断，在危险源附近快速地进行防护设施模型的布置，比较直观地对安全死角进行提前排查。三维可视化动态监测技术较传统的监测手段具有可视化的特点，可以通过人为操作在三维虚拟环境下直观、形象地提前发现现场的各种潜在危险源，有利于安全文明管理。

4. 成本管理

传统的施工成本管理中存在成本数据更新滞后、难以实现精准化管理、技术落后导致成本增加等问题。基于 BIM 技术的 5D 模拟，能够提取更多种类和更多统计分析条件的成本报表，可以直观地确定各施工点的资金需求，模拟并优化资金的使用分配。管理人员能够使用 BIM 技术快速提取基础数据，制订合理的资源计划，从而减少资源浪费，减轻仓储压力。

BIM 模型中不仅包含二维图纸中的信息，也包含了二维图纸中没有的材料信息，可以整合海量工程数据，BIM 算量软件通过识别模型中的各种几何构件信息，对各种构件的信息进行汇总和统计，简化了算量工作，减少了因人为原因造成的计算错误，大大节省了造价工程师的工作时间和工作量。

在 BIM 模型中加入预算信息，模型可直接生成所需构件的名称、数量和尺寸等明细表信息，在 BIM 模型出现变更时，该变更自动反映到明细表中，预算工程量与构件信息也会随之变化，便于预算工程量的动态查询与统计。

5.2.4　运营维护阶段

医院建设项目作为一个有机的整体，在建筑物交付时会进行必要的检测及验收，以确保实现设计功能。在项目移交后，竣工图纸是后期运营维护的主要依据，但由于涉及专业多，导致图纸管理难度大，竣工图纸的平面化常给业主在日后运营、维修时带来诸多不便。基于 BIM 技术可以强化与运营、维护的有机融合。

对于后勤管理部门需要的不只是常规设计图纸、竣工图纸，还需要正确反映真实设备、材料的安装使用情况，常用件、易损件等与运营维护相关的文档和资料。这些信息大多被淹没在不同种类的纸质文档中，而纸质文档具有不可延续性和不可追溯性，当隐患问题暴露出来后，需要后勤管理部门从头摸索建筑设备和设施的特性和工况。BIM 历经设计、施工的反复检核、追踪修订、持续增进数据，保证了最终的竣工模型的正确性和完整性。运用 BIM 技术与运营维护管理系统相结合，对建筑的空间、设备资产进行科学管理，对可能发生的灾害进行预防，可有效降低运营维护成本。

一幢建筑在其全生命周期的费用消耗中，约80%是发生在其使用阶段，职业化的运维管理将会带来极大的经济效益。一般的医院运营维护过程中，后勤管理部门往往会被要求提前进场熟悉建筑物，避免交付后因不了解现场实际情况而使运维管理效率低下，导致这一现象的很大一部分原因是竣工图纸的缺失及准确性达不到运维要求。

BIM模型能将建筑物空间信息和设备参数信息有机地整合起来，为业主获取完整的建筑物全局信息提供平台。通过BIM模型与施工过程的记录信息相关联，实现包括隐蔽工程图像资料在内的全生命周期建筑信息集成，不仅为后续的物业管理带来便利，而且可以在未来进行改造、扩建过程中为业主及项目团队提供有效的历史信息，减少交付时间，降低风险。

5.3 BIM 实施落地保障措施

对于专业性和BIM应用经验不足的建设单位，可聘请第三方BIM咨询单位与建设单位一并构成业主方BIM团队，统筹BIM技术在各阶段、各环节的应用。如果决定在项目建设全过程中应用BIM技术，BIM实施落地保障措施的制定显得尤为重要。下面以江苏省妇幼保健院全过程BIM应用为例进行介绍。

5.3.1 运行保证体系

（1）按照BIM实施组织架构成立BIM实施团队，由建设单位和BIM咨询单位全权负责BIM系统的管理和维护。常规BIM实施组织架构如图5-1所示。

（2）成立BIM管理领导小组，由建设单位项目总负责人任组长，授权BIM咨询单位项目总负责人为执行组长，各参建单位主要负责人任副组长；组员包含BIM咨询单位主要技术人员、建设单位主要协调人员、其他各参建单位主要技术人员，小组内部成员定期沟通，保证能够及时、顺畅地解决问题。

（3）各职能部门设置专人和数字化团队对接，根据需要提供现场信息。

（4）配备足够数量的高配置电脑设备，并安装BIM软件（以Revit为主），满足软件操作和模型应用的基本要求。

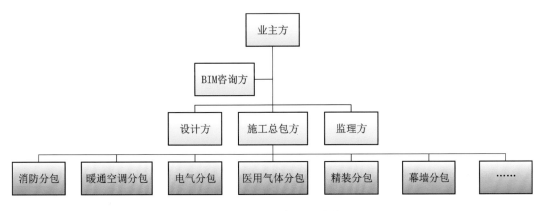

图 5-1 常规 BIM 实施组织架构

5.3.2 各参建单位职责

明确职责分工对项目顺利实施至关重要。在项目初期，需明确 BIM 实施过程中各参建单位在各阶段需完成的工作以及各参建单位的配合流程等，以此提升项目进度和质量。

1. 建设单位职责

作为本项目 BIM 实施的发起者和最终成果接收的使用者，建设单位对本项目 BIM 实施提出需求，建立整体管理体系，选择 BIM 咨询单位，审核本项目 BIM 实施方案和 BIM 技术方案，并监督 BIM 咨询单位和各参建单位按要求执行。

2. BIM 咨询单位职责

完成本项目 BIM 实施方案和 BIM 技术方案编制工作，协助建设单位组织管理本项目的 BIM 实施，根据项目要求审核各参建单位的 BIM 工作和 BIM 成果，对各参建单位的 BIM 工作进行指导、支持和校审。

3. 设计单位职责

在合同约定的范围内，完成本项目的设计工作，并根据 BIM 咨询单位和施工总包、建设单位意见参加相应施工可视化技术交底、协调例会、设计变更图纸输出工作，及时落实设计问题，并限期完成 BIM 反馈意见。

4. 监理单位职责

在合同约定的范围内，完成本项目对应工作中的 BIM 要求，按照 BIM 实施方案和 BIM 技术方案，组织内部 BIM 实施体系，通过 BIM 成果进行现场监督、审核和验收工作。

5. 施工总包单位职责

在合同约定的范围内，完成本项目施工总包的 BIM 要求，即负责施工过程中的各阶段场地布置、临时设施、安全设施、重要节点的施工工艺 BIM 模型构建、修改和完善工作。

协助建设单位组织协调会，并加强对分包单位的深化设计管理，监督各分包单位落地执行，在施工过程中，严格落实 BIM 成果，避免因 BIM 成果与现场不一致导致的应用效果大打折扣。

6. 各分包单位职责

在合同约定的范围内，完成本项目对应工作中的 BIM 要求，按照 BIM 实施方案和 BIM 技术方案，组织内部 BIM 实施体系，完成相关专业深化设计工作（土建、机电、钢结构、幕墙、装修），其中，机电深化可由机电总包单位统筹出机电深化原则和管线初步排布工作，深化调整由 BIM 咨询单位实施，并经 BIM 协调会进行确认后由 BIM 咨询单位输出成果，施工单位严格按照成果进行施工。

5.3.3 沟通协调机制

BIM 领导小组成员必须参加各团队的工程例会和设计协调会，及时了解设计和工程进展状况。BIM 领导小组成员，每遇重要节点召开协调会，遇到困难和需要联合解决的问题时，及时解决。BIM 咨询单位实施团队内部每周召开一次碰头会，针对本周工作情况和遇到的问题，制订下周工作计划。

1. 制定基于 BIM 模型的沟通协调会制度

工程的重要例会和协调会应在 BIM 模型的基础上展开讨论，并形成最终意见。最终意见反馈至各参建单位修改，或者落实的方案需要在 BIM

模型中完善。

2. 提倡基于互联网或者电话视频的 BIM 协调制度

在"互联网＋"时代背景下，可以采用基于互联网、BIM 协同管理平台的沟通模式，在各地实现可视无障碍沟通，提升沟通效率。

5.3.4 项目质量控制

项目成立 BIM 质量管控小组，建设单位指派专人作为组长，BIM 咨询单位指派专人作为副组长，各参建单位指派一人作为组员。

小组成员作为本参建单位的 BIM 质量负责人，对内管理、协调单位内部的 BIM 工作。

BIM 成果在与项目参建单位共享或提交业主之前，BIM 质量负责人应对 BIM 成果进行质量检查确认，确保其符合要求。由 BIM 咨询单位作为本项目 BIM 工作质量的管理者和责任人，负责协助建设单位对各参建单位按 BIM 实施规划规定的共享、交付的 BIM 模型成果和 BIM 应用成果进行质量检查。质量检查的结果以书面记录的方式提交建设单位审核，通过建设单位审核后，各设计单位根据建设单位要求进行校核和调整。

住院综合楼夜景

第六章
设计阶段 BIM 应用

6.1　概述

没有任何一类建筑比医院建筑更为复杂，我们可以将其比喻为人体。人体是一个系统，由多个子系统构成，如呼吸系统、消化系统、内分泌系统等，各个子系统协同工作，才能保持人体的健康。医院也是一个系统，同样可以划分为若干子系统，只有各个子系统都正常工作，并相互达到协调一致时，医院才能正常运转，达到最佳运营状态。

在医院建筑设计和深化设计中，需要考虑众多问题。比如，高度重视医院基建工程总体规划，根据医院自身实际情况及发展规划设置合理的一、二级流程；切实注重医院基建项目的大型设备用房设计；充分融入"以人为本"设计理念，在医院设计中体现全方位人性化关怀；切实注重医院基建项目的节能设计，同时重视对自然采光通风的利用，突出环境特色，创造与自然共生的绿色医院等。

医院在设计过程中常常会出现的问题有：科室设置不全，导致竣工后评审不达标，建成后随即改造，造成成本浪费；面积指标计算失误，导致竣工后科室使用面积偏小，额外增加难度较大；医疗科室不符合医院感染控制要求，在一级流程设计时未统筹考虑医院洁物、污物、人流、物流的设计，导致二级流程设计时不可避免地发生了流线交叉。某些特殊科室的特殊要求未考虑到，比如，感染门诊不应设置在上风向，配电房不应靠近影像科，核磁共振应离开移动的金属物体（如汽车、电梯等）一定距离，手术室净化机房应布置在手术室上方，信息机房上方不应该有水管穿过，等等。

常规的医院建设设计流程分为方案设计阶段、初步设计阶段、施工图设计阶段和竣工图完成阶段。方案设计阶段，设计单位应提供方案设计相关文件，内容包括需求分析、系统功能分析、原理方案设计等。初步设计阶段，设计单位应提供初步设计相关文件，内容包括设计总说明、建筑篇、结构篇、给水排水篇、电气篇（强电、弱电）、空调与通风篇、消防篇、人防篇、节能篇、海绵城市篇及概算篇等。施工图设计阶段，设计单位提供施工图设计相关文件，内容包括针对初步设计各专业深化到可作为实际施工的图纸，主要为图纸目录、设计说明和必要的设备、材料表，并按照要求编制工程预算书。施工图设计文件应满足设备材料采购、非标准设备制作和施工的需要。竣工图完成阶段，由施工单位提供竣工图纸，编制完成后，监理单位督促和协助设计、施工单位检查竣工图编制情况，发现不准确或短缺时要及时修改和补齐。竣工图的编制应按照单位工程并根据专业的不同，系统地进行分类和整理。常规设计审查流程如图 6-1 所示。

通过 BIM 技术的应用，在现有流程的基础上，针对性地增加 BIM 的优化与论证，对各阶段的设计文件进行全方位审核，将解决一部分常规流程下设计阶段出现的问题。具体做法为在每个设计流程阶段都增加 BIM 的相关内容。比如，方案设计阶段，BIM 可进行日照分析、配合需求论证、辅助费用估算等；初步设计阶段，BIM 可进行结构方案比选、各专业间碰撞检查、净高分析，施工图设计阶段，BIM 可辅助医疗专项优化、局部工序模拟、局部精装修方案比选、施工进度 4D 或 5D 等进行模拟优化；竣工图完成阶段，BIM 模型可进行对比验收，将各类繁杂的变更设计完善到竣工模型上，并可添加各类参数、商务信息。针对常规设计审查流程进行 BIM 应用的优化，其一般应用流程如图 6-2 所示。

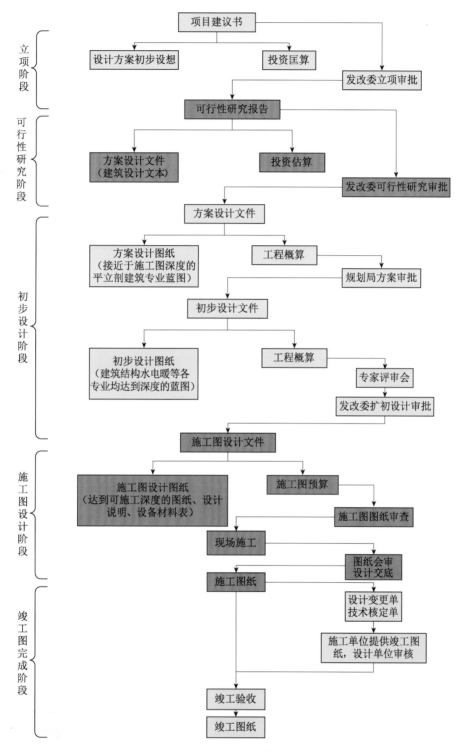

图 6-1　常规设计审查流程

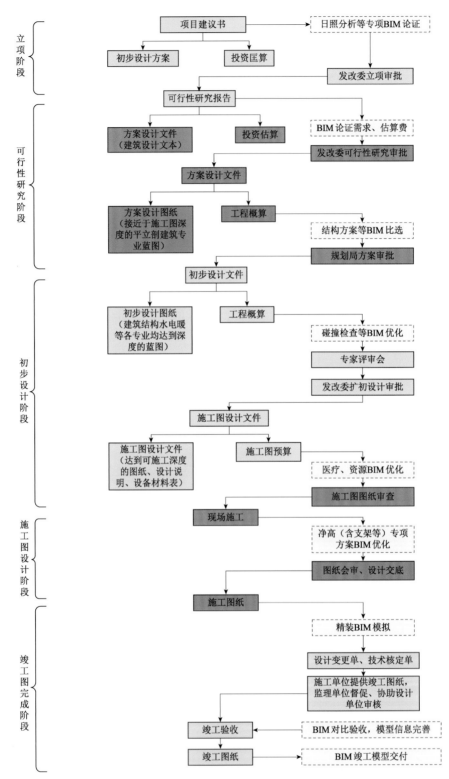

图 6-2　BIM 应用的优化设计审查流程

6.2 设计前期的需求集成

根据《综合医院建设标准》及《妇幼保健院建设标准》，妇幼保健院分为门诊部、急诊部、住院部、保健部、医技科室、保障系统、行政管理、院内生活等功能用房，并对具体功能的建设有明确的指标限定。各医疗功能用房内部又分各类医疗功能单元，其中，各医疗功能单元之间的流程称为一级医疗工艺流程，各医疗功能单元内部的流程称为二级医疗工艺流程。根据《医院建筑设计规范》结合医院目前发展状况，具体的医疗保健功能单元见表6-1。

除医疗保健功能单元外，保障系统、行政管理、院内生活等具体功能单元见表6-2。

表 6-1 医疗功能单元分解表

门急诊	预防保健	临床科室	医技科室	医疗管理
导医分诊	体检	内科各科室	药学部	病案统计
挂号收费	妇女保健	外科各科室	检验学部	住院管理
各类诊室	儿童保健	眼耳鼻喉科	介入放射科	门诊管理
急诊抢救		儿科	核医学科	感控管理
输液留观		妇科	超声科	质控管理
日间门诊		产科	电生理科	护理管理
感染门诊		中医科	病理科	医疗管理
		手术麻醉	内窥镜中心	培训中心
		ICU、CCU	中心供应室	
		介入治疗	血库	
		放射治疗	组织库	
		血液透析	实验室	
		理疗科		

表 6-2 非医疗保健功能单元分解表

保障系统	行政管理	院内生活
高低压配电系统	党办院办	职工食堂
信息网络系统	纪委监察	病员食堂
生活给排水系统	科技处	车队管理
消防喷淋系统	医务处	物业管理
负压吸引系统	教育处	超市便利
中心供氧系统	护理部	洗衣中心
锅炉燃气系统	信息处	采购中心
中央空调系统	人事处	调度中心
新风系统	临床工程处	图书馆
污水处理系统	财务处	
电梯系统	审计处	
垃圾处理系统	保卫处	
消防监控系统	总务处	
太平间	基建办	

由表 6-1、表 6-2 可知,医院俨然就是一个特殊的小型社会,具有常规非医疗单位的各种功能单元,又有其特殊的医疗功能单元。因此,医院建设项目的需要管理具有需要来源多元化的复杂性和系统性。

基于 BIM 的医院建设的需求管理,是动态的且贯穿整个建设项目全生命周期,主要体现在宏观、中观、微观三个需求层面,通过 BIM 技术的可视化展现和协同平台的信息管理进行需求集成管理。

医院建设需求集成的原则,根据 BIM 技术和协同平台对信息采集的需求,应遵循需求收集范式统一、功能需求标准化、设备需求参数化、功能房间模块化、个性化需求清晰明确可实现。建设团队应组织需求提出方案设计、BIM 咨询方进行多次需求分析,针对标准化的功能区域进行模块化 BIM 模拟,通过有效的可视化展示对建设内容的理解达到趋同,减少专业之间理解的差异,并通过协同平台的决策审核流程对需求进行动态变更管理。

医院建设需求集成的方法，首先通过对宏观层面的需求进行分解，根据建筑设计规范和相关医疗功能专项规范，编制科学合理的规范采集工作表，由医院组织需求科室根据医院总体规划要求和科室定位发展填写，然后对收集汇总的需求信息进行分析，通过专家访谈、案例分析、实地考察、专题交流等方法，将各类需求由设计人员和BIM团队进行需求集成，通过设计和模拟进行展示，遇到重要且复杂的区域还应标注需求之间的逻辑关联，避免因某一需求参数变化后其关联的其他需求信息未能及时联动变化。

医院建设项目的需求集成，根据医院建设项目的宏观需求、中观需求、微观需求三个层次的信息集成，在通过需求分析等各类技术处理后，利用BIM应用的协同平台和需求之间的逻辑关联设置进行再次综合集成，在整个建设全生命周期作为设计、施工的根本依据。

（1）宏观需求是医院建设项目的战略目标。内容包括医院背景信息（医院现状信息、医院等级、发展定位、发展理念、重点学科发展规模等）、医院服务人群信息（周边服务区域人口数、主要病员来源等）、建设基地周边环境信息（地质、地形、交通、环保、稳定性影响因素等）、拟建项目信息（建设周期、容积率、绿化率、总建筑面积、总床位数、总车位数、手术间数等）、同等医院参照案例信息（国内外同等级别、规模医院的优秀案例信息）。

（2）中观需求是指门急诊、病房、医技、办公、科研、保健、后勤区域等业务功能需求，是医院建设项目宏观需求的分解，是战略目标的直接体现。内容包括业务需求（门急诊人数、护理单元床位数、药学/检验/放射业务内容、办公人数、实验室类型、保健业务内容、后勤水电气配置等）、功能需求（业务流程、功能分区、感控标

准、装饰装修、后勤配套、设备配置、特殊专业配套等）、其他需求（现状使用待解决问题、使用习惯、消防疏散等）。除各功能区域的自身需求外，各功能区域之间的关联需求也应该予以考虑，如ICU、产房、输血科、病理科应靠近手术室，并将这些关联体现在基于BIM的空间管理中。

（3）微观需求是指各功能区域某一个功能房间的具体需求，是医院建设项目宏观、中观需求的深入分解和具体体现。内容包括空间需求（设备、设施、家具等数量和摆放位置及其关联）、使用需求（设备设施使用所需满足的结构承重、防水、给排水、电气、智能化、磁屏蔽、防辐射等具体实现方式及其关联，功能房间需要的空调、通风、净化、层流、监控等功能级别及其关联）、装饰需求（功能房间在密闭、静音、颜色、用材、宣教、装饰等）、其他需求（大型医疗设备等进场时间、进场通道等满足条件）。微观需求是设计汇总的直接依据，其汇集的需求应具体、明确、直观且标准。某一功能房间的微观需求体现的所有参数应定位到其所在空间模型的信息中，并结合BIM模拟和协同平台进行模块化设计及关联应用，某一区域的所有功能房间所汇集的微观需求应能满足中观需求所提出的需求标准，最终在BIM模型中集中体现。

（4）针对医院建设项目所提出的需求，进行基于BIM的协同需求动态管理，应根据医院自身特点，设计符合医院建设需要的需求管理流程，但基本流程应遵循建设项目的客观规律。为避免后期设计、施工期间的变更不可控，医院在确定宏观战略需求目标后，应尽可能避免宏观需求的变化，减少对中观需求的调整。同时，通过BIM技术的应用和协同平台的信息化优势，将调整控制在微观需求层面，这样就仅仅是某一功能模块化需求的变更，对整个系统影响较小，并且因为有

设置关联，可大大减少遗漏和错误。

(5) 需求与设计之间的转化。

医院基建部门的主要职能之一就是做好协调沟通工作，在需求管理中担当重要作用，通过设计合理的表格和科学地安排需求讨论会，必要时组织需求方与设计方到现场或其他医院参观，通过实景找到不同专业背景之间的共鸣。针对中观需求到微观需求的深入，做好需求与设计之间的"翻译"，设计科学的表格，组织需求方填写是有效的手段也是后期设计的直接依据和证明。科室工程改造设备水电安装申请表如图6-3所示。

科室工程改造设备水电安装申请表

科室：输血科 日期：2013 年 9 月 25 日

序号 ☆	设备名称 ☆	规格型号 ☆	数量 ☆	所需插座数量		每台用电功率（kW）☆	用电等级（220 V/380 V）	最大工作电流（A）☆	是否配备 UPS（kVA）	是否配备稳压电源	是否需要独立接地	备注
				五插	网插							
1	4℃ 储血专用冰箱	MBR-506D	4	8	2	约 0.44	220	2（额定）	否	否	是	电源插座含无线冷链监控供电
1	-30℃ 低温储血专用冰箱	MDF-U5411	2	4		约 0.38	220	1.4（额定）	否	否	是	
1	血小板恒温振荡保持箱	XHZ-1B	1	2		未知	220	未知	否	否	是	
4	血型自动加样系统	Swing Twin-Sampler II	1	8	3	未知	220	未知	是	是	是	含加样器，孵育箱，离心机，电脑

序号	设备名称	数量	水暖改造需求	备注
3	冰冻血浆解冻箱	1	需要上水口和下水口	
2	洗手池	9	发血室、实验室洗手池需要感应龙头，其余均为普通龙头，其中洗涤间配双水池双龙头	
	卫生间	1	节假日单人 24 小时值班不能离岗，科室内必须有独立卫生间并带淋浴	
	实验室	1	预留生物安全柜排风口	
	储血室	1	因储血要求，需要独立空调，能独立控制空调开关和空调	
	其他		详细见规划图注释说明	

说明：请用序号在图纸中标明设备所在房间的具体位置，且序号与该表格中序号需对应。为保证全院正常供配电，加"☆"部分必填。水暖涉及给排水、空调、通风、设备带

图6-3 医院需求集成与设计之间的专业转化

58

根据以上从宏观到中观再到微观的需求集成，结合 BIM 技术的协同动态管理，形成医院建设需求集成管理的基本流程如图 6-4 所示。

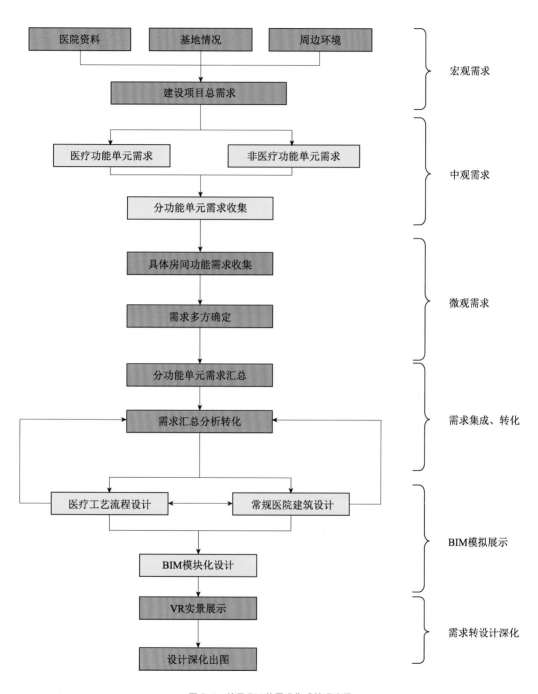

图 6-4　基于 BIM 的需求集成管理流程

6.3 方案设计阶段 BIM 应用

医院建设项目的设计工作，因涉及专业多、专业交叉复杂，而行业内具有医院综合设计能力的单位极少，大多没有成熟经验，即使是 BIM 咨询公司，也少有对医院项目特性进行过深入研究，多数停留在管线碰撞校核等初级应用阶段，无法形成建筑与医疗的耦合设计和关联协同，究其主要原因是缺少各类需求之间的逻辑关联，而 BIM 技术仅仅是一个工具，模拟仅仅是把二维图纸"翻译"成三维效果，要达到模拟建造，需要在设计阶段赋予各类需求之间一定的逻辑关系，通过 BIM 技术应用体现各专业之间的逻辑关联，尽可能在设计阶段组织各项医疗亚专业、配套辅助专业的协同设计。

根据表 6-1、表 6-2 的功能单元，按照设计专业划分，整理出医院建设的各类设计内容，见表 6-3。

表 6-3　医院建设涉及各专业设计内容汇总表

一级建筑设计						
方案设计	建筑设计	结构设计	给排水设计	电气设计	暖通设计	智能化设计
二级专项设计、子系统、工艺流程设计						
幕墙设计	装饰设计	桩基设计	污水处理系统	变电站系统	净化层流系统	数据机房系统
人防设计	景观设计	室外工程	分质供水系统	智能照明系统	中央空调系统	安防监控系统
停车系统	PCR 实验室	放射防护系统	消防喷淋系统	病理检验平台	燃气锅炉系统	医用对讲系统
智能物流	门诊流程	静脉配置中心	医用气体系统	产房流程	病理通风系统	排队叫号系统
电梯系统	急诊流程	消毒供应中心	手术部流程	病房流程	建筑能效系统	一卡通系统
厨房餐厅	血库中心	实验室平台	血透中心	内窥镜中心	设备管理系统	会议示教系统
ICU 流程	放疗中心	会议中心	妇儿保健流程	门诊手术流程	智能集成系统	信息网络系统
三级模块、功能单元设计						
DR	MRI	CT	钼靶	B超室	PET－CT	双源 CT
病房	诊间	护士站	检查室	读片室	磁导航	隔离 ICU
杂交手术间	隔离手术间	普通手术间	复苏室	DSA	待产室	产间
办公室	配餐间	污洗间	收费处	会议室	弱电间	强电间
垃圾站	太平间	高压氧	液氧站	空压机房	新风机房	水泵房

根据以上内容汇总，结合医院建设需求的宏观、中观、微观三个层次的需求集成，医院建设项目的设计内容基本可以分为三个层次，即一级建筑设计，二级工艺流程、系统设计，三级功能单元、模块设计。其中，一级建筑设计包括方案、建筑、结构、给排水、电气、暖通、智能化等设计，一级设计之间体现相互交叉、相互依存的宏观需求的系统设计；二级工艺流程、系统设计包括保障系统的变电站系统、医用气体系统、电梯系统等专项系统设计和医疗工艺的门诊流程、急诊流程、消毒供应中心、净化手术室系统等流程设计，二级设计从属于一级设计，各二级设计之间既独立成体系又与各一级设计之间存在设计交互的需求，系统体现中观需求的集成；三级设计功能单元、模块设计包括DSA介入、DR成像、液氧站、病房、护士站等独立单元或者模块，从属于二级设计，各单元或模块根据医院的微观需求集成而可进行标准化、模块化的设计。

6.3.1 医院建设项目设计集成原则

医院建设项目属于公共建筑，具有公益性特征，主要为患者及其家属和医护人员等服务，医院建设项目完成后一般365天24小时全天候运营，能耗相当大，且因为业务发展的需要，对后期空间、建筑功能布局的改造需求持续不断，因此医院建设项目的设计应遵循"绿色节能、全生命周期最优、人性化、可持续"的原则，设计集成依据"共享、协同、迭代、集成"的理念实施。

1. BIM技术应用的本质就是信息的传递与共享

基于BIM应用的设计集成，首先要到达设计思想、内容、信息、成果、更新的共享，特别是医院建设项目具有典型的复杂性和系统性，各专业多维交叉，设计的及时、高效共享极其重要。要在项目设计中达到共享的目的，需要相应的BIM软件进行数据信息的交互，而要达到各BIM软件间相互可操作和关联，必须基于一个统一的数据表达格式。目前国际通用的主流成熟标准IFC作为BIM标准被建筑业广泛应用和实施。项目设计人员根据相关建模标准和要求完成其设计成果时，需满足指导建设项目在不同阶段的深度要求。所有发布的设计成果或提交的设计变更都需要经过一定的流程。因此，建设工程的全生命周期内，可依托BIM模型，通过输入、提取、补充、更新及修改，逐渐完善建设过程中每一个行为的实施信息，最终实现建设工程全生命周期内的信息共享。

2. 基于共享的设计协同

基于BIM应用的医院建设项目设计，在共享的前提下进行各专业设计的协同。医院建设项目的设计工作包括多个学科和亚专业，除建筑、结构、给排水、暖通、电气、智能化外，还包括医用气体、物流传输、医疗净化、放射防护等，需要近20个各专业的人员共同密切配合，才能完成多个专业子系统共同构建的复杂设计体系，是各个不同专业自身先后更新信息及各专业之间创建并交换信息，借此完成专业设计任务的过程，在这个工程中比较重要的是"交换有效信息"与"有效交换信息"。基于BIM的协同设计是每个设计的点与BIM技术平台中心之间的信息交流模式，各参与方之间的信息交流是相互且连续的，实时动态的信息沟通使得各专业设计之间能够在一个信息平台上进行数据共享，相互间的信息沟通更为顺畅。

3. 从协同到迭代

迭代是重复反馈过程的活动，其目的是逐渐逼近所需目标或结果。每一次对过程的重复称为一次"迭代"，而每一次迭代得到的结果又会作为下一次迭代的初始值。医院建设项目基于 BIM 的信息共享和设计协同的技术平台设计，不仅仅是各专业设计在同一个 BIM 模型上简单的"叠加"，而是一个"迭代"的过程，这种迭代强调包括医疗专项设计在内的各参建、设计团队在早期的设计理念的迭代，不同于传统设计的线性流程。医院建设项目因其需求多变和专业复杂性，每一个专业的设计修改、变更对整个设计的系统性都具有变更影响，需要设计人员与医院各需求方通过 BIM 模型的可视化展现和信息共享的协同设计，在方案设计、初步设计、施工图设计和实施过程中的深化设计阶段各自单独的循环，并对贯穿整个设计流程的设计目标和准则不断地检验，不断地进行设计全过程的循环迭代，逐渐逼近需求方的目标。

4. 从迭代到集成

作为设计优化的一部分，迭代必须在不同的设计阶段（前期阶段、方案阶段、初步阶段、施工图阶段）中不断发生。根据协同设计的迭代过程，对医院建设项目的所有设计内容和过程进行集成管理，利用 BIM 技术的各类软件的分析优势和协同平台的管理优势，达到医院建设项目的效益最优化模型。医院建设项目的集成设计从宏观—中观—微观需求的逐渐深化，通过出现问题与相应解决方案之间的转换迭代而不断完善。其集成设计的最终目标是通过基于协同设计的团队组织管理和规范化流程来进行修正和控制。各专业设计人员需要通过协同平台的信息共享留意工作流之间的交叉节点内容，同时需要注意不同阶段、不同专业之间的交叉节点信息，将各类设计过程中的设计变更通过规范合格的项目管理流程组织落实，所有设计内容应经过清晰的决策、设计关联的修改、过程信息的保留，使 BIM 模型呈信息逐渐增量的螺旋状集成。

6.3.2 设计集成的内容与实施流程

医院建设项目设计集成的主要内容除常规设计所涉及专业外，还具有医疗工艺、流程所涉及的医用气体、物流运输、放射防护、净化层流等专项设计。

根据医院建设项目所需要集成的设计内容，现阶段医院建设过程中所采用的设计集成模式有三种：一是基于 CAD 的传统设计模式；二是基于 BIM 的"翻译图纸"模式；三是基于全 BIM 的设计模式。

1. 基于 CAD 的传统设计模式

目前大部分医院建设项目采用的是基于 CAD 的传统直线型设计模式，各设计人员采用 CAD 软件进行独立设计，建筑结构设计跟从于方案设计成果，机电设计跟从于建筑设计成果，医院专业设计后续介入较晚，介入时一般建筑的基坑支护、建筑结构已基本设计定型或施工已基本开始，而在建设项目建筑结构施工已接近尾声时，内部装饰和室外景观设计等才开始介入，其直接后果就是对前期的各项设计进行修改，会导致各项设计之间的信息断裂缺失、工期延误、重复施工和造价变更。目前，我国普遍使用的仍是以 CAD 二维图纸为基础、结合工程项目管理理论的项目管理模式。

2. 基于 BIM 的"翻译图纸"模式

随着国内 BIM 技术应用的大力推广，各类大型公共建筑项目建设开始积极使用 BIM 技术，在医院建设项目中，从最初的管线碰撞检测的简单应用逐步开始从初步设计阶段开始应用。但目前建筑市场上应用 BIM 技术的绝大部分项目都是采取"翻译图纸"的模式，通过 BIM 咨询方对已有的 CAD 图纸进行模型建立工作，结合 BIM 软件和平台的技术优势进行主要由计算机软件进行的优化分析工作。"翻译模型"的工作并不是由原专业设计人员来完成，而是由熟练使用 BIM 软件的 BIM 咨询方团队进行大量的多专业图纸的对图建模，其中"翻译模型"的大量基础工作由初学 BIM 的设计人员完成，无法对原各专业设计的系统理念和具体内容进行有效理解和充分消化吸收。

究其原因，主要是 BIM 技术应用虽然引入国内已超过 10 年，但近五年才开始逐步被证明其应用价值并通过政府政策引导开始大力推广。目前，市场上熟练操作和应用 BIM 的技术人员较少且较年轻，大部分缺少对 BIM 技术项目应用的经验。同时，对于医院建设项目的设计集成，市场上仍然缺少有经验的设计单位或设计团队，更何况采用 BIM 技术来进行医院建设项目的设计集成，为的是项目能尽快推进而尽早使建筑投入使用，尽早产生经济效益和社会效益，医院建设项目无法等待经过 BIM 设计集成后再进行施工建设。因目前国内 BIM 应用的市场主流缺少通用的应用标准、规范和对应的设计深度、取费标准，低价中标的商务合同和需要提供应用案例的招标要求之间存在矛盾，使各类设计单位或咨询单位为了尽快产生效益和留住 BIM 技术团队，而忽略了对 BIM 技术应用的深入积累、总结、研究和开发，

才是真正有效推广和应用 BIM 的核心利益和重要价值。

3. 基于全 BIM 的医院建筑设计集成模式

医院建设项目涉及专业多，设计系统庞杂，通过常规设计模式或基于 BIM 的"翻译模型"模式无法解决众多专业设计之间的耦合关联，无法对不同阶段介入的各类医疗需求进行有效设计集成，无法发挥 BIM 技术及基于 BIM 技术的协同平台的巨大优势，无法对需求、施工、运维等阶段的应用流程进行融合和职责界定。因此，需要建立基于全 BIM 应用的新型设计集成模式。

基于 BIM 的医院建筑设计集成模式，其核心内容是各项设计内容、深度的前移和各设计系统模型之间的逻辑关联。美国国家建筑科学研究院曾经进行了传统设计流程与基于 BIM 的设计流程中各相关方介入时间的对比分析，如图 6-5 所示。

根据上述分析可以看出，越早同步开始各项专业介入设计工作并建立深度 BIM 模型，越能掌握设计管理的主动权，后续的施工过程及变更工作将会越简单。在基于 BIM 的设计模式下，可以将多个专业的设计工作前移到方案设计阶段或初步设计阶段进行，各专业基于建筑结构模型应尽早开展深化设计和相互优化工作并相互提出条件要求，再对原有建筑方案模型尽早进行修改完善，尽早动态地对各专业设计自身及设计集成模型进行迭代。这样将对工作流程、数据互用、关联要求、需求固化、设计修改等设计效率和质量工作产生显著的提升。医院建筑的全 BIM 协同设计结构如图 6-6 所示。

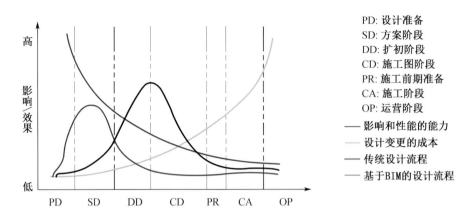

图 6-5 传统设计流程与基于 BIM 的设计流程中各方介入时间的对比

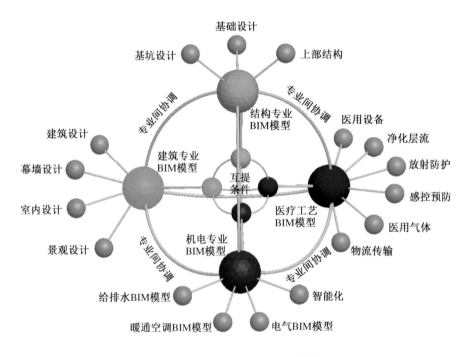

图 6-6 医院建设项目全 BIM 协同设计结构图

基于 BIM 技术的医院需求及设计流程见表 6-4。

表 6-4　基于 BIM 技术的医院需求及设计流程

流程图	具体事项	责任部门	第一责任人
需求及建筑布局确认	1. 需求科室填写"科室功能需求申请单"	基建办，需求科室	需求科室
	2. 医院会议纪要，确认科室所在的楼层、大致区域、面积等信息	医院领导，需求科室	医院领导
	3. 设计单位根据会议纪要，出平面布局初稿（考虑强弱电间、新风机房、疏散楼梯、烟井等设备用房的位置和面积）	基建办，设计单位	设计人员
	4. 基建办与需求科室、相关职能科室讨论并修改平面布局，同时由保卫处确认消防安防，由总务处确认强电间、卫生间、工人杂物间，由信息处确认弱电间，由感控办确认整体感控流程及污洗间、处置室，由临床工程处确认四周房间对大型设备的干扰等	基建办，临床科室，感控办，保卫处，总务处，信息处，临床工程处等	项目负责人
	5. 医院确认平面布局	基建办，医院领导，需求科室，相关职能科室	医院领导
深化布局及效果确认	1. 需求科室填写"具体房间功能需求表"	基建办，需求科室	需求科室
	2. 讨论分析"具体房间功能需求表"，讨论确定深化设计需求	基建办，设计单位，需求科室	项目负责人
	3. 与需求科室、相关科室讨论并修改深化点位，由信息处确认弱电点位及要求，由总务处从后期维修及物业角度确认图纸，由临床工程处确认特殊设备的安装要求，由感控办确认拖把池垃圾桶的数量及水池龙头的样式	基建办，临床科室，感控办，保卫处，总务处，信息处，临床工程处等	项目负责人
	4. 深化点位图纸确认	基建办，医院领导，需求科室，相关职能科室	需求科室
	5. 出标准房间大样图及重要设施布局图，并选择具有代表性区域出效果图	设计单位	
	6. 重要部位图纸进行 BIM 模拟	BIM 咨询单位	
	7. 设计单位根据意见调整图纸并出施工图	设计单位	
图纸审查及 BIM 建模	1. 组织专家图纸审查及消防审查	基建办，专家，设计单位，监理单位	项目负责人
	2. 建立各专业模型，并提出图纸	BIM 咨询单位	BIM 单位负责人
	3. 提交分析报告	BIM 咨询单位	BIM 单位负责人
	4. 调整、修改设计图纸	基建办，设计单位	设计人员

流程图	具体事项	责任部门	第一责任人
招标	1. 根据效果图确认主要材料材质及品牌	基建办，医院领导，设计单位，监理单位，跟踪审计	基建办
	2. 根据设计图纸编制相应清单，进行招标	基建办，监理单位，跟踪审计，招标代理，设计单位	项目负责人
设计交底及图纸会审	1. 施工单位进场后，进行设计交底及图纸会审	基建办，施工单位，监理单位，跟踪审计，设计单位	设计单位，施工单位
	2. 设计单位修改施工图	基建办，设计单位	设计人员
确认主要材料	根据效果图确认主要材料颜色及图案	基建办，医院领导，设计单位	医院领导
施工过程中的设计变更	1. 基建办、监理或者施工单位发现图纸问题	基建办，监理，施工单位	施工单位
	2. 设计出设计变更单或者施工单位出技术核定单	设计单位，施工单位	设计人员，施工单位
竣工图纸绘制	1. 由设计单位晒竣工图	设计单位	设计人员
	2. 按专业分类竣工图	设计单位，监理，基建办	项目负责人

6.4 深化设计阶段 BIM 应用

深化设计阶段是介于初步设计阶段和施工图设计阶段之间的过程，是对初步设计方案进行细化的阶段。在深化设计阶段，根据各专业图纸，建立 BIM 模型。协助项目进一步确认设计的建筑空间与各系统之间的关系，如对主要区域的高度进行直观的反馈，对深化图纸建模进行 VR 虚拟漫游进而提出整改诉求，对主要设计方案进行模拟选择等。根据讨论及确认后的深化方案修改图纸，并更新复核模型，可以帮助优化项目设计，规避一些错误，从而减少以后更改带来的浪费。

应用案例 1：净高（空）分析

1. 背景信息

设计说明：住院综合楼项目入口大厅，初步设计 1 层 4～6 轴交 A～C 轴处南北长 13.8 m，东西长 8.0 m 空间上方二层有连廊设计，3 根大梁截面尺寸为 300 mm×1 000 mm					
涉及专业	建筑、结构				
实施阶段	初步设计				
存在问题	需求不明	专业内	交叉专业	使用功能	美观性
	√				√
问题描述	此处为 1 层大厅入口区域，进入后有压抑感				

2. 优化分析

问题原因：新老楼连廊位于2层，南北长13.8 m，东西长8.0 m，结构底标高3.45 m，空间压抑

优化原则：建筑物大厅区域空间效果优先

解决方法：连廊由2层调整到3层

效益分析：

工程量	工期	合理性 （空间、流程）	便利性 （协调）	规范 安全性	造价 （人员、材料）
增加安全措施费	扩初阶段， 不影响总工期	空间效果 更加美观	深化设计后 连廊在3层	不影响	连廊取消， 造价降低

方案	方案描述	优缺点对比	方案选择	选择原因
方案一	保留原有2层连廊方案	优点：增加建筑面积； 缺点：大厅入口处压抑		
方案二	连廊由2层调整到3层	优点：大厅入口区域空间效果好； 缺点：建筑面积减少，施工难度增加	选择方案二	建筑物大厅空间区域效果优先

3. 优化内容

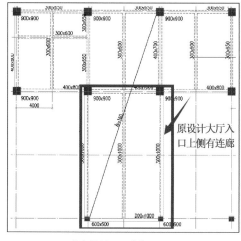

扩初设计图（单位：mm）

优化前入口处净高2.9 m

4. 执行方案

阶段	主导方	落实过程	困难及解决方案
设计阶段	建设单位	BIM验证空间效果后由设计变更图纸	变更后此区域施工过程需增加专家论证

优化后入口处8.0 m

现场实际效果

5. 效果评价

技术层面：Revit、Lumion、专家论证。

管理层面：可视化数据比选装饰吊顶方案，便于管理者决策。

用户评价：将连廊移至3层后入口大厅空间感强，效果明显。

注意事项：

（1）净高（空）分析数据应作为装饰设计数据支撑，辅助完善设计方案。应在规定时间内，由设计单位及时修改，并由建设单位及BIM咨询单位确认后传递至现场施工。

（2）入口大厅是进入建筑物的第一印象，空间效果极其重要，应在初步设计前要求设计单位重点关注。

1. 背景信息

设计说明：该项目三人间病房为经济性病房，面积35 m²，其中长9.0 m、宽3.8 m，内含床头柜、陪护椅、电视机、输液轨道、台盆、坐便器、隔帘等家具，含电动多功能病床、呼叫对讲等设备					
涉及专业	建筑、结构、机电、装饰、医疗设备				
实施阶段	施工图设计				
存在问题	需求不明	专业内	交叉专业	使用功能	美观性
	√	√	√	√	√
问题描述	医疗工作者依据管理需求组织设计单位完成平面设计，由于医疗工作者缺乏工程建设类相关经验，对建筑空间尺度的判断缺乏直观认识。建筑设计人员按照确定的平面图完成施工图设计，施工单位按照图纸完成施工，后期医疗工作者查看现场后发现建设情况与预期不一致，进而提出整改诉求，各类变更进而产生				

2. 优化分析

问题原因：三人间病房属于标准模块，设计论证不充分，后期交付过程中如产生需求变更，会造成大面积拆改，影响工程总体进度及质量

优化原则：设计论证充分后再大面积施工，减少后期需求变更

解决方法：前期建立建筑、结构、机电、装饰、医疗设备BIM模型，后期通过VR技术辅助设计方案论证

效益分析：

工程量	工期	合理性（空间、流程）	便利性（协调）	规范安全性	造价（人、材）
不影响	工期缩短	空间效果好	协调便利	不影响	减少后期变更，降低造价

方案	方案描述	优缺点对比		方案选择	选择原因
方案一	先进场先施工，先施工单位抢占黄金点	优点：进场早的单位先行施工，施工计划较灵活，前期窝工较少 缺点：安装过程中专业间冲突较为严重，现场大量变更，使用效果差，无效变更导致工期拖延			
方案一	基于VR虚拟论证后合理安排施工计划	优点：基于VR的虚拟样板间可提前对设计方案进行论证，施工过程无拆改，使用效果好 缺点：对施工组织要求较为严格，需提前做好组织计划		选择方案二	减少过程变更，提升建筑品质

3. 优化内容

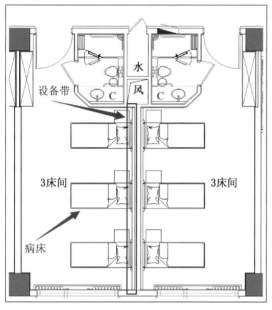

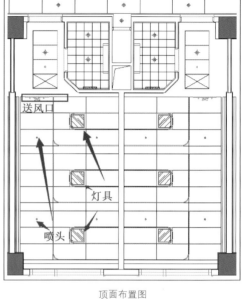

平面布置图

顶面布置图

4. 执行方案

阶段	主导方	落实过程	困难及解决方案
设计阶段	建设单位	医疗工作者、工程建设者基于VR的虚拟样板间辅助设计方案论证，及时发现问题并反馈给设计单位进行优化调整	BIM模型制作工作量较大，可只做标准单元

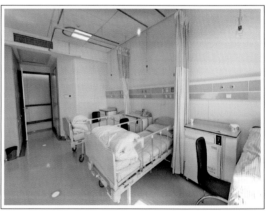

基于VR的虚拟样板间

现场实际效果

5. 效果评价

技术层面：Revit、Fuzor。

管理层面：结合 VR 技术参观 BIM 虚拟样板间，亲身感受样板间建成后的装饰效果、设备配置情况，避免由于图纸理解差异造成的工程返工、工期延误、责任不清、成本提高。

用户评价：通过虚拟漫游的形式身临其境，

提前发现设计缺陷并修改完善，提升了项目品质。

注意事项：

（1）需配置 VR 头显，配合高配台式机使用。

（2）模拟发现的问题应及时反馈给建设单位，并及时与设计单位沟通。

（3）方案评审工作应由科室介入并提出可行性建议，促使前期方案论证工作一次到位。

应用案例3：设计方案比选

1. 背景信息

设计说明：住院综合楼项目外立面为幕墙设计，幕墙面积约 26 500 m²，采用穿孔铝板					
涉及专业	幕墙				
实施阶段	施工阶段				
存在问题	需求不明	专业内	交叉专业	使用功能	美观性
	√	√		√	√
问题描述	穿孔铝板幕墙作为一种新型的建筑装饰幕墙，是视觉效果最为直接的元素。不同穿孔率的设置，会产生不同的室内、外视觉效果。由室外看向室内，穿孔铝板表皮主要表达建筑物的整体效果，可以较好地维护室内空间私密性；从室内看向室外，穿孔铝板表皮对室外景观形成一定程度的遮挡，不同的穿孔率对观察室外景象的影响程度差别较大				

2. 优化分析

问题原因：在幕墙施工前期，对穿孔铝板的选型尤为重要。需选定某一样式的穿孔铝板，交由幕墙施工单位进行加工、进货后施工，但是样品只能反映局部效果，并不能反映建筑整体效果

优化原则：大楼外立面效果优先

解决方法：通过 BIM 技术模拟选定的四种穿孔铝板样式效果，辅助设计方案比选

效益分析：

工程量	工期	合理性 （空间、流程）	便利性 （协调）	规范 安全性	造价 （人、材）
不影响	不影响	效果更加美观	不影响	不影响	不影响

方案	方案描述	优缺点对比	方案选择	选择原因
方案一	选定小样后即进行大面积施工	优点：实施流程简单，便于实施； 缺点：可能出现幕墙与建筑整体效果不匹配的情况		
方案二	基于BIM的设计方案比选	优点：基于BIM技术提前对穿孔铝板样式进行比选，减少后期需求变更的概率； 缺点：BIM模拟成本高	选择方案二	大楼外立面效果优先

3. 优化内容

方案一

方案二

方案三

方案四

穿孔铝板样式

穿孔铝板效果

4. 执行方案

阶段	主导方	落实过程	困难及解决方案
设计阶段	建设单位	建设单位先行选定穿孔铝板样式后经BIM模拟后进行设计方案比选，最后由医院方确认铝板样式	切忌随意拍摄样品，提供铝板样式时应提供垂直角度图片，图片应内容清晰

优化后模型效果

现场实际效果

5. 效果评价

技术层面：Revit、Lumion。

管理层面：通过三维可视化效果即时进行方案比选，便于铝板样式选取，提升决策效率。

用户评价：住院综合楼外立面整体效果较好。

注意事项：

（1）幕墙外立面是大楼的门面，应重点关注展示效果。

（2）提供穿孔铝板样式图片应满足 BIM 模拟要求，便于模拟效果反映建成后的真实效果。

应用案例 4：NICU 应急疏散模拟

1. 背景信息

设计说明：住院综合楼项目4楼初步设计为新生儿病区、新生儿重症监护室（NICU）、产房以及等候大厅等					
涉及专业	建筑、结构				
实施阶段	初步设计				
存在问题	需求不明	专业内	交叉专业	使用功能	美观性
	✓			✓	
问题描述	NICU 位于4楼，发生火灾报警时，是否有足够时间携带患儿从楼梯疏散至室外安全区域				

2. 优化分析

问题原因：NICU 位于住院综合楼项目4楼，据了解，NICU 值班护士及值班医生人数最少时，分别为10名及4名。考虑火灾报警时，部分值班医护人员从值班室和医生办公室前往 NICU 区域携带患儿疏散
优化原则：有足够的疏散时间，携带所有的患儿疏散至室外安全区域
效益分析：

工程量	工期	合理性 （空间、流程）	便利性 （协调）	规范 安全性	造价 （人、材）
不影响	初步阶段， 不影响总工期	空间效果 更加美观	便于医院重点 区域管理	不影响	不影响

3. 执行方案

阶段	主导方	落实过程	困难及解决方案
设计阶段	建设单位	将 BIM 模型与应急疏散预案软件 PathFinder 结合，生成最优应急疏散方案	生成 3D 效果人员疏散展示，进行应急疏散培训

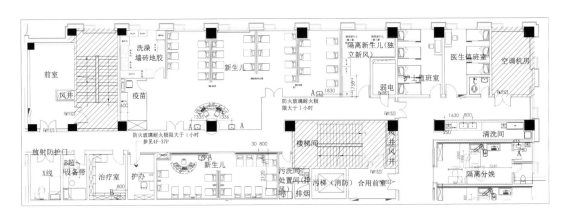

4 楼 NICU 区域图纸

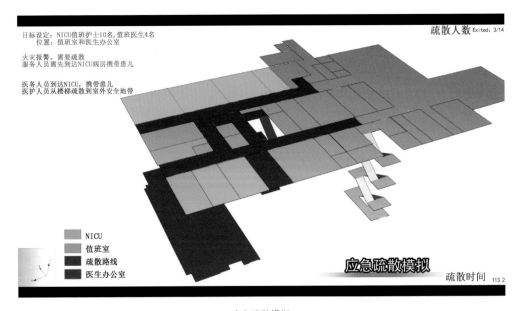

应急疏散模拟

4. 效果评价

技术层面：Revit、PathFinder。

管理层面：可视化数据论证 NICU 应急疏散时间，便于管理者决策。

用户评价：应急疏散时间充足，135 s 内可安全疏散该区域的全部患儿及医护人员，NICU 位置设置可行。

注意事项：重点区域应急疏散模拟，应在初步设计阶段进行，便于及时调整设计方案，避免后期变更。

6.5 施工图设计阶段 BIM 应用

施工图设计阶段是建筑项目设计的重要阶段，施工图是联系项目设计和施工的桥梁。施工图纸用来表达建筑项目的设计意图和设计结果，并作为项目现场施工制作的依据，施工图设计阶段是 BIM 应用各专业模型构建并进行优化设计的复杂过程。各专业信息模型包括建筑、装饰、结构、给排水、暖通、电气等专业。在此基础上，根据专业设计、施工等知识框架体系，进行医院装饰材料的成块模拟及标准病房层的综合布点，完成对施工图设计的多次优化，设计单位在此阶段利用 BIM 协同技术，可以提高专业内和专业间的协同设计质量，减少错漏碰缺，提前发现设计阶段中潜在的风险和问题，及时调整方案和决策；利用 BIM 技术与业主方、施工方进行快捷沟通，提高了沟通效率，减少沟通成本，能够大大提高设计质量。

应用案例 5：外立面幕墙施工安装分析

1. 背景信息

设计说明：住院综合楼项目外立面幕墙共分为 5 个系统，分别是 FS-01：开缝构件式陶板幕墙；FS-02：竖隐横明构件式玻璃幕墙；FS-03：明框构件式玻璃幕墙；FS-04：构件式铝板幕墙/墙（穿孔）；FS-05：轻钢玻璃雨蓬（框支撑）					
涉及专业	建筑、结构、装饰				
实施阶段	初步设计				
存在问题	需求不明	专业内	交叉专业	使用功能	美观性
		√			√
问题描述	施工工序复杂，专业性强，高空作业危险性高，验收条件困难				

2. 解决办法

施工图复杂及关键部位由平面图转化为 BIM 建模，并将施工工序采用动画模拟，相互逻辑关系清晰，使项目各管理团队如建设方、监理方、设计方、施工管理方及施工工人对施工图有更好的理解。

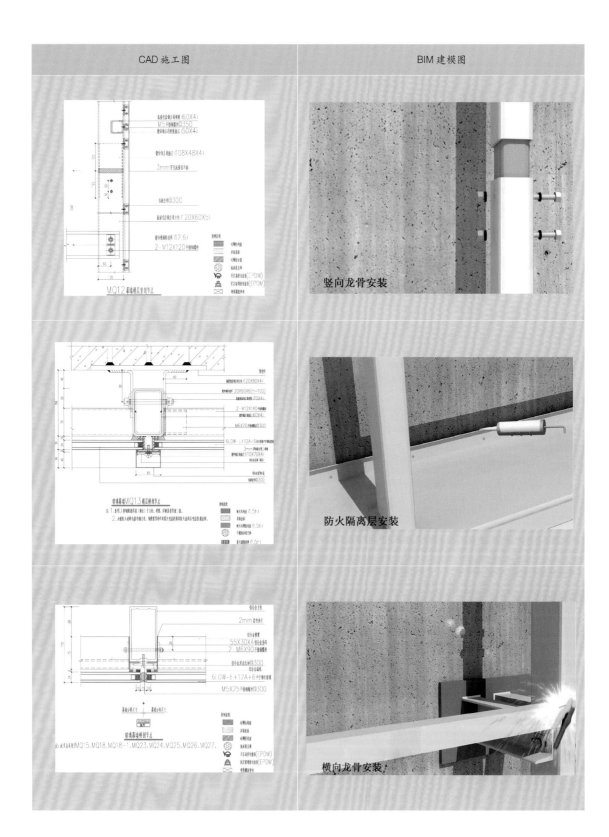

CAD 施工图	BIM 建模图
MQ12幕墙楼层竖剖节点	竖向龙骨安装
玻璃幕墙MQ13楼层横剖节点	防火隔离层安装
玻璃幕墙横剖节点	横向龙骨安装

CAD 施工图	BIM 建模图

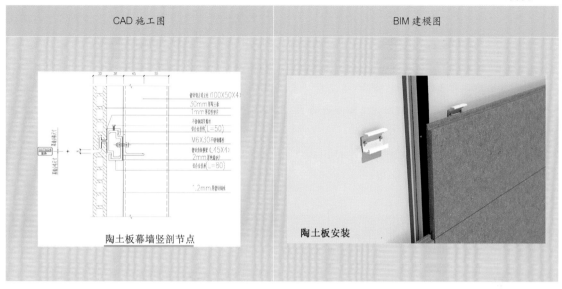

陶土板幕墙竖剖节点   陶土板安装

3. 效果评价

技术层面：Revit、Lumion、专家论证。

管理层面：可视化建模可将复杂图纸形象化，给管理团队、施工团队提供依据，主要分为以下几点：

（1）CAD 图纸、文字转换为三维建模、动画。

利用 BIM 技术对施工方案中的主要施工方法、工艺流程、质量要求及安全措施等文字描述转换成三维立体模型或动画视频，针对外立面幕墙施工图进行选择性的转换。将详细的施工工艺流程转换成动画视频；复杂节点、采取的安全质量措施等转换成三维模型；质量标准、安全标准转换成三维模型配以文字标注的形式呈现。二维平面图纸转换成三维立体模型，加深对图纸的理解。采用可视化交底技术，直接将平面图纸转换成三维可视化的立体模型，并且在模型建立过程中录入幕墙材料信息，进行幕墙节点交底时以模型进行讲解，管理人员和作业人员对交底内容印象深刻，降低作业返工率和材料浪费量。

（2）BIM 结合 VR 可视化交底。

利用 BIM＋VR 技术将复杂信息抽离与凝练，结合平台实现 VR 技术体验；通过互动方式实现在 VR 环境下的方案快速模拟，并可直接生成 720°全景可执行文件，无须专业软件即可随意查看空间全景视图。通过 VR 将工程实际完成效果向管理人员和作业工人展示，在幕墙工程中，可采用 VR 可视化交底。幕墙工程常采用一些新型的材料和施工工艺，较多作业工人对成型效果不清楚，在施工过程中对质量要求没有明确的把握，施工质量不佳，返工现象时有发生。VR可视化交底改变了常规交底靠想象的模式，以虚拟现实手段直接将成型效果展示在工人面前，工人能直接感受和看到装饰完成后的真实效果。

（3）结合BIM模型和VR辅助施工图纸进行检查验收。

幕墙工程通过BIM系统进行人工干预，要想具有良好的模拟特性，应综合人工的专业经验，在初步检查的过程中，优化施工图设计，及时发现设计图中存在的问题，进行有效解决并做好相关记录。后续施工时，应结合施工设计图，不能盲目施工，避免出现返工现象。通常来说，可以通过三维建筑模型将各项施工专业展现出来，并导入Navisworks软件中，模拟各项工序的施工进度，保证各项施工进度的合理性和协调性。

应用案例6：东门桥装饰栏杆选型分析

1. 背景信息

设计说明：本桥梁工程位于江苏省妇幼保健院东侧的河道上，主要是连通院内及龙园西路，为一座新建桥梁，桥梁跨径 1×16 m，与河道斜交9°。桥梁上部结构采用后张法预应力混凝土空心板梁，标准跨径16 m，计算跨径 15.3 m，桥面宽度12.5 m；下部结构采用直径1 m钻孔灌注桩基础。原设计人行道栏杆采用不锈钢栏杆				
涉及专业	建筑、结构、装饰				
实施阶段	初步设计				
存在问题	需求不明	专业内	交叉专业	使用功能	美观性
	√				√
问题描述	栏杆的式样在满足行人安全性的同时，要表现医院特点，突出妇幼医院祥和、美好的寓意				

2. 优化分析

问题原因：实际桥梁建设过程中，栏杆的形式多种多样，经过市场调研，有不锈钢、汉白玉、木质、玻璃或以上几种材料相结合的形式

优化原则：栏杆的高度应大于1.1 m，栏杆上下缝隙须保证安全，防止儿童穿越，栏杆的形式、花纹须突出妇幼医院特点

解决方法：由建设方、施工方、监理方等相关方提供栏杆的各种样式，交由BIM优化方案

效益分析：

工程量	工期	合理性 （空间、流程）	便利性 （协调）	规范 安全性	造价 （人员、材料）
不影响	施工阶段， 不影响总工期	美观大方持久 耐用寓意深刻	生产制作方便	不影响	不锈钢栏杆调整为 石材栏杆，费用增加

3. 方案比选

序号	方案图	方案描述	方案造价	选择原因
方案一		不锈钢栏杆	500 元/m	与整体风格不一致
方案二		石材栏杆：圆形柱子，普通石板	800 元/m	美观性较差
方案三		石材与不锈钢栏杆相结合	700 元/m	美观性较差
方案四		铸铁栏杆	600 元/m	美观性、安全性不高
方案五		汉白玉栏杆	1 500 元/m	美观性、稳固性好，缺少特点

序号	方案图	方案描述	方案造价	选择原因
方案六		玻璃与不锈钢结合栏杆	500 元/m	安全性不高
方案七		石材栏杆，雕刻龙凤	2 250 元/m	栏杆高 1.1 m，满足安全要求，上下儿童均无法穿越，石材雕刻龙凤，有"走龙凤桥、生龙凤胎"的美好寓意

3. 优化内容

优化后效果图

4. 执行方案

阶段	主导方	落实过程	困难及解决方案
施工阶段	建设单位	BIM 模拟各种栏杆的式样	栏杆费用增加，总概算可控，按流程办理变更议价手续

现场实际效果

5. 效果评价

技术层面：Revit、Lumion、专家论证。

管理层面：可视化数据比选装饰栏杆方案，便于管理者决策。

用户评价：石材栏杆比其他材质更具质感，雕刻龙凤形象逼真，效果明显。

注意事项：

（1）栏杆式样效果建模渲染可视化，便于根据逼真效果做出正确选择，设计方案可根据效果图完善。应在规定时间内，由设计单位及时修改，并由建设单位及BIM咨询单位确认后传递至现场施工。

（2）东门桥作为进入医院东门的第一印象，桥的整体风格及栏杆的装饰效果极其重要，应在设计阶段重点考虑。

应用案例7：标准层综合布点

1. 背景信息

设计说明：	住院综合楼辅楼3层生殖中心护士站北侧区域为走廊，长51.85 m，宽2.2 m；走廊北侧为候诊区，东西长11 m，南北长8.05 m；护士站东侧区域为大空间区域，东西长10.75 m，南北长6.75 m。层高3.7 m，走廊内梁底标高3.15 m，其他区域梁底最低标高3.0 m。走廊内含一根630 mm×400 mm的新风管道、两根DN80的空调水管，一根DN32的冷凝水管，一根DN32的热水给水管道、一根DN32的冷水给水管道、一根200 mm×100 mm的强电桥架、一根200 mm×100 mm的弱电桥架、一根200 m×100 m的三网桥架，三根气体管道管径较小。新风主管经过护士站东侧大空间区域，候诊区布置有新风支管、空调水管及冷热水管道				
涉及专业	建筑、结构、机电、装饰				
实施阶段	施工图设计				
存在问题	需求不明	专业内	交叉专业	使用功能	美观性
	√	√	√		√
问题描述	此区域结构净高低，设备管线多，且为大空间区域，对空间效果要求高				

2. 优化分析

问题原因：参照装饰设计方案，为满足装饰效果，BIM模拟过程中将强电桥架、冷水给水管道移至房间，新风主管、空调水管局部移至护士站东侧诊疗室，基本满足原有装饰效果。但是新风管道主管移至房间内会产生噪声，且空调水管移至房间不便于后期检修

优化原则：同时兼顾装饰效果、使用效果及运维管理

解决方法：优化新风管道尺寸及部分管道路由

效益分析：

工程量	工期	合理性 （空间、流程）	便利性 （协调）	规范 安全性	造价 （人员、材料）
不影响	不影响	空间效果好	不影响	不影响	不影响

方案	方案描述	优缺点对比	方案选择	选择原因
方案一	新风管道主管、空调水管移至诊疗室	优点：可以保证原有装饰高度及效果； 缺点：新风管道、空调水主管在房间内会产生噪声，且不便于后期检修		
方案二	优化新风管道尺寸及部分管道路由，避免诊疗室有主管道	优点：新装饰设计方案替换原有设计方案，机电管线不影响后期运维管理； 缺点：装饰完成面略有降低	选择方案二	兼顾装饰效果、使用效果及运维管理

3. 优化内容

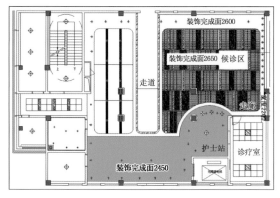

原内装设计方案

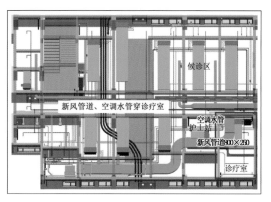

原方案机电方案模型

4. 执行方案

阶段	主导方	落实过程	困难及解决方案
设计阶段	建设单位	基于原装饰设计方案进行BIM模拟,将模拟结果反馈给建设单位,指导装饰设计单位进行方案优化	BIM工程人员要充分考虑装饰效果、机电安装及运维相关要求

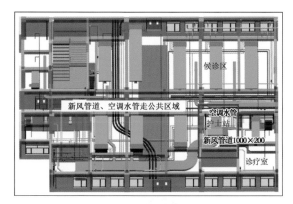

优化后机电方案模型

优化后内装设计方案

5. 效果评价

技术层面:Revit、CAD。

管理层面:可以直观对比不同装饰方案下的机电安装情况,便于将前期建设与后期运维管理结合在一起。

用户评价:新装饰设计方案替代原设计方案,不影响整体效果,且避免了诊疗室内噪声的产生,同时方便了后期运维管理。

注意事项:

(1)切忌一味追求装饰效果而忽略使用效果及运维管理。

(2)综合科室、基建、总务、现场参建单位等不同角度意见,选取最优方案。

西视角

第七章
施工阶段 BIM 应用

7.1 概述

BIM 技术是贯穿于建设生命全过程的技术模式。就公共建筑安装工程而言，BIM 技术已形成相对成熟的应用体系，其在设计和施工过程的应用具有很好的延续性，并且设计和施工的 BIM 成果也能够应用到运维过程中。施工阶段，是承上启下的重要阶段，设计阶段的成果要从图纸变成现实，同时又在实施过程中将动态变化的各类信息、差异、调整再反馈给设计单位进行确认，最终实施完成的成果需要通过严格的竣工图审查、实体系统调试、竣工验收等程序，作为一个完成的成品交付使用，此时的医院建筑才算"成年"，才能正式进入其全生命周期后 4/5 的运营阶段。因此，施工阶段的建设管理就从设计阶段的"沙盘推演"转入实战阶段，其参建单位越来越多，资源、工序的组织协调越来越复杂，尤其针对进度、安全、变更管理，更加需要有效的制度、方法和技巧。

医院建设施工阶段常规流程从"三通一平"开始，经过地质勘查、试桩、桩基支护、土方开挖、主体结构、二次建筑、机电安装、装饰装修、室外综合管网、景观绿化等实施阶段，并按阶段完成综合调试、专项验收，直至通过规划、消防、质监站等政府主管部门的验收。其常规施工阶段流程如图 7-1 所示。

施工阶段的 BIM 应用，其核心是针对设计阶段的 BIM 成果和已招标完成的施工图及招标工程量等进行分阶段论证、审核、交底、过程核对、比对验收，将施工阶段仍然存在的不耦合和不确定消除在具体实施前，而不是实施完成后。同时，需要结合 BIM 模型的优势，将进度、资源、工序

与 BIM 相结合，针对性地解决常规施工阶段管理混乱、协同困难、变更突增的问题。基于 BIM 的施工阶段实施流程如图 7-2 所示。

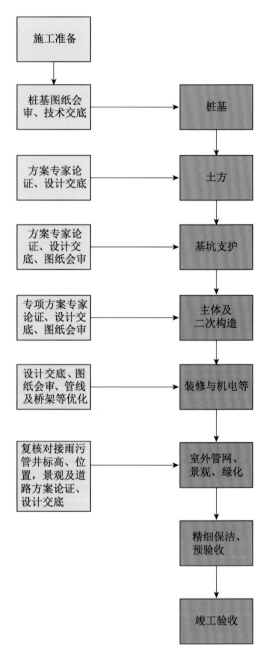

图 7-1 常规施工阶段流程图

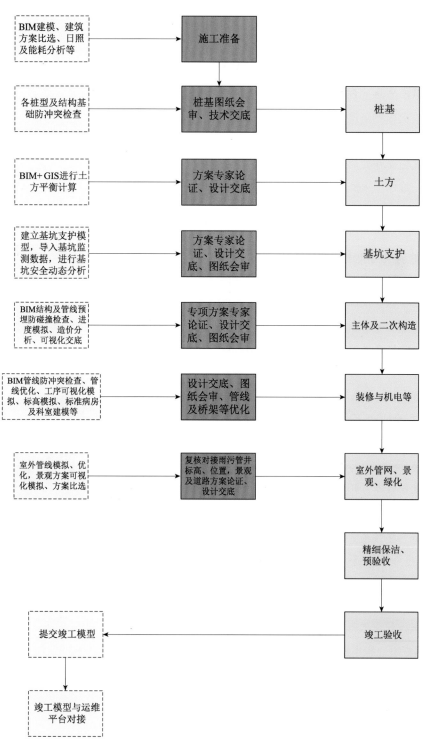

图 7-2 基于 BIM 的施工阶段流程图

87

7.2 土建施工阶段 BIM 应用

7.2.1 概述

土建前期阶段通过 BIM 技术模拟建造,可进行场地布置、机械布置及模拟施工,BIM 技术与 GIS 技术结合后可实现土方平衡分析、工程预算、BIM 技术可视化交底等。施工阶段可应用 BIM 技术进行进度、成本、人员及材料投入分析等,进行虚拟施工和施工过程控制以及成本控制。该模型能够将工艺参数与影响施工的属性联系起来,以反映施工模型与设计模型间的交互作用。通过 BIM 技术,实现 3D＋2D(三维＋时间＋费用)条件下的施工模型,保持了模型的一致性和可持续性,实现虚拟施工过程各阶段和各方面的有效集成。

7.2.2 基础工程中的 BIM 应用

应用案例 8:深基础验证

江苏省妇幼保健院住院综合楼项目,西侧至南京某开发有限公司,东侧至龙江变电站、龙江泵站、龙河,北侧至龙园北路,南侧至江苏省妇幼保健院 3 号楼。项目采用钻孔灌注桩加二层钢筋混凝土进行支护,基坑采用三轴深搅桩 φ850 进行被动区加固。桩间设置挂网喷浆对桩间土保护。基坑面积约 6 800 m²,周长约 390 m。基坑开挖深度 11.45～12.05 m,综合调节池及一体化氧化处理池开挖深度分别为 7.10 m 和 6.30 m(主体结构施工结束后施工)。

项目桩基及基坑支护工程模型采用 Autodesk Revit 软件建立基坑 3D 模型,先将有轴网、立柱桩、深层搅拌和内支撑的 CAD 图纸链接 Revit 软件中,其中内支撑、腰梁、冠梁等用梁单元绘制,搅拌桩、工程桩等用混凝土柱单元创建,本基坑的 3D 模型见右图。相比传统的二维图纸,3D 模型实现了图纸可视化,通过 3D 模型能为现场施工的人员直观、完整地展示支护桩结构、内支撑结构、坑内加固深层搅拌桩等,使工作人员充分地了解设计意图,避免因理解错误而造成的损失。

通过 BIM 模型防冲突检查,发现 138 个基础桩、25 个立柱桩与内部三轴深搅桩位置冲突。

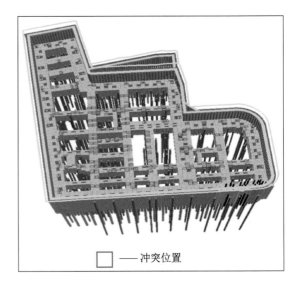

☐ ——冲突位置

住院综合楼项目桩基及基坑支护防冲突检查

经报基坑支护设计确认,可减少 425 根坑内加固三轴深层搅拌桩,节省费用 219.151 25 万元。

BIM优化后的住院综合楼桩基及基坑支护工程节省费用

项目名称	每米单价 （元/m）	每根有效桩长 （m）	桩数 （根）	费用小计 （元）
三轴深搅坑中坑加固（空头部分水泥掺入量10%）	213.02	12.50	425	1 131 668.75
三轴深搅坑中坑加固（坑内加固水泥掺入量20%）	332.50	7.50	425	1 059 843.75
合计				2 191 512.50

应用案例9：深基础入岩深度判定

通过BIM模拟和分析，对桩基及基坑支护图纸进行复验。从试桩时凭经验判定入岩深度，到施工时由BIM提供精确数据判定每根桩入岩深度。准确判断入岩深度指导施工，缩短工期。

本工程原设计抗压有效桩长62 m，上部12 m为空头部分，总桩长74 m；11根试桩桩长71 m。

设计要求：抗压工程桩进入5-2B持力层（中风化泥岩）不小于3倍的桩径，成桩长度按桩长和进入持力层双控。

工勘报告相关岩层信息：5-2A层中风化泥岩有棕红色、砖红色，层状结构，块状构造，泥质胶结，岩体较破碎，主要矿物成分为长石，岩芯采取率小于50%。岩石天然单轴抗压强度标准值为0.239 MPa，属极软岩，岩体基本质量等级为Ⅴ级，浸水易软化。该层层厚2.60～10.00 m，层底埋深66.50～74.00 m。5-2B层中风化泥岩有棕红色、砖红色，层状结构，块状构造，泥质胶结，岩体较完整，主要矿物成分为长石，岩芯采取率大于80%。岩石天然单轴抗压强度标准值为2.135 MPa，属极软岩，岩体基本质量等级为Ⅴ级，浸水易软化。

现场施工实际状况：依据设计要求，现场钻孔施工是否进入持力层5-2B，需要现场工勘确认。现场取岩样后，图5-2A和5-2B都为泥岩，泥岩具有遇水软化的特性，现场工勘单位无法判断岩样是5-2A还是5-2B。

因岩层的岩石天然单轴抗压强度标准值相差较大，设计坚持以5-2B作为持力层，而现场无法判断是否进入持力层。

初期施工确定原则按桩长控制，即所有工程桩的成孔孔深应达到74 m（以建筑正负零为孔口标高），现场施工每根桩成桩需4～6天，按现场施工场地最大化布置钻孔桩机12台，无法在60天内完成所有工程桩的施工，现场施工进度滞后。

通过BIM集合GIS技术模拟和分析，对桩基及基坑支护图纸进行复验。从试桩时无法判定入岩深度，到施工时由BIM提供精确数据判定每根桩入岩深度，最终数据由工勘单位确认，如下图所示。

通过BIM模拟和分析，对住院综合楼项目桩基及基坑支护图纸进行复验，从而精确判定每根桩的入岩深度，并得到设计确认。

最终，住院综合楼项目在58天内完成桩基础施工，确保了施工进度，为业主节省费用约123万元。

住院综合楼项目原设计桩长及费用

项目分区	桩型	桩长(m)	桩径	数量(根)	合计桩长(m)	混凝土量(m³)	价格(元)	备注
1	ZH1	62	φ900	172	10 664	6 780.70	4 240 378.55	上部空头 12 m
2	ZH1a（抗压试桩）	74	φ900	11	814	517.58	323 673.83	试桩
合计							4 564 052.38	

江苏妇幼保健院项目工程桩属性信息统计表

住院综合楼项目深基础入岩深度判定

序号	桩编号	名称	桩长(m)	桩顶高程(m)	桩底高程(m)	桩到达持力层的标高(m)	桩入持力层的深度(m)	桩基在持力层实际深度与应达到深度对比	孔底标高	孔深
90	GCZ-245	抗压桩	74	5.65	−68.35	−66.08	2.27	−0.43		
91	GCZ-224	抗压桩	74	5.65	−68.35	−65.65	2.70	0.00		
92	GCZ-243	抗压桩	74	5.65	−68.35	−65.61	2.74	0.04		
93	GCZ-242	抗压桩	74	5.65	−68.35	−65.48	2.87	0.17		
94	GCZ-241	抗压桩	74	5.90	−68.10	−64.53	3.57	0.87		
95	GCZ-240	抗压桩	74	5.90	−68.10	−64.11	3.99	1.29		
96	GCZ-239	抗压桩	74	5.60	−68.40	−64.20	4.20	1.50		
97	GCZ-238	抗压桩	74	5.60	−68.40	−64.40	4.00	1.30		
98	GCZ-237	抗压桩	74	5.90	−68.10	−64.87	3.23	0.53		
99	GCZ-236	抗压桩	74	5.90	−68.10	−65.09	3.01	0.31		
100	GCZ-235	抗压桩	74	5.90	−68.10	−65.10	3.00	0.30		
101	GCZ-157	抗压桩	62	−7.45	−69.45	−64.74	4.71	2.01		
102	GCZ-156	抗压桩	62	−7.45	−69.45	−64.73	4.72	2.02		
103	GCZ-153	抗压桩	62	−7.45	−69.45	−64.72	4.73	2.03		
104	GCZ-152	抗压桩	62	−7.45	−69.45	−64.71	4.74	2.04		
105	GCZ-158	抗压桩	62	−7.45	−69.45	−64.54	4.91	2.21		
106	GCZ-155	抗压桩	62	−7.45	−69.45	−64.57	4.88	2.18		
107	GCZ-154	抗压桩	62	−7.45	−69.45	−64.58	4.87	2.17		
108	GCZ-151	抗压桩	62	−7.45	−69.45	−64.64	4.81	2.11		
109	GCZ-128	抗压桩	62	−7.45	−69.45	−64.20	5.25	2.55		
110	GCZ-133	抗压桩	62	−7.45	−69.45	−64.25	5.20	2.50		
111	GCZ-134	抗压桩	62	−7.45	−69.45	−64.31	5.14	2.44		
112	GCZ-138	抗压桩	62	−7.45	−69.45	−64.42	5.03	2.33		
113	GCZ-139	抗压桩	62	−7.45	−69.45	−63.91	5.54	2.84		
114	GCZ-132	抗压桩	62	−7.45	−69.45	−64.02	5.43	2.73		

勘察单位签字确认：

住院综合楼项目优化后设计桩长及节省费用

项目分区	桩型	桩长(m)	桩径	数量(根)	合计桩长(m)	混凝土量(m³)	价格(元)	备注
1	ZH1	桩长不等	φ900	172	7 564	4 809.57	3 007 712.70	上部空头 12 m
2	ZH1a（抗压试桩）	74	φ900	11	814	517.58	323 673.83	试桩
合计							3 331 383.53	
节省费用（元）							1 232 668.85	不含钢筋笼节省的费用

7.2.3 主体阶段中的 BIM 应用

现代医院在运维管理中，需解决"人""物""设备"高效率、低成本地协同工作。在"互联网+"的新运维时代，集合大数据、云计算、移动化应用、物联网等关键技术，通过信息化管理平台结合 BIM 竣工模型，可构建全方位的资产管理及智慧运维体系，其中可包括灵活多样的报事报修、完备的空间和设备资产管理、计划和临时工单、巡检维保和品质核查、能耗采集与计量管理、突发事件及应急指挥等服务，改变过去运维"过于依赖人"的管理模式。主体阶段中的 BIM 应用具体体现在以下五个方面。

1. 施工场地和施工工况模拟

因场地可利用空间较小，土建总包在进场施工前，先采用 BIM 技术，对现场及生活区的二维布置图进行建模，从三维空间的角度合理规划塔吊、钢筋、材料堆场等施工布置和模拟现场实际施工状况，确保施工区域内各项施工作业有序进行，提高现场垂直、水平运输的效率等。

2. 沉浸式漫游

传统的二维图纸难以给决策者直观的感受，利用 BIM 技术建立模型，设定行走路线，可以及时、直观地发现模拟建设过程中可能发生的碰撞以及管线布置、净高不合理等情况。

3. BIM 施工进度模拟与实际施工进度模拟对比

传统的进度分析，只是进行数据（百分比、工程量）的简单估算、对比分析，利用 BIM 技术可模拟计划建造、实际建造的模型及相关工程量的准确信息，较直观、准确地反映现场实际各专业施工进度状况。

4. BIM 技术施工前技术交底、模拟建造

根据施工总进度计划安排的工程进度，在施工前通过 BIM 软件对施工全过程及关键过程进行模拟施工，验证施工方案的可行性并优化施工方案；可视化施工模拟可及时发现各工序交叉作业、结构及管线碰撞、建筑布局不合理等情况，进行设计方案调整、优化；由模型提取的工程量数据、成本数据可以对项目进行阶段性的资源分配等。通过这些措施，减少了不必要的返工和材料浪费，大大提高建设项目的实施效果和管理效率。

5. 重要科室应急疏散模拟

因医院工程的特殊性，如遇火灾、地震等特殊情况，需要考虑弱势人群、大流量人员的疏散。本项目充分利用 BIM 技术对医院大厅、NICU 等重要区域，进行应急疏散模拟，确保疏散时间、疏散路线合理。

1. 背景信息

设计说明：江苏省妇幼保健院位于江东北路和草场门大街交叉口西北角，医院占地面积约4万 m² (60亩)，原有建筑面积约3.3万 m²，新建住院综合楼项目属于江苏省妇幼保健院扩建一期工程，建筑面积6.2万 m²，生活区、加工区、物资仓库、现场材料堆放场地等可利用空间较为有限					
涉及专业	场地布置				
实施阶段	施工准备阶段				
存在问题	需求不明	专业内	交叉专业	使用功能	美观性
		√	√	√	
问题描述	施工场地的布置与优化是项目施工的基础和前提，合理有效的场地布置方案可以提高办公效率、方便起居生活、减少二次搬运、提升场地利用率等				

2. 优化分析

问题原因：施工场地较小，传统工作方式下依靠二维图纸进行临设、道路、塔吊等布置，不仅效率低下而且容易受到场地大小及现场建筑构件的影响，造成场地布置不能满足现场实际施工的需要

优化原则：1. 基于整体BIM模型，对施工场地进行科学的三维立体规划，包括生活区、加工区、物资仓库、现场材料堆放场地、安全防护设施等的布置，直观反映施工现场情况，减少施工用地，方便施工人员的管理，有效减少二次搬运及事故的发生。
2. 模拟施工机械车辆在临时道路上的行驶路线，进行现场道路的布置，保证大型机械车辆，如混凝土罐车、钢筋运输车辆等在施工现场的出入流畅。
3. 通过塔吊悬臂覆盖范围的三维模拟，直观分析高空作业机械对已有建筑或架空高压线等的影响

解决方法：依据场地布置方案建立场地布置BIM模型，提前论证各项组织关系

效益分析：

工程量	工期	合理性（空间、流程）	便利性（协调）	规范安全性	造价（人工、材料）
不影响	缩短工期	空间更合理，流程更优	便利性好	安全系数高	造价低

方案	方案描述	优缺点对比	方案选择	选择原因
方案一	传统二维方式进行施工场地布置	优点：依据传统工作方式提交设计方案，对人员的BIM软件操作能力要求较低，免去了三维建模工作量。缺点：设计成果与现场情况结合度不高，原设计方案很难实施，由于缺乏三维展示，相关方各执一词		

方案	方案描述	优缺点对比	方案选择	选择原因
方案二	基于BIM的施工场地布置	优点：现场合理布置，便于施工管理，减少二次搬运，保障施工计划的执行； 缺点：施工准备阶段应依据场地布置方案建立三维模型，增加建模工作量	选择方案二	项目处于市区，用地紧张，应保证现场管理有序进行，减少事故发生的概率

3. 优化内容

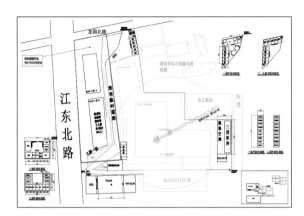

临时设施布置图

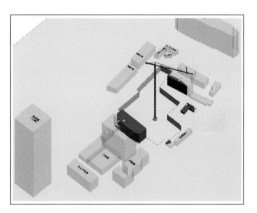

塔吊模拟

4. 执行方案

阶段	主导方	落实过程	困难及解决方案
设计阶段	建设单位、监理单位、施工单位	将二维场地布置方案转化为三维模型，通过模型构件真实反映现场情况，及时发现现场可能出现的大型临时设施、道路、塔吊不合理、效率低等情况	需具备相关技术经验

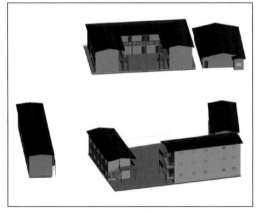

场地布置BIM模型

现场实际效果

5. 效果评价

技术层面：Revit、Navisworks。

管理层面：基于三维场地布置模型可直观决策，提高决策的准确性，减少施工决策风险。

用户评价：场地布置合理，减少施工过程中的协调管理成本，避免了传统管理模式下现场"人""材""机"计划冲突造成工程浪费、工期延误。

注意事项：

（1）依据二维设计图纸搭建BIM模型必须反映实际情况方可起到指导施工的作用。

（2）模型不应简单停留在三维可视化的程度，需深化构件在机械设备施工方案验证、现场临时道路优化等的应用。

应用案例11：土方平衡案例

1. 背景信息

设计说明：基坑面积约6 800 m²，周长390 m，基坑开挖深度11.45～12.05 m，综合调节池及一体化氧化处理池开挖深度分别为7.1 m和6.3 m，土方开挖可利用空间较为有限					
涉及专业	基坑支护				
实施阶段	施工准备				
存在问题	需求不明	专业内	交叉专业	使用功能	美观性
		√		√	
问题描述	土方开挖工程现场具有不确定性，地面形状复杂，传统土方量计算方法操作难度大、耗时长，难以满足设计前期需求。BIM结合现代测绘技术，能快速建立数字高程模型并开展各项分析工作，具有一定的应用发展潜力				

2. 本项目总平面图

3. 土方计算报告

山东同圆数字科技有限公司土（石）方计算报告

项目编号			项目名称	江苏省妇幼保健院项目基坑土方分析服务		
场地面积（hm²）	1.1		建设单位			

江苏省妇幼保健院项目基坑土石方量分类统计

阶段	类别	挖方量（m³）			运出虚方体积（m³）	运入虚方体积（m³）	备注
		一层	二层	三层			
场地平整	场地						
	基坑开挖	23 370	38 931	32 761			
土方工程	绿化						
	景观						
	管沟						
	挡墙						
	其他						
天然土方量（总）		95 061					
实际土方量							
土方量说明	1. 本次土方量统计按照场地现状平均标高 7.92 m 进行统计； 2. 本次土方量统计按照基坑底部标高为 −4.7 m，氧化池区域底部标高为 −0.35 m 进行； 3. 本次土方量统计中分层土方量计算深度均按照支撑梁底部高程进行统计； 4. 本次土方量统计均为自然土方量，实际运输土方量需要按照场地实际土石方松散系数进行换算						

4. 实际结算报告内容土方量

5. 效果评价

技术层面：Revit、Navisworks。

管理层面：土方工程量的计算原理是在对原始地形和改造后地形准确表述的基础上，通过数字模型模拟，求取项目区地表物质的体积差，原始地形的表述主要通过地形图中的高程点，但在地形图中获取的这些数据一般是离散的有限数据，是由无数个点组成的表面。对原始地形的表述只能通过对这些点处理后，进行近似模拟。通过BIM土方数据模拟，可以对该基坑土方进行计算，为项目竣工报告和审计结算提供土方工程量提供参考。

存在问题：

（1）模型建立时依据的测绘数据存在原始测绘数据精度不高的问题，目前很多项目采用点云扫描技术，精确度提高不少；

（2）BIM土方量输出后进行过竖向设计优化调整，存在量变少的可能。

注意事项：对土方工程量进行计算，基础数据（地形数据）的精度和密度都至关重要，直接关系到土方工程量计算的精度。在对基础数据进行采集时，应注意某些特殊的地貌点和地形变换点，如坎上和坎下、坡脚和坡顶，并进行重点标记，确保基础数据的真实准确。高程点的采集尽量分布均匀，对高程点不足的地方必须根据实际情况补足高程，以确保后期土方工程量计算的精度。

应用案例 12：建筑、结构专业检查与优化

1. 背景信息

设计说明：江苏省妇幼保健院住院综合楼项目建筑高度 73.5 m，面积 68 063.9 m²；地上 18 层，面积 50 182.1 m²；地下 2 层，面积 12 505.8 m²，辅楼 6 层，面积 5 376 m²。其中，住院综合楼项目的施工图设计中，建筑专业包含 45 张图纸，结构专业包含 66 张图纸，两个专业的设计量均比较大					
涉及专业	建筑，结构				
实施阶段	初步设计阶段，施工图设计阶段				
存在问题	需求不明	专业内	交叉专业	使用功能	美观性
		√	√	√	
问题描述	常规的 CAD 图纸中，建筑和结构专业常常会出现专业之间或专业内部矛盾或是碰撞的情况，如：结构专业梁与结构专业柱相交处位置错位；结构专业梁与建筑专业墙体相交处位置错位；结构专业图纸不满足建筑专业造型；结构专业洞口和建筑专业洞口不一致等，导致施工单位现场施工时参照某一专业图纸施工后出现错误				

2. 优化分析

问题原因：设计单位常规 CAD 二维图纸显示不够直观，前期不容易直接从二维图纸上识别建筑结构专业之间或者是单专业内矛盾或碰撞的问题，而施工前或者施工时才发现此类问题，导致返工，从而延误工期、增加额外费用等

优化原则：对建筑专业模型的墙、柱、板、门、窗、栏杆、吊顶、楼梯、坡道、台阶、幕墙、进排风道、防火卷帘等建筑构件进行模拟，同时对结构专业模型的结构墙、结构柱、结构板、结构框架、结构楼梯、结构坡道、结构基础等结构构件以及结构墙、柱、板、梁、基础等留洞进行模拟，发现、提出问题，并讨论解决问题

解决方法：依据BIM模拟报告召开专题讨论会，逐条确认、解决问题，由设计单位相应调整图纸及BIM模型后，由BIM咨询单位进行核实

效益分析：

工程量	工期	合理性 （空间、流程）	便利性 （协调）	规范 安全性	造价 （人工、材料）
工程量小	不影响工期，并能减少因为返工增加的工期	空间更合理，流程更优	在前期解决施工过程中会遇到的问题，便于施工	安全系数高	不影响造价，并能减少因返工额外增加的费用

方案	方案描述	优缺点对比		方案选择	选择原因
方案一	传统二维CAD图纸	优点：	简单进行设计交底，图纸会审后直接进行施工，减少前期投入的时间、人力；		
		缺点：	后期施工易出现建筑结构专业碰撞或不一致等问题，引起工期拖延和返工		
方案二	基于BIM的施工场地布置	优点：	在施工前提前发现建筑结构图纸上的专业碰撞或不一致等问题并讨论解决，避免施工至现场才发现问题；	选择方案二	前期的人力及时间投入可以大大减少和避免建筑和结构专业中产生的不一致及碰撞问题，减少返工
		缺点：	前期需对建筑、结构图纸进行BIM建模，需投入相应的人力、时间		

3. 优化内容

（1）建筑专业屋顶机房钢结构雨篷未标注标高。

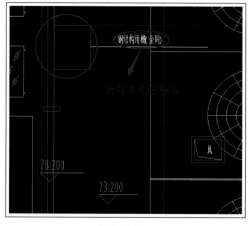

图纸 2D 截图

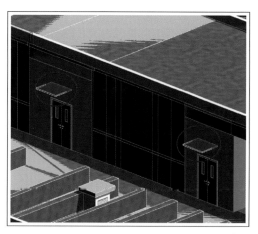

模型 3D 截图

（2）建筑专业有开洞，结构专业没有开洞。

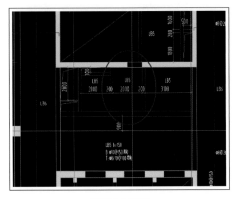
建筑专业图纸

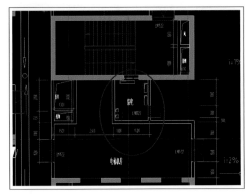
结构专业图纸

（3）建筑图纸中剪力墙位置与结构图纸中有偏移。

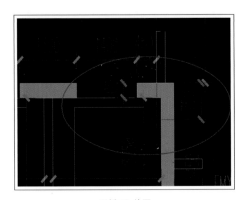
图纸 2D 截图

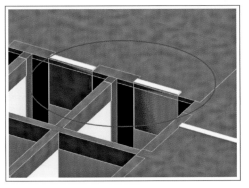
模型 3D 截图

4. 执行方案

阶段	主导方	落实过程	困难及解决方案
初步设计阶段、施工图设计阶段	建设单位、设计单位、监理单位	将建筑专业与结构专业二维 CAD 图纸转变为三维 BIM 模型，发现问题后召开协调会讨论解决，修改图纸及 BIM 模型	需要按照图纸准确建模，逐一反馈相应问题并讨论解决，前期花费时间较长

5. 效果评价

技术层面：Revit、Navisworks、BIM 协调会。

管理层面：基于 BIM 模型发现碰撞或矛盾的问题，及时讨论并调整方案。

用户评价：施工前期发现建筑和结构专业内和专业间的冲突碰撞，避免了不必要的返工和费用增加。

注意事项：

（1）提供建模的图纸版本应准确。

（2）建筑专业与结构专业碰撞及冲突问题，应在施工之前及时提出并讨论，要求在规定时间内由设计单位及时修改，并由建设单位及 BIM 咨询单位确认后传递至现场施工。

应用案例 13：土建结构材料用量

1. 背景信息

设计说明：住院综合楼项目主体结构混凝土用量					
涉及专业	建筑、结构				
实施阶段	竣工结算				
存在问题	需求不明	专业内	交叉专业	使用功能	美观性
		√	√		
问题描述	工程量的准确度				

2. 优化分析

问题原因：BIM 模型的精度决定工程量的准确度，竣工图的准确性应完善

优化原则：BIM 模型工程量在结算审核过程中具有参考价值

解决方法：完善竣工模型的准确性，以及 BIM 模型的结构构件搭建的准确性

效益分析：

工程量	工期	合理性 （空间、流程）	便利性 （协调）	规范 安全性	造价 （人工、材料）
提高 BIM 模型的精度以提升工程量的准确度	不影响总工期	BIM 模型工程量在结算中有参考价值	BIM 模型为施工和计量服务	不影响	不影响

3. 执行方案

序号	规格	主体结构混凝土方量	单位
1	BIM	31 353. 12	m³
2	结算	31 349. 76	m³

阶段	主导方	落实过程	困难及解决方案
竣工结算	建设单位	对比经审计审核的使用广联达算量软件计算的主体结构工程量，以及 BIM 竣工模型的导出的主体结构工程量	提高竣工图纸及竣工模型的准确性及精度

4. 效果评价及建议

技术层面：

（1）参照工程量算量原则，保证建模的规范性；

（2）通过样板段实际工程量对比基于BIM的各软件工程量数据，选取适用于本项目的BIM算量软件，有条件的可基于项目需要进行二次开发。

管理层面：需要用管理手段完善竣工图的准确性，使BIM模型从为施工服务转向为建设全过程的管理服务。

7.3 机电施工阶段的 BIM 应用

7.3.1 概述

机电施工阶段，结合算量软件，运用BIM技术建立的施工阶段的5D模型，能够实现项目成本的精细分析，准确计算出每个工序、每个工区、每个时间节点段的工程量。按照企业定额进行分析，可以及时计算出各个阶段每个构件的中标单价和施工成本的对应关系，实现项目成本的精细化管理。同时，根据施工进度进行及时的统计分析，实现成本的动态管理。

为解决大型公共建筑机电安装工程中存在的问题，在施工过程中引入BIM技术的应用。基于BIM技术的机电施工阶段，其具体实施方法为：对于需要进行专项论证的，由BIM软件根据输入的设计参数进行模拟检测，在得到检测结果的基础上，邀请专家通过有效的经验对经过科学计算的数据和内容进行修正；对人力、物力的组织调配，在施工前由各参建单位首先在BIM模型基础上进行工序的紧前、紧后逻辑判断和梳理，并根据工序顺序对施工模型的工程量合理计算人力、材料和机械消耗，根据计算的结果再进行参建团队的专题讨论，协调各单位处理出现的困难和对计算结果进行部分修正调整；对于变更管理，基于BIM的协同平台，对医院的需求进行模块化设计，建立单个模块的标准化模型，并根据与需求方的专题讨论，梳理出各专业之间的逻辑关联，在BIM模型中予以设置，变更按照小单元模块化处理，由协同平台进行信息汇总和提醒，将可能变更的内容在需求和设计阶段由BIM的可视化、标准化来解决。

最终由施工单位编制工作计划，校核无误后整合模型，对各个系统及机房等重点部位进行深化设计，解决管线碰撞，并进行综合支吊架设计。深化设计成果经设计方确认之后，导出图纸或者将模型直接用于指导施工。安装过程中依据模型进行施工模拟，确定管道和设备安装顺序，进行施工现场管理。工程验收合格后，将BIM模型和数据信息一并移交给业主，实现对工程质量的控制。

7.3.2 机电管综系统优化

机电安装工程涉及专业较多，管线系统复杂，施工组织难度高，安装质量要求高，管线综合的质量直接影响竣工效果。

传统的管线综合是将各专业的二维平面管线布置图进行叠加，这种方式存在一定缺陷。多专业管线叠合在一起，图形内容较乱，且对管线较多的部位，各系统的相对位置和标高表达不够清晰准确，空间关系需要靠想象；依靠二维图纸，很难发现所有的管线碰撞，对碰撞的处理为局部调整，不能实现全局把握；由于空间、结构体系的复杂性，虽然依照各专业的工艺要求进行管线排布，但经常无法完全满足设计原则和施工要求。通过建立建筑、结构、设备、水电等各专业BIM

模型，在施工前进行碰撞检查，及时优化设备、管线位置，加快施工进度，避免了施工中的大量返工。通过引入 BIM 技术后，建立了施工阶段的设备、机电 BIM 模型。通过软件对综合管线进行碰撞检测，利用 Autodesk Revit 系列软件进行三维管线建模，快速查找模型中的所有碰撞点，并出具碰撞检测报告。同时，配合设计单位对施工图进行深化设计，在深化设计过程中选用 Autodesk Navisworks 系列软件，实现管线碰撞检测，从而较好地解决了传统二维设计下无法避免的"错、漏、碰、撞"等现象。

依据碰撞检测结果，对管线进行调整，从而满足设计施工规范、体现设计意图、符合业主和维护检修空间的要求，使得最终模型显示为零碰撞。同时，借由 BIM 技术的三维可视化功能，可以直接展现各专业的安装顺序、施工方案以及完成后的最终效果。

对于大型公共建筑，采用 BIM 技术进行机电系统的管线综合具有明显的优势。BIM 建模过程相当于一次全面的图纸审核，模型按照实际尺寸建立，能完全展现施工完成后的效果，对于传统表达中省略的部分（如阀门尺寸、管道保温层等），都可以在三维模型中展示。从而将一些二维施工图上看不到、实际施工过程中却存在的问题暴露出来。

在机电系统安装过程中，由于对管线进行了深化设计和路线调整，管线长度和管件数量会随之改变，可能会导致系统不满足原有设计参数。采用 BIM 技术后，可以根据 BIM 模型对能耗、流量等系统参数进行智能模拟，为设备参数的选择提供参考。

管线综合的初期以满足主干管的空间需求为目标，机电专业模型包含主要管线即可，对进入房间的空调末端支管、给排水和消防水管支管不作要求，空调末端送风装置、喷头、附件等留待继续深化。对于结构和相关专业的配合，如管道穿梁、穿墙的部位，需要做好洞口预留、套管预埋设计。

中期需要进一步完善模型，提高精度，确定管线的标高与水平位置，优化管线排布，满足净高要求。初期 BIM 模型中，机房中的设备通常不布置，或者象征性地只布置大型机电设备。在此阶段需要对设备机房进行深化，布置精细的设备模型，确定设备参数，从而对设备机房内部的管线进行深化设计。

在最终阶段，BIM 团队根据自身施工经验，按照业主的要求对设备机房进行细化，构建与实际设备尺寸、外形完全相同的 BIM 模型。完善各系统的细节，协调所有的管道碰撞并进行支吊架的设计和布置。

管线综合的结果可以直接通过移动终端以模型的形式用于指导施工，也可导出二维图纸。各专业深化设计图纸应包含管线综合平面图、图例、施工说明、管道系统图、平面图、剖面图、设备间详图（包含设备位置、安装方式和管线排布）、预留预埋图（包含洞口或预埋件的位置、精确标高及弯曲半径）以及支吊架布置图。

应用案例 14：标准层净空分析

随着医疗需求和医疗工艺的不断发展、科室的功能改变和医疗环境的改善，人们对医疗环境的要求也越来越高，提出更高的舒适要求，医院的标准病房不仅是治疗场所，更是患者恢复休养场所，因此，良好的净高和通风采光等环境可以最大程度减轻患者的痛苦感。作为VIP病房，涉及的管线比普通病房更多，对装饰的要求也较高，通过BIM进行管线优化、综合排布才能有更高的净空。

1. 背景信息

设计说明：10层VIP病房层，层高3 900 mm，走廊宽度2 700 mm，最大梁截面尺寸400 mm×700 mm，梁底标高3 150 mm，一根150 mm×75 mm的强电桥架，一根150 mm×75 mm的三网备用桥架，一根200 mm×100 mm的强电桥架，一根400 mm×200 mm的新风风管，一根DN150的喷淋管道，一根DN150的消火栓管道，一根DN80的冷热水供水管，一根DN70的冷热水回水管，一根DN25的冷凝水管	

涉及专业	建筑、结构、机电				
实施阶段	施工图设计				
存在问题	需求不明	专业内	交叉专业	使用功能	美观性
			✓	✓	✓
问题描述	此楼层为VIP病房层，装饰要求较普通病房高，需要更好的舒适度				

2. 优化分析

问题原因：10层为VIP病房层，走廊宽度2.7 m，走廊长度77 m，装饰造型复杂，初始方案装饰完成面2.6 m，无法满足VIP病房走廊装饰要求

优化原则：不仅要保证功能使用，还要保证装饰效果

解决方法：生活给水管道移至房间、空调系统由风机盘管形式改为多联机形式

效益分析：

工程量	工期	合理性 （空间、流程）	便利性 （协调）	规范 安全性	造价 （人工、材料）
工程量小	不影响总工期	过渡季节可保证空调效果	管道敷设比风机盘管灵活	不影响	造价低

方案	方案描述	优缺点对比	方案选择	选择原因
方案一	空调采用风机盘管形式	优点：设置空调机房，主机运行效率高； 缺点：运行费用高、难控制，出现故障的因素多		
方案二	空调采用多联机形式	优点：可以根据面积、区域工况进行分区控制； 缺点：主机为小型风冷机，效率不高	选择方案二	保证装饰要求及过渡季节保证房间空调效果

3. 优化内容

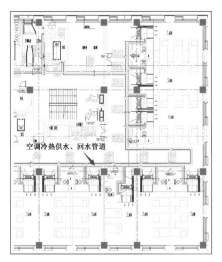

原设计暖通图纸

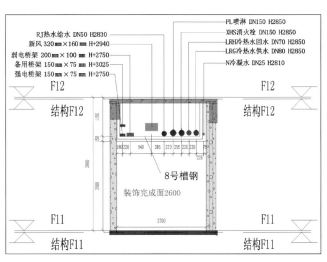

设计方案调整前净高 2 600 mm

标注文字（右图）：
- RJ热水给水 DN50 H2830
- 新风 320 mm×160 mm H+2940
- 弱电桥架 200 mm×100 mm H+2750
- 备用桥架 150 mm×75 mm H+3025
- 强电桥架 150 mm×75 mm H+2750
- PL喷淋 DN150 H2850
- XHS消火栓 DN150 H2850
- LRH冷热水回水 DN70 H2850
- LRG冷热水供水 DN80 H2850
- N冷凝水 DN25 H2810
- 8号槽钢
- 装饰完成面2600

左图标注：空调冷热供水、回水管道

4. 执行方案

阶段	主导方	落实过程	困难及解决方案
设计阶段	建设单位	BIM验证空间效果后设计变更空调形式，并将部分冷水管道移至房间	多联机由单独厂家施工，增加施工管理难度

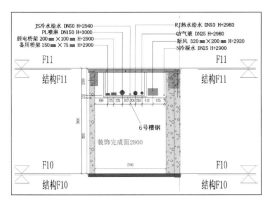

标注文字：
- JS冷水给水 DN50 H+2940
- PL喷淋 DN150 H+3000
- 弱电桥架 200 mm×100 mm H+2900
- 备用桥架 150 mm×75 mm H+2900
- RJ热水给水 DN50 H+2980
- QY气液 DN25 H+2980
- 新风 320 mm×200 mm H+2920
- N冷凝水 DN25 H+2900
- 6号槽钢
- 装饰完成面2800

设计方案调整后净高 2 800 mm

现场实际效果

5. 效果评价

技术层面：Revit、CAD。

管理层面：基于 BIM 提供的相关数据可以辅助决策及设备选型。

用户评价：该病房层舒适感强，达到建设预期目标。

注意事项：

（1）应明确不同区域（科室）建设标准，根据确认的标准进行 BIM 协调优化，针对不能满足建设标准的区域提前进行优化。

（2）应综合协调相关专业，提高建筑、结构、机电、医疗专项设计的集成能力。

应用案例 15：综合点位分析

1. 背景信息

设计说明：常规机电安装中很少考虑装饰效果，基本都以功能及规范为主，末端在综合排布中也都将功能放在首要位置，而内装设计人员在考虑问题时首要关注的是美观度，因此内装也会按他们的理念出一版内装末端图，矛盾就产生了					
涉及专业	装饰、机电				
实施阶段	施工图设计				
存在问题	需求不明	专业内	交叉专业	使用功能	美观性
			√	√	√
问题描述	施工过程中，机电安装先行，装饰工程循序跟进，为满足装饰效果，在后期会频繁出现机电管线的拆改，有时一味地满足装饰效果，导致后期使用过程中功能缺失				

2. 优化分析

问题原因：机电设计过程中，各专业往往居于黄金位置，机电施工过程规范为主、美观为辅，内装设计布置综合点位时多以美观为主

优化原则：保证机电专业后期使用效果，同时兼顾点位布置的合理性

解决方法：通过 BIM 综合分析，提前发现机电安装与装饰之间的冲突问题，反馈设计单位及装饰单位进行设计修改，不仅保证功能使用，还要保证装饰效果

效益分析：

工程量	工期	合理性（空间、流程）	便利性（协调）	规范安全性	造价（人工、材料）
减少变更	不影响总工期	空间合理、装饰效果好	BIM 综合优化减少过程协调	更加规范、安全	减少工程浪费，降低工程造价

方案	方案描述	优缺点对比	方案选择	选择原因
方案一	传统机电安装方式	优点：边设计边施工，前期对设计深度要求相对较低； 缺点：过程变更多，后期造价提高		
方案二	BIM 优化后施工	优点：机电安装与装饰装修协同一致，减少过程变更，使用效果好； 缺点：对设计深度要求较高，常规设计深度无法满足要求	选择方案二	减少变更，降低造价，保证功能使用及装饰效果

3. 优化内容

制水间

点位布置杂乱

原设计点位图

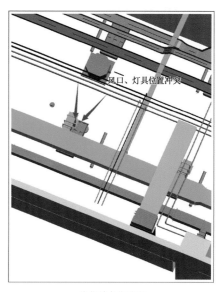

风口、灯具位置冲突

优化前点位冲突

4. 执行方案

阶段	主导方	落实过程	困难及解决方案
设计阶段	建设单位、BIM咨询单位	BIM验证后提出初步方案，与建设单位、设计单位、施工单位、装饰单位沟通并达到协调一致意见，建设单位针对各单位意见予以决策	增加了设计阶段的协调工作，如相关单位初次接触BIM技术，可能会有抵触情况

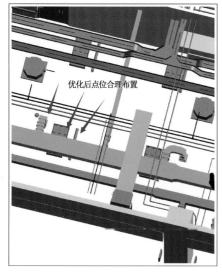

优化后点位合理布置

优化后点位布置满足装饰要求

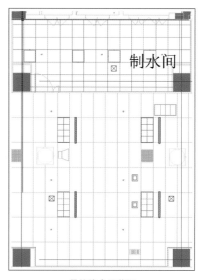

制水间

最终综合天花图

5. 效果评价

技术层面：Revit、Navisworks。

管理层面：可基于BIM技术对装饰空间效果进行比选、优化，直观发现机电安装与装饰装修之间的冲突。

用户评价：既保证了房间功能使用，又保证了装饰效果，是项目评优不可或缺的技术手段。

注意事项：

（1）如了解了传统机电安装与装饰装修之间协调配合难度，可深入了解此项工作的意义。

（2）应综合协调相关专业，提高建筑、结构、机电、装饰、医疗专项设计的集成能力。

（3）应在机电安装前完成相关设计成果及BIM深化工作，进而反馈相关单位修改落实。

（4）设计单位应按照BIM验证结果及时修改设计图纸。

（5）施工单位应按照确认的BIM图纸施工。

应用案例16：进度模拟

1. 背景信息

设计说明：传统施工进度管理主要依据网络图、横道图等实现对项目的进度管理，项目管理者在编制项目进度计划时大多依据经验完成					
涉及专业	土建、机电、装饰				
实施阶段	施工图设计				
存在问题	需求不明	专业内	交叉专业	使用功能	美观性
		√	√		
问题描述	传统项目进度大多依据经验编制而成，精确程度往往不高，无法直观表述施工进度及各种复杂关系，且进度计划缺乏灵活性，施工过程中进度拖延现象较为普遍				

2. 优化分析

问题原因：医院建设工程多为政府投资或院方投资项目，上、下游结算比较缓慢。系统复杂，技术难度高，对工期要求较为紧迫，尽量提前完工，以便早日投入使用，为民谋利，为政府或医院方减轻财政负担					
优化原则：可视化施工进度，提前预见专业内及专业间进度冲突问题，合理优化施工进度					
解决方法：基于BIM的施工进度模拟					
效益分析：					
工程量	工期	合理性 （空间、流程）	便利性 （协调）	规范 安全性	造价 （人工、材料）
工作量大	减少总工期		各单位合理 进场、施工		造价低

方案	方案描述	优缺点对比	方案选择	选择原因
方案一	甘特图、网络图、关键路线法等配合Project、P3 等软件的管理方式	优点：依据项目管理者经验编制，编制周期较短，经审批后实施； 缺点：计划缺乏灵活性，调整工作较为复杂，导致计划与实际脱离，计划控制作用失效		
方案二	基于BIM 的施工进度模拟	优点：三维模型结合时间维度，实现全生命周期的进度模拟，直观显示随时间变化而可能产生的工序冲突并提前予以优化； 缺点：编制及调整计划工作量大	选择方案二	保证项目整体施工进度，按时或提前交付

3. 优化内容

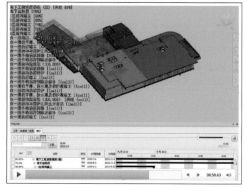

横道图进度计划

进度控制节点

4. 执行方案

阶段	主导方	落实过程	困难及解决方案
施工阶段	建设单位、监理单位、施工单位	由施工总包单位将施工进度计划关联至BIM 模型，并结合现场实际情况进行比对，定期向建设单位、监理单位汇报进度完成及偏差情况	需施工总包单位安排专职或兼职BIM 技术人员落实此项工作

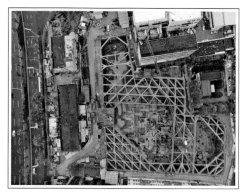

设计方案调整前净高 2 800 mm

现场效果

5. 效果评价

技术层面：Project、Revit、Navisworks。

管理层面：直观了解进度计划，通过计划与实际进度对比提前发现进度偏差并予以调整、加强管理，避免实际进度偏离计划进度。

用户评价：计划调整工作量大，但是现场施工进度得到了极大保障。

注意事项：

（1）前期项目进度计划需达到足够精细度，项目总体进度计划要将所有参建单位计划融入进去。

（2）项目进度计划要考虑多要素。

（3）项目计划应落实全过程跟踪体系，实时跟进并调整。

应用案例17：空调热环境模拟

1. 背景信息

设计说明：在医院设计过程中，对于建筑参数及性能主要依靠设计人员的经验选择，忽略了医院特殊区域的建设标准，导致后期使用过程中问题诸多					
涉及专业	机电、环境分析				
实施阶段	施工图设计				
存在问题	需求不明	专业内	交叉专业	使用功能	美观性
		√	√	√	
问题描述	中心检验区域大型设备多，设备放热多，导致室内局部温度较高，不满足检验科整体温度要求				

2. 优化分析

问题原因：中心检验区域位于2层，面积455 m²，内含生化免疫流水线、电脑设备、人体及其他仪器等，都会释放一定热量，设备摆放位置及其放热量都会影响室内效果，当温度超出一定范围时会影响检验结果

优化原则：基于BIM模型进行建筑参数（设备功率、导热系数等）录入，通过分析软件模拟房间内部空调热环境，及时发现不满足要求的地方，进行设计优化或者辅助设备选型

解决方法：对可能出现的局部温度过高的情况采取加大风机盘管型号或增加多联机系统备用，在范围区间内尽量选取放热量比较小的生产线

效益分析：

工程量	工期	合理性（空间、流程）	便利性（协调）	规范安全性	造价（人工、材料）
不影响	不影响	保证检验科的温度要求	使用过程中问题少	更安全	造价低

方案	方案描述	优缺点对比	方案选择	选择原因
方案一	常规设计、设备采购，未进行空调房间热环境模拟	优点：减少模拟环节，建设前期工作量相对较少； 缺点：后期使用过程中问题较多，大型设备放热过多，影响使用效果		
方案二	模拟空调房间热环境	优点：提前发现设计不合理之处，优化设计并辅助设备选型； 缺点：在建设前期进行模拟分析，工作量相对较大	选择方案二	保证后期空调使用过程中的效果

3. 优化内容

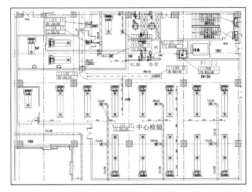

原设计图纸

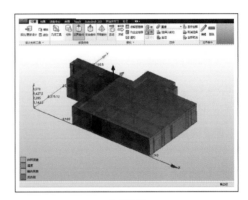

分析模型

4. 执行方案

阶段	主导方	落实过程	困难及解决方案
设计阶段	建设单位	由设计单位提供设计参数、由设备厂家提供设备参数，经BIM咨询单位模拟分析后发现不利点，并反馈给设计单位进行设计优化，同时反馈给建设单位辅助设备选型	现阶段很多分析软件科研性太强，不适用于项目建设本身，需选择专业的模拟分析软件

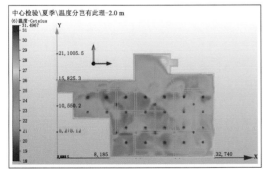

分析结果

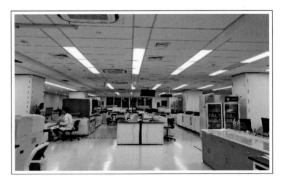

现场实际效果

5. 效果评价

技术层面：Revit、CFD。

管理层面：通过模拟分析结果，管理者可直观发现问题所在，在建设阶段解决问题，避免在使用过程中出现效果不佳等诸多问题。

用户评价：使用过程中无局部温度过高情况出现，满意度高。

注意事项：

（1）选择分析团队及软件要具有项目实际操作性。

（2）科室使用者需协助梳理科室在温度方面的建设需求，并传达给医院建设团队。

（3）设计单位、设备供应商提供的相关参数应准确，并对分析结果予以核实。

（4）针对分析结果要限时形成解决方案，避免分析结果被搁置。

7.3.3 管线综合中的BIM应用

应用案例18：地下室坡道管线综合

1. 背景信息

设计说明（或背景）：负一层层高5.4 m，C-L/7-8轴过道有效净宽2.8 m。此区域有15根管道（4根DN250管道，2根DN200管道，6根DN150管道，2根DN125管道，1根DN100管道，均为无缝钢管），2路桥架，2路母线和1根风管。经管综排布后，管底标高1.6 m，该过道为配电所及发电机房等的主要通道						
涉及专业	空调、电气、给排水						
实施阶段	深化设计阶段						
存在问题	需求不明	专业内	交叉专业	使用功能	美观性	安全性
		√	√	√		√
问题描述	管道集中布置此区域，对单元面积楼板结构影响较大，有安全隐患；管道排布紧密，4排布置，基本没有检修空间，上层管道无法检修，施工保温难度极大；管底支架高度不足1.6 m，影响通行，存在安全隐患						

2. 优化分析

问题原因：过道空间区域狭小，管道数量较多				
优化目的：较少楼板单位面积内的受力，提高管道标高，留出一定的检修空间				
优化原则：有压让无压，小管让大管				
解决方法：优化排布，将部分管道分流至其他区域				
效益分析：				
工程量	工期	合理性 （空间、流程）	便利性 （协调）	规范 安全性	造价 （人工、材料）
管道不变， 配件增加	增加3天 （脚手架）	检修空间、 净高增加	施工难度 略有降低	结构安全性、 通行安全性增加	增加（满堂脚手架）， 增加弯头等配件

方案	方案描述	优缺点对比		方案选择	选择原因
方案一	分流管道至核心筒西侧过道	优点：减少7-8轴楼板受力，管底标高由1.6 m上升至2.2 m； 缺点：西侧边为湿式报警阀间，原本西侧管道较多，分流过来造成西侧楼板受力增加且检修空间较为紧张			
方案二	过道东边是汽车坡道，宽度7.4 m，将大部分管道分流排至坡道上方，并排敷设	优点：减少7-8轴楼板受力，管底标高由1.6 m上升至3 m，预留足够检修空间； 缺点：坡道上方最高12 m，下方为斜坡，无法使用移动平台，需搭设满堂脚手架，施工费用增加		选择方案二	综合考虑，虽然方案二造价有所增加，但是从检修、楼板受力情况、吊顶高度等各方面乃至整体美观性都高于方案一

3. 优化内容

净高（空）分析，支吊架受力分析、拉拔试验。

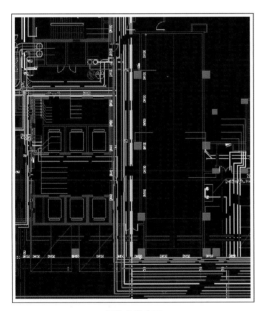

原综合排布图

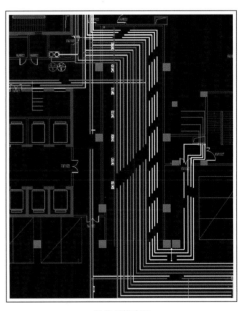

优化后排布图

支吊架受力分析：

以D-K/8-9轴为例。此轴线一组综合支架，一组管道规格较小，但是数量较多，最小DN100，最大DN250，共计15根。

（1）负荷计算

4根DN250管道，2根DN200管道，6根DN150管道，2根DN125管道，1根DN100管道，均为无缝钢管。结合规范要求及现场实际情况（每一轴线跨度8 m），支架间距定位4 m。

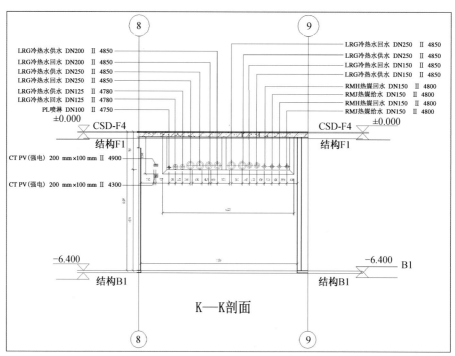

K—K剖面

管道类型	钢管规格	壁厚 (mm)	单位长度理论质量 (kg/m)	单位长度满水质量 (kg/m)	单位长度总质量 (kg/m)	4 m长度总质量 (kg)
无缝钢管	DN250	8	52.3	49.1	101.4	405.6
无缝钢管	DN200	6	31.5	31.4	62.9	251.6
无缝钢管	DN150	4.5	17.15	18	35.15	140.6
无缝钢管	DN125	4	12	12.3	24.3	97.2
镀锌钢管	DN100	4	11.34	8.82	20.16	80.64
管卡、保温及附件质量（kg）			70			
15根管道总质量（kg）			3 314.24			

结合综合排布方案要求，采用20#槽钢双拼。

槽钢质量为

$$(1.7 \times 3 + 5.8) \times 2 \times 22.63$$

$$= 494 \text{ Kg} = 0.494 \text{ t}$$

故每个支架总质量为

$$1.54 + 0.392 = 3.814 \text{ t}$$

考虑制造、安装等因素，采用管架间距的标准荷载乘荷载分项系数 1.35。最终得出荷载质量为 $3.814 \times 1.35 = 5.15$ t。

（2）槽钢强度计算

① 总体信息

20#槽钢双拼   20#槽钢双拼

2.7m   3.1m

A. 自动计算梁自重,梁自重放大系数 1.20。

B. 材性:Q235。

弹性模量 $E = 206\,000$ MPa;

剪变模量 $G = 79\,000$ MPa;

质量密度 $\rho = 7\,850$ kg/m³;

线膨胀系数 $\alpha = 12 \times 10^{-6}$/℃;

泊松比 $\nu = 0.30$;

屈服强度 $f_y = 235$ MPa;

抗拉、压、弯强度设计值 $f = 215$ MPa;

抗剪强度设计值 $f_v = 125$ MPa。

C. 截面参数:20♯槽钢双拼。

截面上下对称。

截面面积 $A = 6\,504$ mm²;

自重 $W = 0.500$ kN/m;

面积矩 $S = 227\,214$ mm³;

抗弯惯性矩 $I = 37\,962\,728$ mm⁴;

抗弯模量 $W = 379\,627$ mm³;

塑性发展系数 $\gamma = 1.05$。

② 荷载信息

恒荷载:

集中力,0.91 kN,荷载位置:距左端 0.10 m;

集中力,1.07 kN,荷载位置:距左端 0.40 m;

集中力,1.07 kN,荷载位置:距左端 0.73 m;

集中力,4.16 kN,荷载位置:距左端 1.12 m;

集中力,4.16 kN,荷载位置:距左端 1.67 m;

集中力,2.62 kN,荷载位置:距左端 1.99 m;

集中力,2.62 kN,荷载位置:距左端 2.39 m;

集中力,4.16 kN,荷载位置:距左端 3.07 m;

集中力,4.16 kN,荷载位置:距左端 3.58 m;

集中力,1.51 kN,荷载位置:距左端 3.92 m;

集中力,1.51 kN,荷载位置:距左端 4.27 m;

集中力,1.51 kN,荷载位置:距左端 4.97 m;

集中力,1.51 kN,荷载位置:距左端 5.32 m;

集中力,1.51 kN,荷载位置:距左端 5.67 m;

集中力,1.51 kN,荷载位置:距左端 4.62 m。

③ 组合信息

A. 内力组合、工况。

恒载工况。

B. 挠度组合、工况。

恒载工况。

④ 内力、挠度计算

A. 弯矩图(kN·m)。

a. 恒载工况。

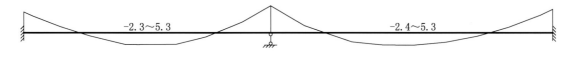

b. 包络图。

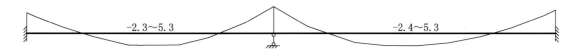

B. 剪力图（kN）。

a. 恒载工况。

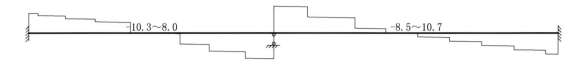
10.3～8.0   −8.5～10.7

b. 包络图。

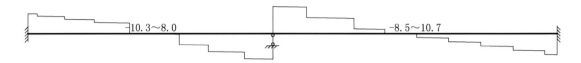
10.3～8.0   −8.5～10.7

C. 挠度。

恒载工况。

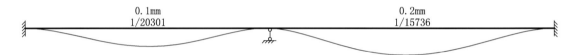
0.1mm   0.2mm
1/20301   1/15736

D. 支座反力（kN·m）。

a. 恒载工况。

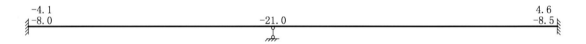
−4.1   4.6
−8.0   −21.0   −8.5

b. 包络图。

−4.1～−4.1   4.6～4.6
−8.0～−8.0   −21.0～−21.0   −8.5～−8.5

⑤ 单元验算

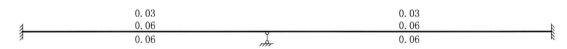
0.03   0.03
0.06   0.06
0.06   0.06

图中数值自上而下分别表示：最大剪应力与设计强度比值；最大正应力与设计强度比值；最大稳定应力与设计比值，若有局稳字样，表示局部稳定性不满足要求。

第 1 跨：

A. 内力范围、最大挠度。

a. 内力范围：

弯矩设计值为 −2.32～5.30 kN·m；

剪力设计值为 −10.28～7.95 kN。

114

b. 最大挠度为 0.13 mm，最大挠跨比 1/20 301［挠度允许值见《钢结构设计规范》(GB 50017—2003) 附录 A. 1］。

B. 强度应力

最大剪应力为

$\tau = V_{max} \times S / I / t_w$

$= 10.28 \times 227\,214/37\,962\,728/18.0 \times 1\,000$

$= 3.4$ MPa$\leqslant f_v = 125$ MPa（满足）。

最大正应力为

$\sigma = M_{max} / \gamma / W$

$= 5.30/1.05/379\,627 \times 10^6$

$= 13.3$ MPa$\leqslant f = 215$ MPa（满足）。

C. 稳定应力

闭合截面，整体稳定系数 $\varphi_b = 1.0$。

最大压应力为

$\sigma = M_{max} / \varphi_b / W$

$= 5.30/1.00/379\,627 \times 10^6$

$= 14.0$ MPa$\leqslant f = 215$ MPa（满足）。

D. 局部稳定

腹板稳定验算：

腹板高 $h_w = 178$ mm，腹板厚 $t_w = 9.0$ mm，

腹板高厚比为

$178/9.0 = 19.8 \leqslant 80\sqrt{235/f_y}$。

无局部压应力时可不配置加劲肋（GB 50017—2003 第 26 页 4.3.2）。

翼缘稳定验算：

两腹板间受压翼缘宽度 $b_0 = 132.0$ mm，厚度 $t = 11.0$ mm，

两腹板间受压翼缘宽度与厚度之比为

$132.0/11.0 = 12.0 \leqslant 40\sqrt{235/f_y}$，

满足（GB 50017—2003 第 32 页 4.3.8）。

E. 该跨验算结论：满足。

第 2 跨：

A. 内力范围、最大挠度

a. 内力范围：

弯矩设计值为 $-2.42\sim5.30$ kN·m；

剪力设计值为 $-8.49\sim10.75$ kN。

b. 最大挠度 0.20 mm，最大挠跨比 1/15 736［挠度允许值见《钢结构设计规范》(GB 50017—2003) 附录 A. 1］。

B. 强度应力

最大剪应力为

$\tau = V_{max} \times S / I / t_w$

$= 10.75 \times 227\,214/37\,962\,728/18.0 \times 1\,000$

$= 3.6$ MPa$\leqslant f_v = 125$ MPa（满足）。

最大正应力为

$\sigma = M_{max} / \gamma / W$

$= 5.30/1.05/379\,627 \times 10^6$

$= 13.3$ MPa$\leqslant f = 215$ MPa（满足）。

C. 稳定应力

闭合截面，整体稳定系数 $\varphi_b = 1.0$。

最大压应力为

$\sigma = M_{max} / \varphi_b / W$

$= 5.30/1.00/379\,627 \times 10^6$

$= 14.0$ MPa$\leqslant f = 215$ MPa（满足）。

D. 局部稳定

腹板稳定验算：

腹板高 $h_w = 178$ mm，腹板厚 $t_w = 9.0$ mm，

腹板高厚比为

$178/9.0 = 19.8 \leqslant 80\sqrt{235/f_y}$。

无局部压应力时可不配置加劲肋（GB 50017—2003 第 26 页 4.3.2）。

翼缘稳定验算：

两腹板间受压翼缘宽度 $b_0 = 132.0$ mm，厚度 $t = 11.0$ mm，

两腹板间受压翼缘宽度与厚度之比为

$132.0/11.0 = 12.0 \leqslant 40\sqrt{235/f_y}$，

满足（GB 50017—2003 第 4.3.8 条）。

E. 该跨验算结论：满足。

连续梁验算结论：满足。

（3）膨胀螺栓强度计算

结合综合支架大样图，每个支腿需6个14＃膨胀螺栓。

每个支架共计18个14＃膨胀螺栓。

管道及支架综合总质量为

5.15 t＝5 150 kg＝51 500 N＝51.5 kN。

每个膨胀螺栓分担负荷为

51.5÷18＝2.86 kN。

因为是恒载，所以乘以安全系数2，最终得出每个膨胀螺栓荷载为

2.86×2＝5.72 kN。

查14＃膨胀螺栓检测报告。其极限载荷：拉力值为20 kN，剪力值为13.6 kN。

膨胀螺栓强度符合要求。

最终验算结果：槽钢强度及膨胀螺栓强度均符合要求。

膨胀螺栓拉拔试验：

4. 执行方案

阶段	主导方	落实过程	困难及解决方案
设计阶段			
施工阶段	中建安装	深化方案，审批，协调资源，施工	1. 增加措施费（满堂脚手架），经商务谈判后确认增加； 2. 对坡道上方楼板强度及综合支架强度有疑义。查阅结构设计说明、土建施工资料，对满载管道、支架及膨胀螺栓进行强度计算，并对膨胀螺栓进行拉拔试压，结果远大于各项指标

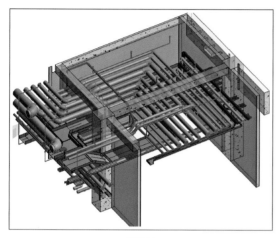

优化后

现场实际效果

5. 效果评价及经验总结

技术层面：利用 BIM 技术合理排布管道走向及顺序排布，合理布局选用共用支架。

管理层面：可视化数据比选装饰吊顶方案，便于管理者决策。

用户评价：坡道方案实施后空间感强，效果明显。

注意事项：净高（空）分析数据应作为装饰设计数据支撑，辅助完善设计方案。

改善建议：需要合理考虑坡度下照明设置，保证坡道下的照度和亮度以及灯的安装位置。

应用案例19：12层屋面管综综合

1. 背景信息

设计说明（或背景）：12层屋面位于裙楼屋面，主要放置2台风冷热泵机组、1套定压补水装置、63块太阳能板、2台太阳能储热罐，以及4套生活热水热交换装置，6台VHV机组，场地狭小，布局错乱	
涉及专业	空调、电气、给排水、土建
实施阶段	深化设计阶段

存在问题	需求不明	专业内	交叉专业	使用功能	美观性	安全性
	√	√	√	√	√
问题描述	按照原方案排布比较拥挤，布局不合理、不美观，能源利用率低					

2. 优化分析

问题原因：12 层屋面空间较小，设备较多，排布不当
优化目的：节省屋面空间，提高利用率，方便走人巡查，管道走向合理、美观
优化原则：管道走最底层（均为有压管），管道高度不超过两级踏步，设备抬高
解决方法：优化排布，增加钢结构
效益分析：

工程量	工期	合理性 （空间、流程）	便利性 （协调）	规范 安全性	造价 （人工、材料）
管道不变	增加 3 天 （钢结构）	增加屋面空间、太阳能板收照面积增大	施工难度略有增加	结构安全性，通行安全性增加	增加（钢结构）

方案	方案描述	优缺点对比	方案选择	选择原因
方案一	利用预浇的混凝土墩作为太阳能板的支点	优点：施工方便，造价便宜； 缺点：太阳能利用率低导致能源损失，屋面基本不能上人，空间狭小，布局散乱		
方案二	在原有屋面大梁上增加钢结构，将原方案中排列不均的太阳能板设置一起，朝南方向，原预留混凝土墩及管道木板装饰	优点：增加屋面空间，太阳能板收照面积增大，管道走向合理、美观； 缺点：增加钢结构导致施工费用增加，不能利用预留混凝土墩导致费用增加	选择方案二	综合考虑，虽然方案二造价有所增加，但是从检修、屋面空间、能源及资源利用等各方面乃至整体美观性都高于方案一

3. 优化内容

利用预浇的混凝土墩作为太阳能板的支点，太阳能板坐落在下方，受照面较小，造成资源浪费，且原为考虑热交换装置的位置，定压补水装置距离空调系统较远，楼面基本没有空间。

在原有屋面大梁上增加钢结构，将原方案中排列不均的太阳能板设置一起，朝南方向，原预留混凝土墩及管道木板装饰，定压补水装置位置离风冷热泵机组近一点，并增加了热交换装置及 4 组膨胀罐。

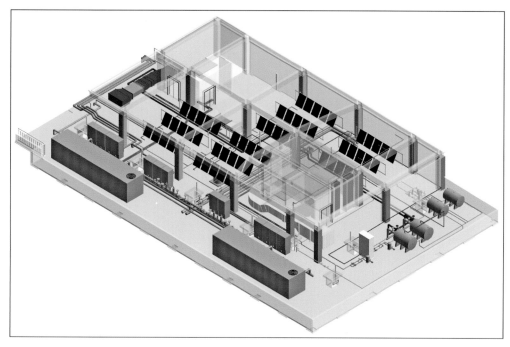

原综合排布图

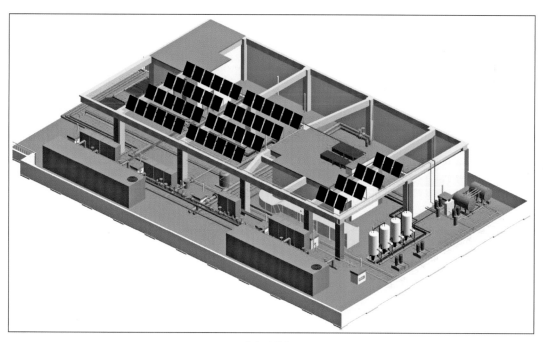

优化后排布图

现场安装图

4. 执行方案

阶段	主导方	落实过程	困难及解决方案
设计阶段			
施工阶段	基建办	深化方案，审批，协调资源，施工	1. 增加措施费（钢结构），经商务谈判后确认增加； 2. 对原留下（未能利用）的混凝土墩进行用木板装饰，使现场变得更加美观
交付阶段			
使用阶段			现场巡查检查方便，对各个参数均能方便摘录

5. 效果评价及经验总结

技术层面：利用 BIM 技术合理排布数 10 台设备及摆放位置，合理利用钢梁做支撑布设太阳能板，合理布置风冷热泵机组及太阳能储热罐的位置。

管理层面：可视化数据比选屋面排布方案，便于管理者决策。

用户评价：方案实施后进入屋面后入眼即是木质平台，视野开阔，效果明显。

注意事项：BIM 技术完成的方案还需原设计院相关专业进行确认，避免遗漏或错误事件发生。

改善建议：做到方案先行，可以避免浪费浇筑混凝土墩。

1. 背景信息

设计说明（或背景）：	18层屋面位于主楼屋面，主要放置6台冷却塔、93块太阳能板、2台太阳能储热罐，2套生活热水热交换装置，4台VRV机组，以及2根DN700的钢管（沿走道一圈），场地狭小，布局错乱					
涉及专业	空调、电气、给排水、土建					
实施阶段	深化设计阶段					
存在问题	需求不明	专业内	交叉专业	使用功能	美观性	安全性
		✓	✓	✓	✓	✓
问题描述	按照原方案排布两根冷却水管分布一侧，上下排布，可将一侧走道空出，另外一条走道完全利用，且靠近冷却塔的一侧往室内的门需要改位置或封死					

2. 优化分析

问题原因：一条走道完全利用，且靠近冷却塔的一侧往室内的门需要改位置或封死，不满足消防规范

优化目的：节省屋面空间，提高利用率，方便走人巡查，管道走向合理、美观，且满足消防规范

优化原则：保证走道变宽，不遮挡门，便于施工且满足消防规范

解决方法：优化排布，合理布局

效益分析：

工程量	工期	合理性 （空间、流程）	便利性 （协调）	规范 安全性	造价 （人工、材料）
管道长度稍微增加	不变	增加走道屋面空间	施工难度降低	通行安全性增加，满足消防规范	钢管稍微加长，人工减少，基本抵消

方案	方案描述	优缺点对比	方案选择	选择原因
方案一	将两根冷却水管上下排布，贴墙排布	优点：增大走道空间； 缺点：上下排布施工难度增加，两根管道叠加高度很高造成无效门，布局混乱		
方案二	将两根冷却水管合理布局，一根（供水）避开走廊靠近冷却塔，另外一根（回水）贴着核心筒排布，下面布置混凝土墩作为水管支座；供水管在走廊尽头往前延伸，减少翻弯	优点：增加屋面空间，管道走向合理，减少满水管道对楼面压力，美观； 缺点：增加钢结构导致施工费用增加，不能利用预留混凝土墩导致费用增加	选择方案二	综合考虑，虽然方案二造价有所增加，但是从施工难度、屋面空间、能源及资源利用等各方面乃至整体美观性都高于方案一

3. 优化内容

空调两根冷却管出屋面管井后沿右侧核心筒上下分层敷设，经过北侧走道后分别对接冷却塔，供水管从冷却塔后面敷设，回水管在冷却塔前面敷设，这样可以空出西面、南面及东面走道，也可以让出部分北面，但是北面的门会被堵死，影响消防通道和消防验收；上下分层时满水管对楼层压力较大，施工困难。

空调两根冷却管出屋面管井后，供水管沿核心筒左侧敷设，回水管沿核心筒右侧敷设，供水管沿核心筒左侧至南面走道时继续向前延伸，敷设于太阳能墩子里面，最后从冷却塔后面敷设完成，回水管沿核心筒右侧至南面走道时继续向前延伸，让出北侧通道，也不阻挡门出口位置，这样北面、西面、南面及东面走道都可以留出走人空间，也不影响消防通道，不影响消防验收，且减少了满水管对屋面的压力，方便施工。

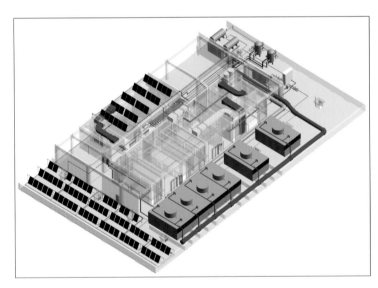

原综合排布图

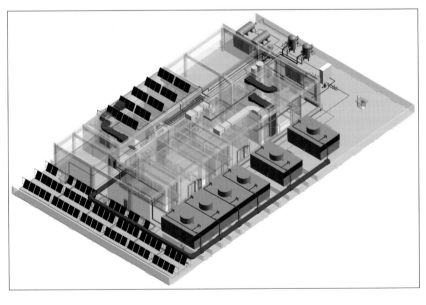

优化后排布图

现场安装图

4. 执行方案

阶段	主导方	落实过程	困难及解决方案
设计阶段			
施工阶段	基建办	深化方案，审批，协调资源，施工	1. 对原来施工单位"交钥匙工程"增加的工作量予以确认，同意增加费用； 2. 增加了两个阶梯，可以直接走人，不需要横跨了，保证了协调性

5. 效果评价及经验总结

技术层面：利用 BIM 技术合理排布两根冷却管的走向，尽量减少工程量，避免遮挡通道。

管理层面：可视化数据比选管道排布方案，便于管理者决策。

用户评价：方案实施后进入屋面可以从任意一端走到各个角落，各道畅通，方便巡查。

注意事项：BIM 技术完成的方案还需原设计单位相关专业进行确认，避免遗漏或错误事件发生。

应用案例21：东南角管沟布局

1. 背景信息

设计说明（或背景）：新设计将新大楼作为主要系统，原老院区纳入新大楼系统中，所有老院区的生活用水、空调水、消防水系统管线需从新大楼东南角敷设过去，进行驳接（当时是2016年4月底，5月初便要启用空调系统）					
涉及专业	空调、电气、给排水、土建				
实施阶段	深化设计阶段				
存在问题	需求不明	专业内	交叉专业	使用功能	美观性	安全性
		√	√	√	√	√
问题描述	管道集中布置在新大楼东南角区域，经研究讨论决定管道由地面敷设，考虑管道较多且相互交叉、走向不同，需要分层次进行排布，因实施时间不同，施工工序问题需要综合考虑				

2. 优化分析

问题原因：管沟空间区域狭小，管道数量较多，施工时间紧迫

优化目的：使各系统管线走向清晰，层次分明，合理利用管沟空间，全部管线全部在管沟敷设，不留明管

优化原则：避免各系统所有管道互不碰撞

解决方法：优化排布，将各系统管道分层布设

效益分析：

工程量	工期	合理性 （空间、流程）	便利性 （协调）	规范 安全性	造价 （人工、材料）
管道不变，配件减少，支架减少，减少一条管沟	节省7天（管沟开挖和浇筑）	合理利用管沟空间	施工难度略有增加		减少（管沟开挖和浇筑、管道弯头配件）

方案	方案描述	优缺点对比		方案选择	选择原因
方案一	开挖两条管沟，生活热水及冷水管道单独敷设，空调水管道单独敷设，消防管埋地敷设	优点：	空调管道可以单独施工以保证空调启用的确定性，单独设置便于日后维修、检查；		
		缺点：	造成老院区生活热水停供，增加造价增加工期		
方案二	开挖一条沟，利用BIM技术先将管道模拟排布，测算好管沟的深度，做到一次成型，将生活水管道和空调水管道均敷设于管沟内，消防管道埋地敷设	优点：	降低造价，节省工期，为医院保障了空调系统和热水系统的正常使用；	选择方案二	综合考虑，虽然方案二施工困难且不方便日后检修，但方案二解决了医院最迫切的问题，同时也节省了造价和工期
		缺点：	管道层间排布导致不方便日后检修，施工困难		

3. 优化内容

原锅炉房未拆除，挖两条管沟，一条现挖先敷设空调管道，另一条待锅炉房拆除后进行施工，确保新老院区空调功能实现，但不能实现生活热水供给。

开挖一条沟，利用 BIM 技术先将管道模拟排布，测算好管沟的深度，做到一次成型，将生活水管道和空调水管道均敷设于管沟内，使空调系统和生活热水系统在规定时间内同时达到使用要求。

原综合排布图

现场安装图

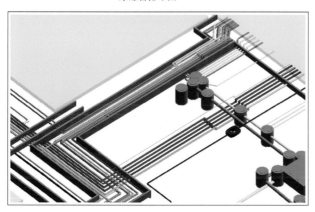

优化后排布图

4. 执行方案

阶段	主导方	落实过程	困难及解决方案
设计阶段			
施工阶段	中建安装	深化方案、审批、协调资源、施工	1. 增加施工难度（由于空间小，最下面一层管道做完后，上面一层管道才可以施工，而且底层焊缝焊接比较困难，最后通过开天窗的方式进行内口焊接）； 2. 压缩工期（在规定的时间内既完成空调供冷又完成生活热水供给，通过方案先行，增加补贴，带动现场施工人员积极性加班加点完成）

5. 效果评价及经验总结

技术层面：利用 BIM 技术编制合理的管沟施工方案，确定并讨论方案的可行性。

管理层面：合理选择方案，更能合理投入机械人工比例。

用户评价：方案实施后各路系统得到保证，获业主高度认可。

注意事项：管沟内积水问题应提前解决，避免造成管道提前腐蚀生锈。

改善建议：排管沟内管道方案时，应注意其他与之相关的细节。

应用案例 22：冷水给水管 BIM 图形工程量与清单工程量对比分析

1. 背景信息

设计说明：住院综合楼项目8层南侧JS冷水给水管DN50，分BIM图形工程量及清单工程量计算					
涉及专业	建筑、结构				
实施阶段	施工阶段				
存在问题	需求不明	专业内 ✓	交叉专业	使用功能	美观性
问题描述	BIM图形工程量及清单工程量计算有差异				

2. 优化分析

问题原因：工程量计算规则不同，分别是BIM工程量扣除了管件、阀门、水表等长度，管件、阀门、水表等所占长度需单独测量；清单工程量按延长米计算，不扣除管件、阀门、水表等长度

优化原则：在工程施工中节省管件工程造价

解决方法：在设计阶段导入BIM，加强管件、阀门、水表等所占长度的准确性，以提高BIM图形工程量计算精度

效益分析：

工程量	工期	合理性 （空间、流程）	便利性 （协调）	规范 安全性	造价 （人工、材料）
减少管件的 使用量	不影响总工期	避免出现管道 碰撞的发生	深化设计后 连廊在3层	不影响	减少管件的 使用量，造价降低

方案	方案描述	优缺点对比	方案选择	选择原因
方案一	清单工程量计算	优点：计算清晰方便； 缺点：综合取定		
方案二	结合BIM图形工程量计算	优点：有利于减少管件的使用量； 缺点：精度受管件、阀门、水表等所占长度准确性影响	选择方案二	能有效避免出现管道碰撞的发生，有利于减少管件的使用量

3. 优化内容

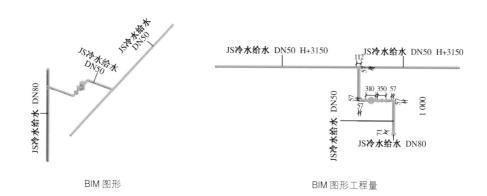

BIM 图形   BIM 图形工程量

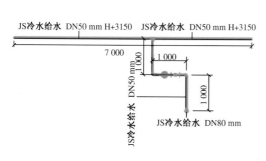

清单工程量

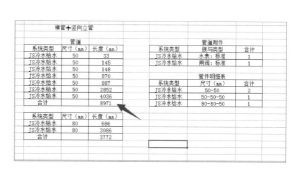

BIM 图形工程量明细

4. 执行方案

阶段	主导方	落实过程	困难及解决方案
施工阶段	建设单位	在设计阶段导入 BIM	管件、阀门、水表等所占长度测量准确

5. 效果评价

技术层面：BIM 图形工程量精度取决于管件、阀门、水表等所占长度的准确性。

造价层面：BIM 图形管件工程量对工程施工中管件实际用量有很好的参考价值，有利于节省管件工程造价。

综合评价：导入 BIM 能有效避免出现管道碰撞，有利于减少管件的使用量。

工程量明细：

（1）BIM 图形工程量中，管道长度 8.971 m，管件、阀门、水表等所占长度 1.029 m，管件工程量 4 个。

（2）清单工程量 10 m，按 2014 年《江苏省安装工程计价定额》，给排水管道中不锈钢管或镀锌钢管（螺纹连接）10 m 中管件含量为 6.51 个（综合取定）。

应用案例 23：水平桥架 BIM 图形工程量在竣工结算中的应用

1. 背景信息

设计说明：住院综合楼项目第8层水平桥架，BIM 图形工程量在竣工结算中的应用					
涉及专业	建筑、结构				
实施阶段	竣工结算				
存在问题	需求不明	专业内 ✓	交叉专业 ✓	使用功能	美观性
问题描述	工程量的准确度				

2. 优化分析

问题原因：BIM 图形的精度决定工程量的准确度，竣工图的准确性需完善

优化原则：BIM 图形工程量在结算中有参考价值

解决方法：用管理手段完善竣工图的准确性

效益分析

工程量	工期	合理性 （空间、流程）	便利性 （协调）	规范 安全性	造价 （人、材）
提高 BIM 图形的精度以提升工程量的准确度	不影响总工期	BIM 图形工程量在结算中有参考价值	BIM 图形为施工和计量服务	不影响	完善竣工图使造价降低

3. 执行方案

序号	规格	三网 150 mm ×75 mm（m）	弱电 200 mm ×100 mm（m）	弱电 300 mm ×100 mm（m）	弱电 400 mm ×100 mm（m）	强电 150 mm ×75 mm（m）	强电 1 000 mm ×200 mm（m）	合计 （m）
1	BIM	236.5	256.2	0	0	103.6	0	596.2
2	结算	248.1	225.2	9	5.3	100.5	1	589.1

范围：

（1）BIM 图形工程量中单独列出了桥架的上弯通、下弯通、水平三通、水平弯通，不含配电间工程量（图纸中未画）。

（2）结算中含 8 层配电间水平及竖向工程量（竖向桥架做至配电箱处，依据现场测量）。

阶段	主导方	落实过程	困难及解决方案
竣工结算	建设单位	BIM 按桥架中心线计量，弯通按 1 m/只计取、三通按 1.5 m/只计取； 结算按桥架中心线计量，按标高变化计取实际长度	提高 BIM 图形的精度

4. 效果评价及建议

技术层面：BIM 图形工程量在结算中有参考价值；BIM 图形的精度决定工程量的准确度。

管理层面：需要用管理手段完善竣工图的准确性，使 BIM 图形由为施工服务转向为施工和计量服务。

7.3.4 净化工程中的 BIM 应用

应用案例 24：DSA 融合设计

1. 背景信息

设计说明：影像科医疗设备机房单元工艺比较复杂（包括医疗设备所需空间大小、结构承重及运输通道、设备电源及专用接地、信息系统、送排风及空调系统、室内装修、地沟及盖板等技术条件），还具有特殊的工艺条件（如放射防护、电磁屏蔽、温湿度、医用气体等），故 DSA 设计时应考虑各个专业的配合，从规模确定、布置规则、工艺设计条件等多方面进行研究					
涉及专业	建筑、结构、机电				
实施阶段	施工图设计				
存在问题	需求不明	专业内	交叉专业	使用功能	美观性
	√	√	√	√	√
问题描述	DSA 内设备较多，各个设备都需要满足一定的条件，设计时要满足所有设备的安装条件和使用便利				

2. 优化分析

问题原因：读片室、图像后处理及医护区相对独立、便于管控。DSA 内同种设备要集中控制，方便技师操作和管控。患者通道和医护人员的通道要分开，患者检查等候区要考虑患者及家属，增强注射区（准备间）靠近公共等候区，准备间要设置休息区域及抢救设施

优化原则：不仅要保证功能使用、设备进场通畅，还要保证装饰效果

解决方法：按照《综合医院建设标准》测算建设规模

效益分析：

工程量	工期	合理性 （空间、流程）	便利性 （协调）	规范 安全性	造价 （人工、材料）
工程量小	不影响总工期	平面空间的科学利用	各专业均可满足规范要求	不影响	造价低

方案	方案描述	优缺点对比	方案选择	选择原因
方案一	利用 BIM 技术进行顶面设备空间分析	优点：提前解决空间布局的规划，后期施工时定位准确； 缺点：前期耗时较长，对甲方技术要求较高	选择方案一	总体效果会比较好，后期施工减少返工
方案二	施工阶段现场调整位置	优点：一般不会出现问题； 缺点：可能造成返工的问题，布局可能不太科学		

3. 优化内容

将各仪器设备准确模拟到位后，避免出现仪器碰撞的情况。

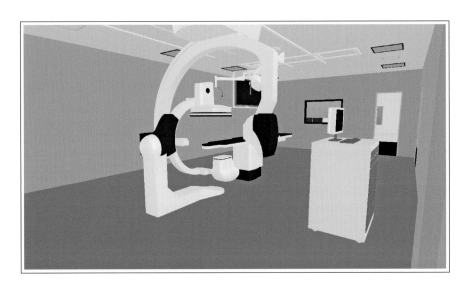

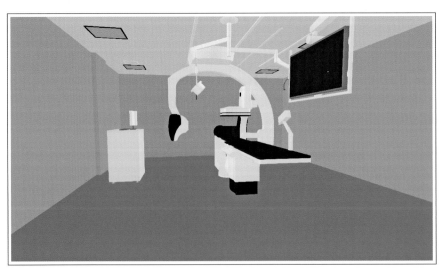

4. 执行方案

阶段	主导方	落实过程	困难及解决方案
设计阶段	建设单位	BIM验证空间效果后精确定位各个设备的位置关系	设备按照前期情况以及使用需求进行采购,后期问题少

机房空间尺寸:

机房平面布置:DSA机房包括检查治疗室、控制室、设备间,并设病患等候区及准备室,其机房平面布置详见下图。控制室设铅玻璃观察窗(常用尺寸为宽1.5m,高0.9m)。机房长轴方向可以适当长一些,便于设备部署和手术操作。

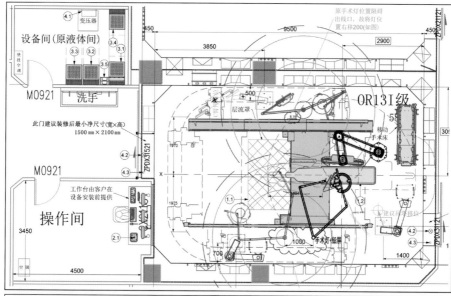

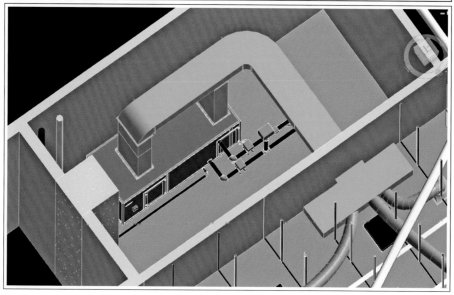

机房空间尺寸应根据设备类型确定：

设备承重条件：设备承重因设备而异，悬吊式 C 臂机在一般检查室内地板的承重约 600 kg/m²，在天棚顶上的吊重约 1 500 kg。

天吊系统及装修材料：

天吊系统：天吊系统一般见于悬吊式 C 臂机和双 C 臂机。C 臂及监视器移动轨道的天花吊架及天花出线口吊架由钢结构支撑，其底部到最终完成地面的高度为 2 m，吊架钢结构条件的底部最高点到最低点的水平偏差小于 2 mm。

机房吊顶：采用可拆卸方式完成的天花吊顶底部与吊架钢结构底部齐平，不能遮盖住吊架结构底部。所有安装于吊顶且低于吊顶的其他设备，不能影响设备的运动范围，这点很重要。

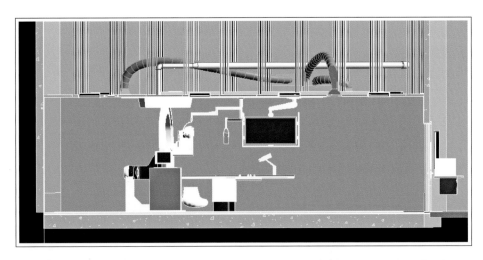

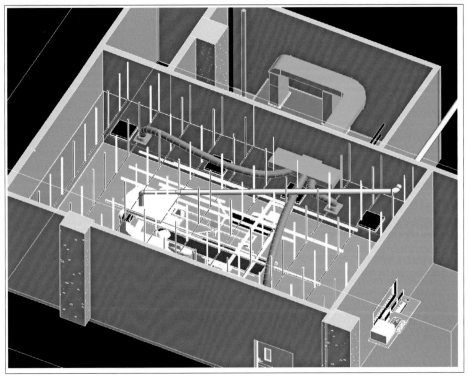

检查床基座地板安装：检查床基座铁板由厂家提供，业主完成地板混凝土基础的施工和基座铁板的安装，铺设铁案的水平偏差不大于2mm。

装修材料：在DSA这样的介入手术诊断和治疗的房间内，要多参考手术室的装修条件。墙面选用易清洁、不沾灰、可擦拭消毒的装饰材料。常用的有：PET洁净树脂版、PET钢板、电解钢板、彩涂钢板、无机医用洁净板、索洁板、千思板等。地面一般选用纯橡胶或PVC等弹性地材。顶面选用材料可以与墙面一致，也可以采用铝板。转角处最好做弧形阴阳角处理。此处还需要配置一定数量的器械柜。

设备电源及机房照明：

DSA电源技术参数应根据不同设备配置，住院综合楼DSA的电源技术参数要求见下表。

电源	额定功率	主断路器	电源内阻	百米线径	保护接地	备注
380 V±10% AC 3P/N/PE 50 Hz±1 Hz	100 kVA	150 A下接80 A和50 A断路器	≤100 mΩ	4×95＋PEm m²	联合接地<0.5 Ω	专用动力线路

机房照明：在显示器附近区域的灯光使用带电阻调光器的白炽灯，一般日常照明建议使用平面安装或嵌入式荧光灯。

放射防护：

DSA机房在施工期需要完成放射防护预评价，该类医疗设备的射线参数指标：X线球管的最大管电流为1 250 mA，最大管电压为125 kV。

弱电布线系统：

DSA设备远程服务需要ADSL端口1个，网络端口2~3个，位于控制室内，部署在控制室观察窗下方，机房内按照数字化手术室模式部署，预留医用灰阶屏、医用显示屏、环境控制屏、触摸屏和术野摄像头、护士工作站、拾音对讲系统的线缆和信息点位。

机房环境条件：

电磁干扰条件：DSA设备应放置在小于0.1 mT的静磁场环境中。

DSA机房室内环境参数如下表。

房间	运行时散热量	温度	相对湿度	空调开机率	备注
控制室	0.5 kW	16℃~24℃	30%~70%	每周7天，每天24 h	每小时温度变化不超过5℃，无冷凝结霜现象
检查室	1.8 kW	16℃~24℃			

设备运输：不同设备尺寸不同，例如某品牌悬吊式DSA设备最大单件包装箱尺寸（长×宽×高）为2.63 m×1.18 m×2.07 m，质量约1 200 kg；拆除包装后带有运输支架的最大单件部件的尺寸为247 m×1.0 m×1.9 m，质量约1 000 kg，从室外至机房内必须要有平坦的运输通道，通道门洞净高至少为2.1 m，通道门洞净宽至少为1.5 m，事先留好位置就可避免后期拆墙拆门等不必要事件发生。

5. 效果评价

技术层面：Revit，CAD。

管理层面：基于BIM提供的相关数据可以辅

助决策及设备选型。

用户评价：该病房层舒适感强，达到建设预期目标。

注意事项：

(1) 需明确不同区域（科室）建设标准，根据确认的标准进行 BIM 协调优化，针对不能满足建设标准的区域应提前进行优化。

(2) 需综合协调相关专业，提高建筑、结构、机电、医疗专项设计的集成能力。

应用案例25：净化机房

1. 背景信息

医院洁净手术部作为医院的核心技术部门，是反映医院医疗技术水平的重要工作平台，对医院整体运行有着十分重要的影响，而手术部是由洁净手术室、洁净辅助用房和非洁净辅助用房等部分组成的独立功能区域，其功能管线复杂，专业性高，一般由专项施工单位施工。

设计说明：5层空调图 C-D/3-17 轴净化机房					
涉及专业	暖通、给排水				
实施阶段	施工阶段				
存在问题	需求不明	专业内	交叉专业	使用功能	美观性
			√		√
问题描述	机房是整个医院机电工程建设中的重点区域，空调水管、排风管、新风管占据两列机组中间的检修走道，机房布置不美观，不便于后期运维工具在走道通行				

2. 优化分析

问题原因：空调水管、排风管、新风管占据两列机组中间的检修走道					
优化原则：检修通道优先					
解决方法：AHU505 与 PHU505 之前的回风管和送风管调整					
效益分析：					
工程量	工期	合理性 （空间、流程）	便利性 （协调）	规范 安全性	造价 （人工、材料）
工程量 减少 10%	减少 2 天		机组信息输入模型 中方便后期运维管理		

134

方案	方案描述	优缺点对比	方案选择	选择原因
方案一	洞口北移	可以靠近外墙，不占用过多的走道空间	选择方案一	按照检修通道优先原则，后期运维工具便于在走道通行
方案二	洞口南移	可以减少风管的翻歪，减小施工难度		

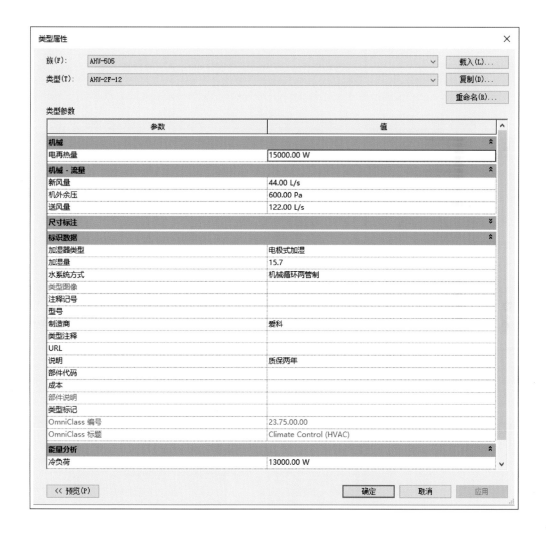

3. 优化内容

净高（空）分析，支吊架受力分析、拉拔试验（工序、效果类也尽量以以下四图为例说明问题）。

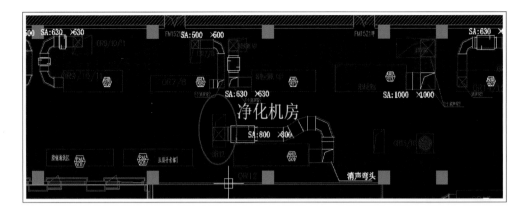

AHU5012 机组宽度为 1 300 mm，洞口尺寸为 950 mm×1 980 mm，AHU501 机组和 AHU501 机组间的尺寸为 3 100 mm。

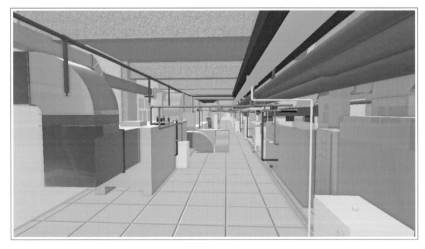

从施工图可以看出，两台机组之间的洞口影响了检修通道的设置。

模型优化后的机组检修通道变宽、变高。

4. 执行方案

阶段	关键单位	落实过程	困难及解决方案
设计阶段	江苏环亚		
施工阶段	江苏环亚		机房面积有限,通过 BIM 模拟,将部分水管移至顶部,保证了检修通道

5. 效果评价

技术层面:通过应用 Revit 建模,辅助 Fuzor 及当下流行的 VR 技术,对模型进行可视化调整。

管理层面:可视化数据比选机组排布方案,便于管理者决策。

用户评价(人物):机房重新布置后,维修通道变得宽敞,且通道上部空间变大。

注意事项:模型在后期设计深化时应及时介入,这样可以协调土建进行更加准确地预留洞口,从而使机组布置的优化方案最佳。

7.3.5 机房工程中的 BIM 应用

应用案例26：中央分质供水机房

1. 背景信息

江苏省妇幼保健院采用医疗用水系统一套，处理水量为纯水 12 t/h（水温为 25℃），其中纯水包含一级反渗透纯水 8 000 L/h，浓水回收装置纯水为 4 000 L/h（水温为 25℃），向各用水科室或部门提供满足各自用水要求的医用净化水和直饮水，供给重点需求的科室有生化检验科、病理科、窥镜冲洗室等。因该系统在设计后期才考虑增加，因此系统机房设置在负一层，面积约 50 m²，对设备机组安装显得相对紧凑，因此采用 BIM 进行整体优化。

设计说明：住院综合楼项目中央分质供水机房位于负一层3-6轴交N-P轴处，南北长5.3 m，东西长14.6 m，管道施工排布					
涉及专业	给排水				
实施阶段	初步设计				
存在问题	需求不明	专业内	交叉专业	使用功能	美观性
		√			√
问题描述	机房是整个医院医用纯水供水系统的重点区域，中央分质供水机房内部管道错综复杂，管道分布不合理，影响机房美观且后期运维不方便				

2. 优化分析

问题原因：中央分质供水机房内部管道错综复杂，需优化排布					
优化原则：不影响机房内部设备运行，后期检修方便优先					
解决方法：先采用 BIM 优化设计，后进行管道施工					
效益分析					
工程量	工期	合理性 （空间、流程）	便利性 （协调）	规范 安全性	造价 （人工、材料）
工程量 减少15%	减少1.5天	空间效果 更加美观	后期运维方便	不影响	

方案	方案描述	优缺点对比	方案选择	选择原因
方案一	采用 CAD 平面图纸施工	施工图纸简单，易修改		
方案二	采用 BIM 图纸施工	施工图纸更加清晰，管道排布更明确且合理	选择方案二	方便施工，且施工后效果更好

3. 优化内容

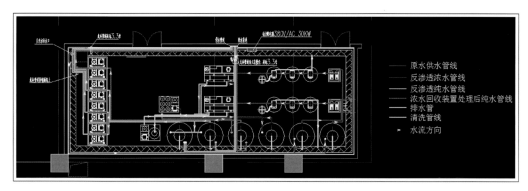

优化前 CAD 平面图纸

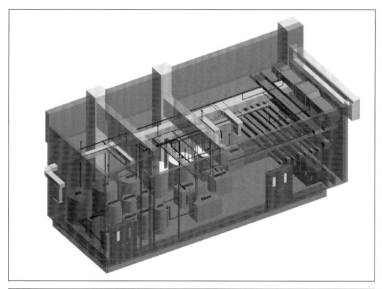

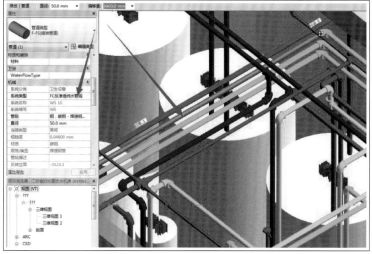

优化后 BIM 模型

4. 执行方案

阶段	关键单位	落实过程	困难及解决方案
设计阶段	山东同圆数字科技	未列入管综	专业厂家未介入
施工阶段	湖南科尔顿	提供深化图纸	给排水系统局部调整
交付阶段	省妇幼基建办	图纸＋BIM模型	设备自带管线未建模
使用阶段	省妇幼总务处	检验科配套 小机组遗漏	后续补充完善竣工模型

5. 效果评价

技术层面：通过应用 Revit 建模，辅助 Fuzor 及 VR 技术，对模型进行可视化调整。

管理层面：可视化数据比选机组排布方案，便于管理者决策。

用户评价（人物）：机房重新布置后，维修通道变得宽敞，且通道上部空间变大。

注意事项：模型在设计完成之后，注意机房土建是否按图施工，自来水以及电源预留位置是否与设计图纸一致，如有变动，需调整 BIM。

应用案例 27：强电间

1. 背景信息

设计说明（或背景）：强电间空间狭小，但设备、管线较多，非常拥挤					
涉及专业	电气				
实施阶段	深化设计阶段				
存在问题	需求不明	专业内	交叉专业	使用功能	美观性	安全性
		√			√	
问题描述	强电间面积小于 6 m²，其中包含配电箱、柜 5 台，电缆分支箱 3 台，垂直母线 2 趟，梯架 3 趟，布局十分拥挤，且进入电缆分支箱的电缆为（3×185＋2×95）mm² 的矿物电缆，此电缆弯曲半径大，且比阻燃电缆硬，在小空间内不易敷设					

2. 优化分析

问题原因：强电间空间狭小，设备、管线较多，未进行合理综合排布

优化目的：优化强电间布局，提升观感质量，节约人工和材料

优化原则：充分利用空间，设备与管线有机结合

解决方法：利用BIM技术预先进行排布，发现问题后考虑将分支箱嵌在桥架上，不仅节约墙面空间，还能让电缆垂直布置，达到零弯曲，可大大节省电缆使用量和人工消耗

效益分析：

工程量	工期	合理性 （空间、流程）	便利性 （协调）	规范 安全性	造价 （人工、材料）
减少桥架、电缆使用量	减少9天	操作空间增加	施工难度降低	符合规范	人工、材料用量减少，造价节省

方案	方案描述	优缺点对比	选择原因
方案	利用BIM技术，保证方案可行后，使用螺栓将分支箱侧板与梯架侧板连接，将分支箱嵌装在梯架上	优点：节约空间，节约电缆216 m，节约桥架150 m，节省人工18个； 缺点：分支箱沿梯架自下而上安装，最上层分支箱检修时需使用人字梯	此方案能提升观感效果，节省人工和材料

3. 优化内容

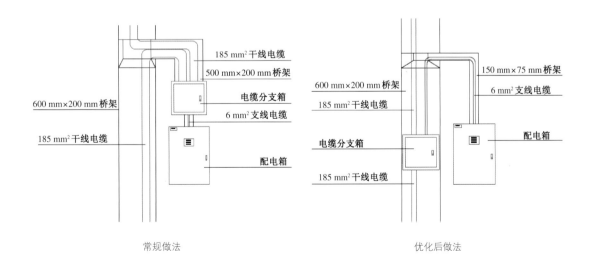

常规做法　　　　　　　　　　　　　　　　优化后做法

实际效果

4. 执行方案

阶段	主导方	落实过程	困难及解决方案
施工阶段	中建安装	深化方案、审批、施工	无
交付阶段			
使用阶段			

5. 效果评价及经验总结

技术层面：利用 BIM 技术合理排布强电间布局。

管理层面：费用减少，工期减少，便于管理。

用户评价：空间合理利用，观感效果得到提升，操作空间增大。

注意事项：空间布局的分析数据应作为强电间设计数据的支撑，辅助完善设计方案。

改善建议：项目材料招标时可以将配电箱、分支箱、桥架颜色统一，提高整体美观性。

7.3.6 装配式机电的 BIM 应用

医院建设规模越来越大，其现代化的建筑往往具有高、大、重、奇的特征，建筑结构往往是"钢结构＋钢筋混凝土结构"组合为主，如钢结构工程。按照传统的施工方式，钢结构在加工厂焊接好后，应当进行预拼装，检查各个构件间的配合误差。比如，在上海中心建造阶段，施工方通过三维激光测量技术，建立了制作好的每一个钢桁架的三维尺寸数据模型，在电脑上建立钢桁架模型，模拟了构件的预拼装，取消了桁架的工厂预拼装过程，节约了大量的人力和费用。

由预制部品部件在工地装配而成的建筑称为装配式建筑。按预制构件的形式和施工方法分为砌块建筑、板材建筑、盒式建筑、骨架板材建筑以及升板升层建筑五种类型。

装配式建筑具有建筑设计标准化、构建生产工厂化、现场施工装配化、结构装修一体化、过程管理信息化等特征。

1. 建筑设计标准化

标准化是装配式建筑长远发展的前提，标准化设计的核心内容是建立标准化模块，满足构建生产工厂化的要求。同时，为了满足人们对建筑式样多样化的要求，标准化设计还需要结合特色化生产，即在标准化的基础上使部品部件的生产集约化、大众化。随着信息技术的推广，信息化被广泛运用到设计阶段中，其中 BIM 技术的信息共享、协同工作能力更有利于预制构件族库的建立。

2. 构件生产工厂化

在主体结构施工过程中，传统施工方式精度低、质量难以保证，预制构件的工厂化生产正好解决了此类问题。在装配式建筑施工前，预制构件的工厂化生产是关键，即根据设计单位提供的预制构件图纸或三维模型，在工厂车间内通过模具进行批量生产。

3. 现场施工装配化

预制构件在工厂生产完成并养护后，运输到施工现场，进行吊装和拼接。这种装配化的施工方法使得施工现场的施工流程便捷很多，搭设脚手架、钢筋绑扎等步骤大幅减少，施工过程更为绿色环保。

4. 结构装修一体化

在预制构件生产阶段，以标准化设计为前提，设计信息中预制构件的主材、构造以及装饰工程信息，均已随构件主体生产完成。

5. 过程管理信息化

传统施工模式存在不同专业间的协调效果差、信息传递不及时、设计与施工矛盾等问题，导致施工项目进展过程中协调度差。BIM 技术推动装配式建筑向标准化、工业化和集约化方向发展，利用 BIM 建筑信息模型，通过信息技术手段，可使项目参建人员在项目全过程实现资源共享，保证了装配式建筑建设的高效率、高质量、精细化。

应用案例 28：冷冻机房装配式 BIM 应用

2016 年起，我国开始全面推广装配式建筑。根据 2015 年 11 月 14 日住建部出台的《建筑产业现代化发展纲要》，计划到 2020 年装配式建筑占新建建筑的比例达到 20％以上，到 2025 年达到 50％以上。

预制装配式建筑是目前建筑工业化发展的主要形式，工厂预制现场装配具有预算准确、节省材料、保证产品质量、缩短工期、减少人力、保障施工安全、减少污染、便于后期维护和循利用等优点。标准化设计、工厂化生产、装配式施工、信息化管理，最终达到工厂化大规模定制生产，成为建筑安装行业可持续健康发展的必然选择和趋势。

作为装配式建筑重要组成部分的机电安装工程，涉及很多内容，是一项复杂的工程，并且对精度有较高的要求。尤其是在机房施工中，装配式安装尤为重要。下面以某冷冻机房为例进行说明。

1.设计依据

《民用建筑供暖通风及空气调节设计规范》（GB 50736—2012）；

《建筑设计防火规范》[GB 50016—2014（2014版）]；

《车库建筑设计规范》（JGJ 100—2015）；

《汽车库、修车库、停车场设计防火规范》（GB 500671—2014）；

《公共建筑节能设计标准》（GB 50189—2015）；

《绿色建筑评价标准》（GB/T 50378—2014）；

《饮食业环境保护技术规范》（HJ 554—2010）；

《民用建筑隔声设计规范》（GB 50118—2010）；

《建筑工程设计文件编制深度规定》（2016年版）；

《建筑机电工程抗震设计规范》（GB 50981—2014）；

《建筑抗震设计规范》（GB50011-2010）；

《城镇给水排水技术规范》（GB 50788—2012）；

《消防给水及消火栓系统技术规范》（GB 50974—2014）；

《自动喷水灭火系统设计规范》[GB 50084—2001（2005年版）]；

《建筑灭火器配置设计规范》（GB 50140—2005）；

建筑专业、结构专业提供的设计图纸；

建设单位提出的符合有关法规、标准的要求。

2.建筑结构概况

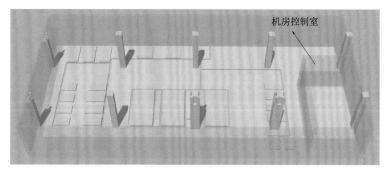

机房控制室

建筑结构概况

3.机电管线系统概况

空调系统冷热源：

（1）冷源：选用3台制冷量为2 100 kW（600 RT）的变频离心式冷水机组。与其配套选用4台冷水泵（其中1台备用）和4台冷却水泵（其中1台备用）。制冷机房设置在负一层设备区。冷水供回收温度为7 ℃/12 ℃，冷水工作压力为0.65 MPa。制冷机组冷媒采用环保冷媒。

（2）冷却塔配置：冷却塔设置在屋顶降板区域，造成冷却塔通风条件较差，选用12台流量为130 m³/h的鼓风逆流式方形冷却塔。冷却水进出水温度为30 ℃/35 ℃，冷却水系统工作压力为0.5 MPa。

（3）热源：冬季利用当地的市政热网作为热源，室外热水管采用直埋方式敷设，管材采用预制高密度聚乙烯保温外壳直埋管，保温层外保护层为

UPVC 材料，用法兰连接或焊接。采用 3 台制热量为 1 600 kW 的不锈钢高效水板式换热器。与其配套选用 4 台热水泵（其中 1 台备用）。市政热网提供一次侧热水供回水温度 100 ℃/60 ℃（一次侧的补水定压由市政热网自行解决），经过板换后的二次侧热水供回水温度为 60 ℃/45 ℃，热水系统的工作压力为 0.5 MPa。冬夏季节通过各回路上的电动阀进行切换供冷供热模式。

空调水系统：

（1）空调水系统采用一次泵变流量系统、两管制水系统。冷热水系统采用水平及竖向同层或异层相结合的方式敷设。冷却水采用定流量系统。

（2）空调水系统定压及水处理：空调水系统采用定压罐进行补水定压（具有排气功能），设置在负一层制冷机房内。空调冷热水系统和冷却水系统均采用综合水处理装置（含化学投药）进行杀菌灭藻。处理后的水质满足《采暖空调系统水质》（GB/T 29044—2012）要求。

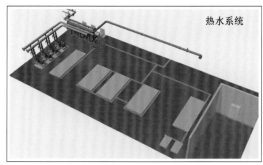

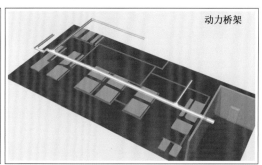

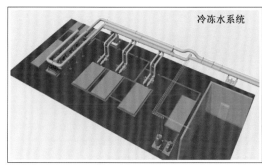

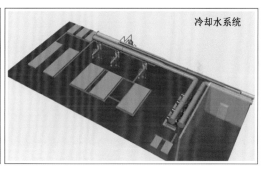

消防系统：

冷冻机房内均设置预作用泡沫-水喷淋系统。

电气系统：

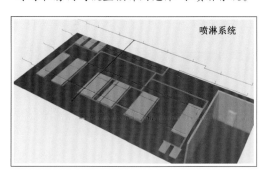

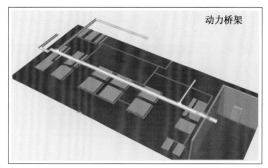

4. BIM 工作内容

（1）BIM 管线综合深化设计流程

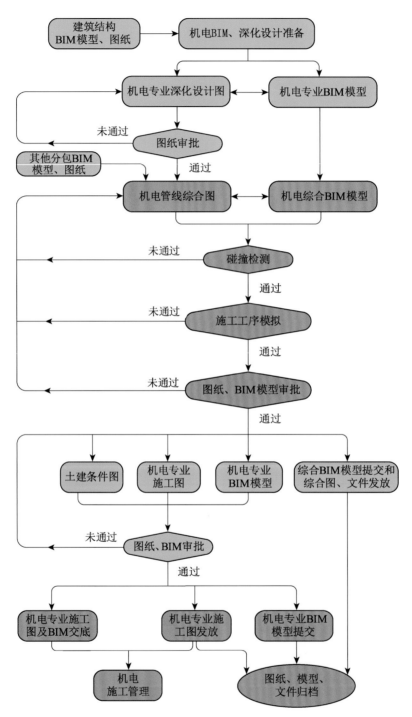

BIM 管线综合深化设计流程

（2）搭建模型

根据项目相关图纸完成模型搭建，确定管道位置走向。

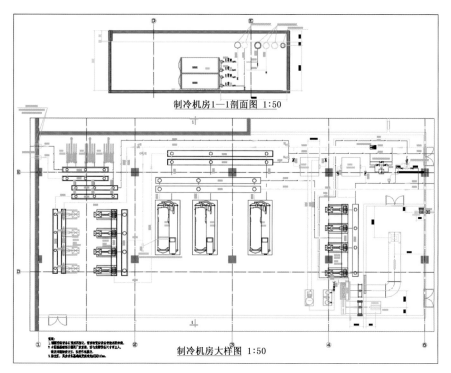

制冷机房1—1剖面图 1:50

制冷机房大样图 1:50

原设计图

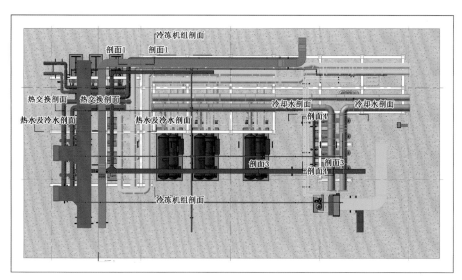

模型完成图

（3）绘制各系统剖面图

利用 BIM 模型根据建筑环境对各系统管线模型调整，确定各系统管线标高及支管开口位置。

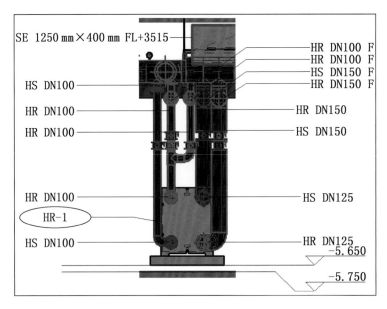

热交换机接管模型图

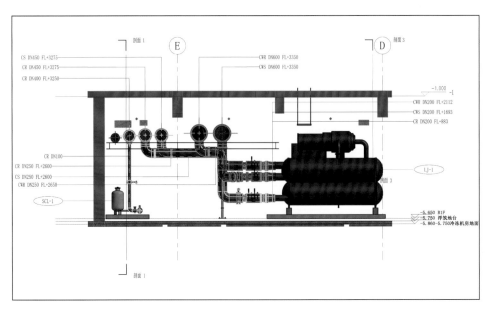

冷机接管剖面模型图

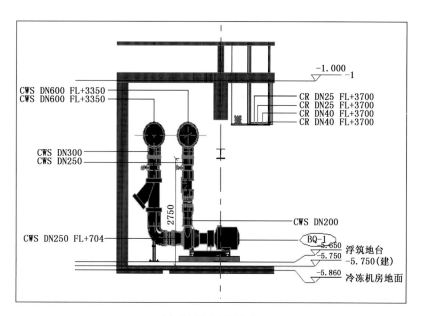

CWS DN600 FL+3350
CWS DN600 FL+3350

−1.000 −1

CR DN25 FL+3700
CR DN25 FL+3700
CR DN40 FL+3700
CR DN40 FL+3700

CWS DN300
CWS DN250

2750

CWS DN200

CWS DN250 FL+704

BQ-1
−5.650 浮筑地台
−5.750
−5.750(建)
−5.860 冷冻机房地面

冷却水泵接管剖面模型图

（4）支吊架布置

现场主管线的支架布置采用龙门架落地。根据管道尺寸，经过计算，确定使用20#工字钢，组成钢架支撑网。

其他桥架、喷淋管线采用普通支吊架反吊。

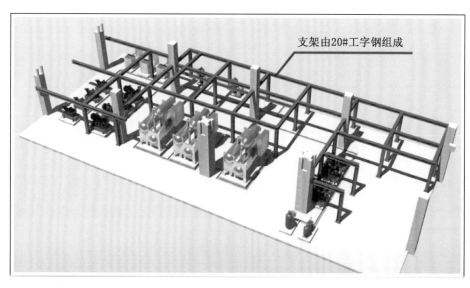

支架由20#工字钢组成

工字钢龙门架支撑

（5）装配式施工应用

①提交项目资料

装配化施工开始前，应先向项目部提交项目资料，包括：设备几何信息、技术信息、管配件资料参数、完整的机房相关图纸等，在提交资料齐全后，开始着手设备机房 BIM 工作。

②装配式施工建模

基于各机电专业设计文件，理解设备机房设计意图，严格依据机电设计图纸和技术资料，结合结构、建筑等专业的 BIM 模型，建立装配式施工 BIM 模型。过程中若遇到问题应及时提出。

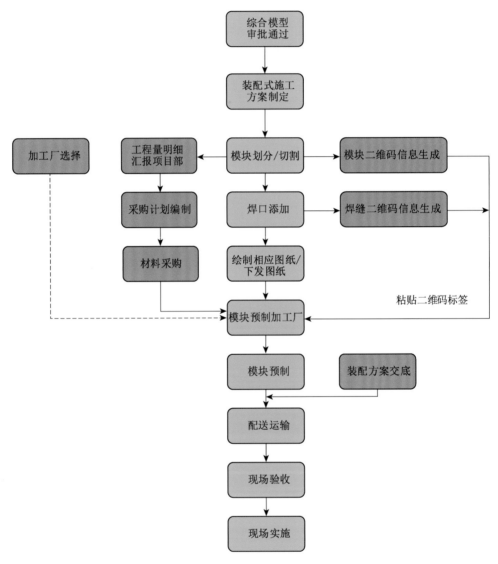

装配式施工流程

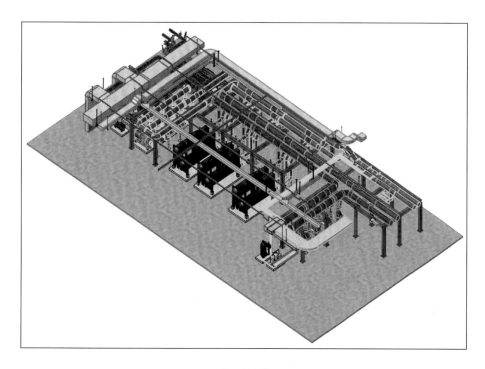

装配式建模

③ 管线优化、制定装配式方案

根据项目的商务测算，与项目总工协调优化方案，依据机电设计图纸和技术资料，考虑建筑结构条件、机电设备及配件的安装、操作和维修空间等因素，确定设备与主管线的初步布置方案。

④ 模块划分/切割

根据机房设备的选型、数量、系统分类等，施工区域内的综合布置情况，装配单元的运输、吊装就位、安装条件等限制因素，进行管道切割，模块划分。

精细策划所有切割模块的装配顺序及装配方法，确保方案的可实施性。

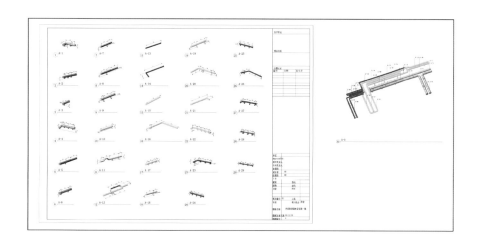

⑤ 绘制和下发预制加工图

将划分好的模块导出相应的管线正等轴侧单线图，图纸内模块信息完整，真实可靠。

将模块详图交付给项目部审核，与生产厂家讨论审核，并确认。

⑥ 预制加工

建立预制加工场地，对预制技术负责人、预制工人进行生产交底。

生产过程中对预制模块进行全检，并形成验收记录单。

不同系统预制管道按要求标识，装配过程中便于区分机电系统。

管道焊口焊接完成之后，粘贴焊口二维码标签，并及时录入焊接信息，包括焊接人员信息、焊接时间、验收人员等。

模块预制完成后，粘贴模块二维码标签，包括模块编号、重量、尺寸、安装位置，预制时间，配送时间，配送顺序等信息。

⑦ 模块运输

根据二维码配送信息，完成装车运输。

进行预制装配单元和预制管组的装车运输模拟，合理摆放预制成品构件，充分利用运输车的空间，最大限度提升运输效率。

⑧ 现场验收、安装

模块运输至现场后，扫描二维码信息，对每一个模块的焊缝情况、管道长度、管道配件的安装情况等进行校验。校验合格后，根据各预制管段的装配顺序进行合理的预制构件堆放平面规划。

结合 BIM 模型，对现场施工工人进行施工交底，明确安装顺序，装配方式。

根据现场情况，确定安装模块定位，控制安装精度。

⑨ 装配化施工误差控制

模块切割/划分时，复核现场土建环境尺寸，做好对配件单元的实际测量，考虑每个配件之间的误差间隙，确保划分数据准确可靠。

模块预制加工时，安排专人现场监制，复核校对每一个模块的加工数据，及时测量，当出现问题时，及时在下一个模块做出调整。

现场采用高精度放线方法进行放线，确保模块的现场定位准确。

7.4 装饰工程中的 BIM 应用

室内装饰阶段往往是各专业交叉施工、业主方统筹协调管理的重要阶段，其涉及的材料种类繁多，工序交叉复杂，效果表现形式多样，在 BIM 应用上相对于其他专业具有鲜明的特点。

装饰工程设计通常在施工期间根据业主的需要做进一步深化设计。在二维状态下的建筑装饰设计，设计单位主要是出具效果图，即简单的内部透视图形，无法进行动态的虚拟，更无法进行各种光线照射下的效果观测，设计人员和业主不能感受到使用各种装饰材料产生的质感变化。在以往的装饰施工中，为了让业主体会装饰效果，需要建立几个样板间，样板间建立过程中会反复更换和比较装饰材料，造成时间和成本的浪费。

通过 BIM 技术下三维装饰深化设计，可以建立一个完全虚拟真实建筑空间的模型。业主可在虚拟的已建好的建筑空间内漫游。

同时，通过建筑材料的选择，业主可以在虚拟空间内感受建筑内部或者外部采用不同材料所带来的质感，如同预先进入了装饰好的建筑内一样。也可以变换各种位置，或者角度观察装饰效果，从而在电脑上实现装饰方案的选择和优化，既使业主满意，又节约了建造样板间的时间和费用。

在装饰阶段使用 BIM 技术可以实现室内墙面、地面、吊顶、隔断的三维模型的绘制，三维的直观性可降低因施工人员主观经验施工导致的缺陷和返工。同时，BIM 技术在装饰工程的应用优势还有如下五个方面。

（1）利用精准的建筑 Revit 模型为深化设计进行尺寸定位；

（2）提前暴露深化设计未考虑周详的问题，发现细节上的不足；

（3）指导施工，最大程度实现模块化，大幅度提高施工效率，保证施工质量；

（4）模块化、单元化的实施以及自动生成明细表对整个施工用料用量有初步的统计；

（5）改变传统的各专业链式合作，为各专业的交流互通提供统一、高效的平台，大大减少沟通成本，提高沟通效率。

应用案例 29：基于 BIM 的关联组套模型建立

1. 背景信息

设计说明：标准病房由三人间改为单人间						
涉及专业	医用气体、电气、智能化					
实施阶段	内装阶段					
存在问题	需求不明	专业内	交叉专业	使用功能	美观性	安全性
			✓	✓		
问题描述	布局平面图修改，其他各类图纸未同步修改，产生相应的变更					

2. 优化分析

问题原因：平面布局调整后未同步更新所有相关专业图纸

优化目的：各专业及时同步修改，减少错漏和现场变更

优化原则：逻辑关联、专业相关

解决方法：BIM 模型建立时根据设计要求和逻辑关系设置关联

创新点：利用技术手段和联动思维进行模型关联，有效弥补设计变更带来的交叉专业错漏

效益分析：减少因图纸错漏和疏忽引起的交叉专业间产生的变更，使变更管理落实在模型上而不是发生在现场，节省造价

项目	工程量	工期	合理性	便利性	规范安全性	造价
描述	减少	未变	按需求	复杂加大	不涉及	不确定

建立有逻辑关联性的模型组套，在其中一项进行变更时，提示和变更相关联的专业需要同步进行修改。

组套类型	组套内容	优点
标准病房组套	灯+设备带+隔帘轨道+病床+床头柜	如布局调整，三人间改单人间，则BIM模型上添加关联的设施和专业内容会自动提醒显示需要同步变更修改
门开关组套	门+灯开关+空调开关	如门的位置改动，则有关联的灯开关和空调开关位置自动进行调整，并提示需要同步变更修改

3. 优化内容

标准病房模型

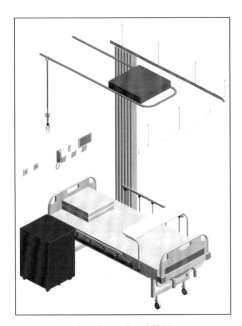

灯、床、隔帘组套模型

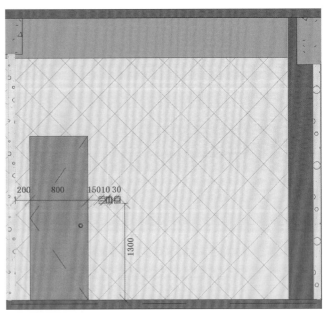

门、开关面板组套模型

154

4. 效果评价及经验总结

技术层面：开发插件。

管理层面：找到逻辑关联，做好交叉专业的

联动管理。

注意事项：需要前期讨论具有逻辑关联的专业内容，在 BIM 建模时能及时添加关联。

应用案例 30：护士站模拟

1. 背景信息

设计说明：以住院综合楼项目病房主护士站为例，7～18 层病房层每层 1 个，共计 12 个					
涉及专业	建筑，装饰，机电				
实施阶段	施工图				
存在问题	需求不明	专业内	交叉专业	使用功能	美观性
	√	√		√	√
问题描述	此处正对病房层进门处，是患者进入病区后对病区的第一印象，对整体效果要求较高。每个病区需求统一，可对护士站造型本身及其周边设施（墙顶地造型）做整体模块化考虑				

2. 优化分析

问题原因：护士站及其周边设施属于标准模块，设计论证不充分，后期交付过程中如产生需求变更，会造成大面积拆改，影响工程总体进度及质量，且住院综合楼护士站造型较复杂，给后期结算带来一定工作量

优化原则：设计论证充分后再大面积施工，减少后期需求变更

解决方法：前期建立机电、装饰、医疗设备 BIM 模型将护士站从图纸上"可视化"，后期与审计结算相结合，方便算量

效益分析：

工程量	工期	合理性 （空间、流程）	便利性 （协调）	规范 安全性	造价 （人工、材料）
不影响	工期缩短	空间效果 更加美观	协调便利	不影响	减少后期变更，降低造价，为最终结算提供便利

方案	方案描述	优缺点对比	方案选择	选择原因
方案一	进场立即施工	优点：施工单位进场即进行施工，前期窝工较少； 缺点：医疗部门需求没有完全满足，后期投入使用效果较差，易产生大量变更		
方案二	基于 BIM 建模优化后再进行施工	优点：基于 BIM 的模型可提前对护士站方案及位置进行论证，施工速度加快，过程中无拆改，使用效果好； 缺点：对施工组织要求较为严格，前期论证时间较多	选择方案二	护士站应以满足医疗需求及使用、外形效果优先

3. 优化内容

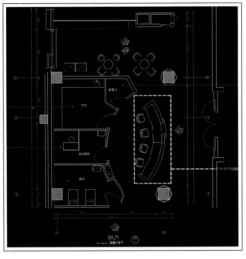

护士站节点图

护士站效果图

护士站各类材料明细				
名称	面积（m²）	体积（m³）	投影面面积（m²）	把手（个）
白色微晶石－200 mm	5	0.36		
白色微晶石－20 mm	29	0.28		
木材－20 mm	60	0.63	2.4	12
总计	94	1.27	2.4	12

4. 执行方案

阶段	主导方	落实过程	困难及解决方案
设计阶段	建设单位	BIM模拟护士站造型效果后由设计变更图纸	模拟后此区域的效果及功能需病区确认

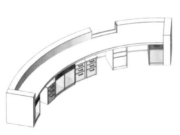

模拟后效果

现场效果

5. 效果评价

技术层面：CAD，Revit。

管理层面：可视化数据比选护士站方案，便于管理者决策；与审计后期结算相结合，便于算量。

用户评价：护士站优化后既满足了病区使用功能，又满足了病房美观的效果。

注意事项：

（1）护士站作为病房的第一印象，效果极其重要，应在病房设计时重点关注，前期对接病区应细致全面，了解其相关功能，避免疏漏。

（2）护士站及其周边设备应作为装饰设计数据支撑，辅助完善设计方案。应在规定时间内，由设计单位及时修改，并由建设单位及 BIM 咨询单位确认后传递至现场施工。

应用案例31：治疗室/处置室模拟

1. 背景信息

设计说明：住院综合楼病房层内治疗室/处置室，每层位置、面积均一致					
涉及专业	建筑，装饰，机电				
实施阶段	施工图设计				
存在问题	需求不明	专业内	交叉专业	使用功能	美观性
	√	√	√	√	√
问题描述	此区域首先需满足临床使用要求，且在病房层内房间位置、面积基本一致，可进行模块化设计				

2. 优化分析

问题原因：治疗室/处置室属于标准模块，设计论证不充分，后期交付过程中如产生需求变更，会造成大面积拆改，影响工程总体进度及质量，且住院综合楼治疗室/处置室量较大，给后期结算带来一定工作量

优化原则：设计论证充分后再大面积施工，减少后期需求变更

解决方法：前期建立机电、装饰、医疗设备BIM模型，将护士站在图纸上"可视化"，后期与审计结算相结合，方便算量

效益分析：

工程量	工期	合理性 （空间、流程）	便利性 （协调）	规范 安全性	造价 （人工、材料）
不影响	工期缩短	空间效果 更加美观	协调便利	不影响	减少后期变更，降低造价，为最终结算提供便利

方案	方案描述	优缺点对比	方案选择	选择原因
方案一	进场立即施工	优点：施工单位进场即进行施工，前期窝工较少； 缺点：医疗部门需求没有完全满足，后期投入使用效果较差，易产生大量变更		
方案二	基于BIM建模优化后再进行施工	优点：基于BIM的模型可提前对治疗室/处置室的尺寸及摆放进行论证，施工速度加快，过程中无拆改，使用效果好； 缺点：对施工组织要求较为严格，前期论证时间较多	选择方案二	综合效益经济

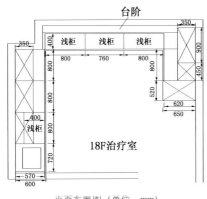

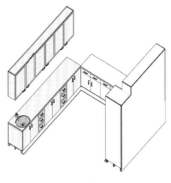

平面布置图（单位：mm）　　　　　　　　　柜体模型图

3. 优化内容

治疗室柜子各类材质明细

名称	体积总计（m³）	面积总结（m²）	把手总计（个）	投影面积总计（m²）
材质－20	0.76	54.5		
材质－25	0.22	13.4		
材质－30	0.06	3.33		
材质－40	0.17	6.5		
把手			48	
投影面面积（m²）				15.92

4. 执行方案

阶段	主导方	落实过程	困难及解决方案
设计阶段	建设单位	BIM模拟治疗室/处置室造型效果后由设计变更图纸	模拟后此区域的效果及功能需护理部及病区确认

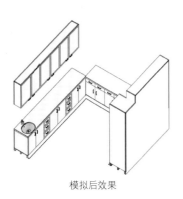

模拟后效果　　　　　　　　　　　　　现场效果

5. 效果评价

技术层面：Revit，CAD。

管理层面：可视化数据比选治疗室/处置室方案，便于管理者决策；有利于治疗室/处置室装饰风格的把控，起到了辅助及支撑装饰造价工程等工作的作用；与审计后期结算相结合，便于算量。

用户评价：优化后的治疗室/处置室既满足了病区使用功能，又形成了模块，减少了后期新建或者改造的工程量。

注意事项：

（1）前期与病区对接治疗室/处置室功能时应细致全面，了解其相关功能，避免疏漏。

（2）治疗室/处置室设备应作为装饰设计数据支撑，辅助完善设计方案。应在规定时间内，由设计单位及时修改，并由建设单位及BIM咨询单位确认后传递至现场施工。

7.5 医疗专项中的 BIM 应用

7.5.1 概述

医院医技科室如影像科、检验科、病理科等科室的建设是一项立足长期、系统复杂并且高度专业化的综合工程。江苏省妇幼保健院住院综合楼医技科室建设的过程由医疗使用部门、建设部门、监理、机电安装单位、装饰装修单位、专业设备安装单位等相关专业人员组成团队，提供全方位的咨询服务。要建设高质量的医技科室，首先需要建立医院标准化族库，形成有效的模块化设计，为医院后期改造、更新或者扩建提供案例和经验。

医院医技部分与医院的各个其他部分密切相关，医技科室的设计规模和位置选择，直接关系到未来医院整体系统运行的效率和是否真正体现了"以人为本"的设计、运营理念。根据医技科室的专业性，在初步设计开始后，即可同步进行医疗专项设计。

医疗专项设计应注意以下内容：

（1）布局形式与现代医院功能分区、人员分流、洁污分区等相结合。与以往设计理念不同，现代医技科室更要注重条理分明、设计明确，保证空间管理更高效，系统运行更流畅。

（2）医技科室建设的规模在实际规划中，需与用地规模、城市规划要求等限制因素相关，确定了医院的性质和建设规模后，可根据医院业务需求和相关建设规范最终确定各科室的具体面积。同时，医技科室的建成还需要考虑很多历史因素，改扩建与新建的项目相比在实际规划时考虑的因素大为不同，最终形成的方案既要符合医院整体建筑风格和规划设计要求，又要符合现代医院建筑设计大方美观的设置准则，更要符合医院的建设等级和建筑标准，过大会浪费有限的资源，过小会给就诊患者带来不便。卫计委主编的《综合医院建设标准》（建标 110—2008）中明确指出，医技科室建设面积占总建筑的比例为 27%。各类用房占总建筑面积的比例见表 7-1。

表 7-1 综合医院各类用房占总建筑面积的比例

部门	各类用房占建筑面积的比例
急诊部	3%
门诊部	15%
住院部	39%
医技科室	27%
保障系统	8%
行政管理	4%
院内生活	4%

医疗专项的深化设计与医院建筑整体的各专业设计交叉相互，因其专业性更加具有复杂性，往往在医院建设管理中，医疗专项的设计、施工、交付管理最为困难，最容易出现变更、返工，这就需要医院建设管理者做好全过程的策划、计划、组织和协调。通过总结江苏省妇幼保健院的项目建设、管理经验，医疗专项基于 BIM 的全过程管理流程如图 7-3 所示。

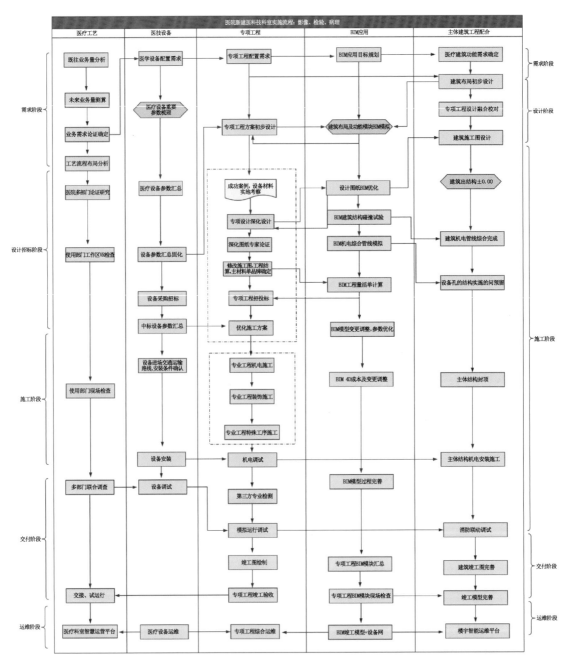

图 7-3　基于 BIM 的医疗专项全过程管理流程

7.5.2 影像科 BIM 应用

影像科是从医学成像系统和医学图像处理两个方向对人体进行研究，是医学领域重要的组成部分。随着科学技术的不断发展，医学影像技术日趋成熟，形成了一系列的影像学手段。从医学影像的发展过程分析，其发展是新技术的不断涌现和不断推进的过程。在这个阶段，影像科的建筑设计是设计人员以医疗工艺流程、学科特点和设备自身要求为前提进行的设计，不仅仅是针对建筑中人的行为模式，还要兼顾医疗技艺的方方面面。因此，可以说新的医疗技术和医疗设备的更新和发展，正在不断地改变医院建筑设计的现有模式，尤其是影像科的模块工艺流程模式。

影像科的空间组成较复杂，因规模和专科的差异，不同医院影像科的科室组成和设计布局略有不同，但是影像科大体的空间组成和设计要求基本类似，可归纳出具体的总体设计模式。通过大量方案的研究对比和相关资料的设计总结，影像科的功能房间按照公共患者走廊及患者候诊区、医生走廊及辅助用房、诊断医疗区等进行划分，每个功能分区及空间组成见表 7-2。

表 7-2 医院影像科功能分区及空间组成

功能分区	空间组成
公共患者走廊及患者候诊区	患者候诊区、患者更衣室
医生走廊及辅助用房区	登记处、读片室、示教室、会诊室、医生办公室、主任办公室、值班室、医护人员更衣室、医护人员卫生间、洗涤间、库房、机房等
医疗诊断区	扫描室（DR、CT、胃肠、MRI、乳腺机、DSA）、控制室、设备间等

1. 影科功能分区

影像科的流线组织相比手术室、中心供应室等更为简洁清晰，该科室对洁净度要求不高，因此洁污分区并不严苛，主要考虑患者和医护人员流线的排布、污物如何送出以及不同人员与其他科室的空间组织关系即可。

影像科最主要的空间组织原理就是医患分流，应尽量做到医护工作人员流线和患者流线的分流，降低相互交叉的概率。

江苏省妇幼保健院住院综合楼影像科配置 3 台 DR、2 台 CT、1 台胃肠机、2 台 MRI、2 台乳腺机，属于大型影像中心的序列。在众多设计方案中最终采用了多通道板块式的布局模式，即横向和纵向交错布置患者通道和医护人员通道，医疗用房单侧集中布置。基于这种形式，功能用房可以共享设置，极大地节约了面积，提高了影像科整体的诊疗效率，其中患者和医护通道宽度分别达到 4.3 m 和 2 m，极大地提高了候诊和医疗空间舒适度（图 7-4）。

2. 设备运输通道

根据厂家提供的设备的最极端数据，从住院综合楼入口的卸货区到设备扫描间之间的通道预留足够的宽度和高度，卸货区紧贴入口，保证下雨天设备可以马上进楼，此外还有足够的室外场地，让吊车、叉车等方便驶入，灵活操作。

对运输通道要求比较高的设备分别是 CT 及磁共振，其中要求最高的是磁共振（磁体体积大、质量从几吨到十几吨或更大，通常一般厂家要求的动线尺寸为 2.8 m×2.8 m）。由于磁共振磁体多数是冷磁体，在 -270℃ 温度下，金属会很脆，因此磁体的运输一定要小心，不但要考虑动线的尺寸，还需要考虑运输路径长度，应越短越好。设备运输通道方案（图 7-5—图 7-7）的优缺点综合对比见表 7-3。

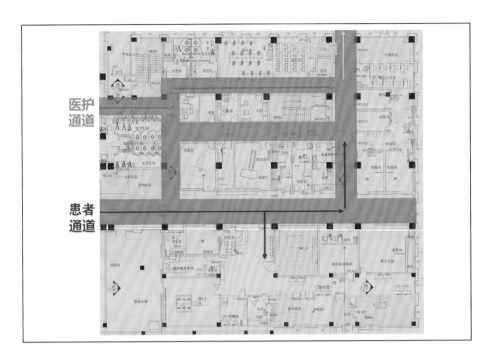

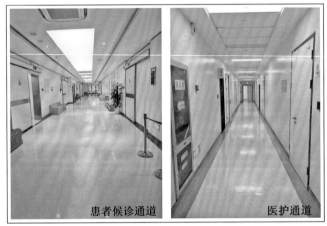

图 7-4　患者和医护通道

表 7-3　设备运输通道方案优缺点综合分析表

方　案	优　点	缺　点
A 方案	设备卸货区面积大，腾挪场地方便，设备预留进出口满足设计要求	运输通道最长，影响行人进出
B 方案	运输通道最短，从医院进出口到楼宇东南侧便捷，不影响西侧大门行人进出	通道宽度不满足设计要求，卸货区面积狭窄，外部地面低于室内地面，上下坡度对设备运输不便
C 方案	运输通道较短，从大楼西北侧进入，不影响西侧大门行人进出	西北侧室外景观施工，施工需要腾挪

通过方案比选，综合考虑利弊，设备运输通道选择 A 方案，设备于周末进场安装，对医院正常运营影响最小，设备进出口洞口尺寸按照设备供应商要求提前预留，设备移入扫描室后，土建施工单位与内装施工单位工序无缝衔接，及时对墙体洞口进行砌筑、粉刷涂料、恢复装修、照明插座调试通道、场地清洁卫生等相关工作，施工完成后再进行设备的安装调试。

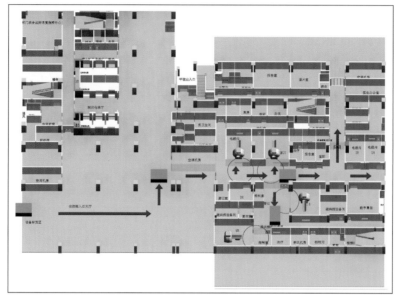

图 7-5　设备运输通道 A 方案

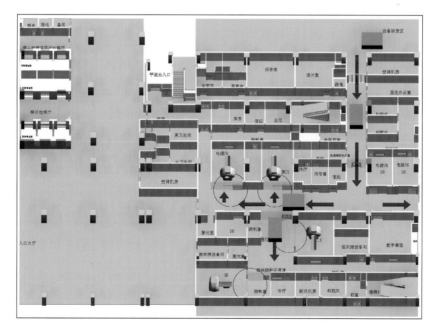

图 7-6　设备运输通道 B 方案

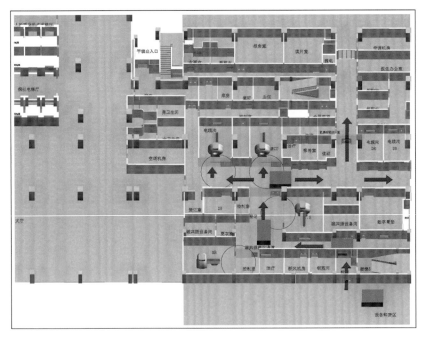

图 7-7　设备运输通道 C 方案

3. DR 设备及布局要求

DR（Digital Radiography）是 X 线数字成像设备的一种新技术、新形式，是目前影像中心应用频率最高、最普遍的新型设备。DR 系统由数字影像采集板［探测板（Flat Pannel Dector），就其内部结构可分为 CCD、非晶硅、非晶硒几种］、专用滤线器 BUCKY 数字图像获取控制 X 线摄影系统数字图像工作站构成（图 7-8）。其工作原理是在非晶硅影像板中，X 线经荧光屏转变为可见光，再经 TFT 薄膜晶体电路按矩阵像素转换成电子信号，传输至计算机，通过监视器将图像显示出来，也可传输进入 PACS 网络。

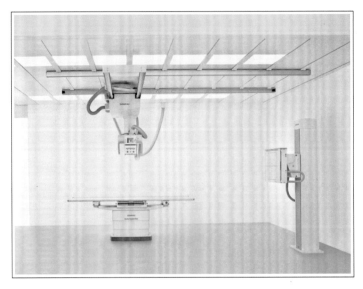

图 7-8　DR 系统

DR 机房的组成和设计模式与普通 X 射线用房基本一致，主要由扫描室、控制室和其他辅助用房组成。

平面布置要求（图 7-9）：扫描室的屏蔽电动门要有足够的空间尺寸，整体布局要保证担架或轮椅能够自由运转和通行，且有相关无障碍设施辅助行动不便的患者使用，电动门尺寸宜设置为 1.8 m×2.4 m。通常情况下 DR 设备的长轴需要垂直于入口设置。控制室的控制台要与观察床和影像设备结合设置，控制台应能方便直接地观察到患者的检查情况，观察窗离地高度宜设置为 1.2 m，尺寸设置为 1.5 m×0.9 m。为最大限度地提高工作效率，满足技术工作者的心理需求，设备控制台最好设置在房间内，并且具备自然采光、通风的条件。

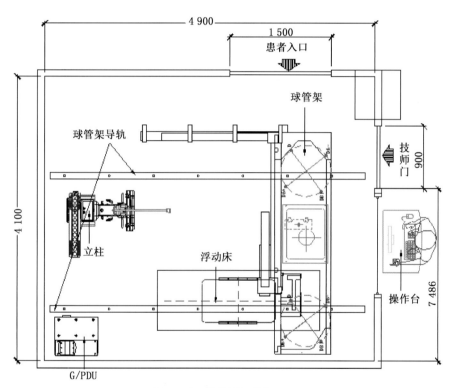

图 7-9　DR 平面布局（单位：mm）

顶面吊架及滑轨的设置要求：

DR 吊架系统采用 2 根平行的滑动轨道，同时需固定在扫描间的天花板上来悬挂球管吊架，每根轨道由螺栓固定在固定架上，方案设计在施工前由结构工程师核定荷载，以确保人员及设备的安全。

吊架安装必须为活动吊顶，吊顶要高于吊架下表面，最低在同一水平面上，天轨滑车滑动范围内不得有任何低于吊架下表面的装置，以保证天轨滑车滑动顺畅。吊轨安装要求精准，可具体参照图 7-10 和图 7-11。

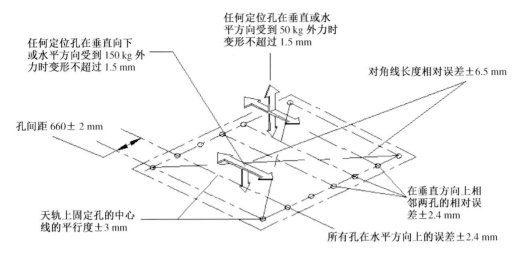

任何定位孔在垂直向下或水平方向受到150 kg外力时变形不超过1.5 mm

任何定位孔在垂直或水平方向受到50 kg外力时变形不超过1.5 mm

对角线长度相对误差±6.5 mm

孔间距660± 2 mm

天轨上固定孔的中心线的平行度±3 mm

在垂直方向上相邻两孔的相对误差±2.4 mm

所有孔在水平方向上的误差±2.4 mm

图 7-10　吊轨的技术要求

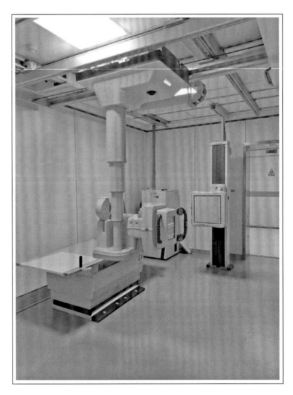

图 7-11　DR 吊架系统

应用案例 32：DR 顶面设计

1. 背景信息

设计说明：DR 顶面面积 25 m²，吊顶高度 2.7 m，吊顶上部需布置移动吊架滑轨、消防烟感、平板灯及灯线管、多联机

涉及专业	建筑、结构、机电、装饰、空调专业设备				
实施阶段	施工图设计				
存在问题	需求不明	专业内	交叉专业	使用功能	美观性
			√	√	√
问题描述	此区域为专业设备扫描间，需满足医疗及其他基本需求，顶部各专业配合要求较高，需统一模块化工艺设计，减少专业之间的碰撞				

2. 优化分析

问题原因：顶面面积仅有 25 m²，顶面配置装置多，装饰及安装密切配合难度大

优化原则：不仅要保证功能使用，还要保证装饰效果

解决方法：顶面配置为防辐射铅板、平板灯 6 台、多联机 1 台、吊架滑轨 1 套、烟感 1 套、隔帘轨道 1 套。通过 BIM 模拟工艺整合，先进行铅板施工，再配置吊架，接下来进行吊顶装饰材料装修，其后在其他区域配置其余设备。删减平板灯 1 台，为提高患者舒适度，空调多联机不适合放于房间中部，故设置于进门口处

效益分析：

工程量	工期	合理性 （空间、流程）	便利性 （协调）	规范 安全性	造价 （人工、材料）
工程量小	不影响总工期	既可保证医疗设备需求，又可提供合适的灯光照度、空调温度	工序有效衔接，顶部排布科学严谨，减少施工返工的情况	不影响	造价低

3. 优化后的施工图纸

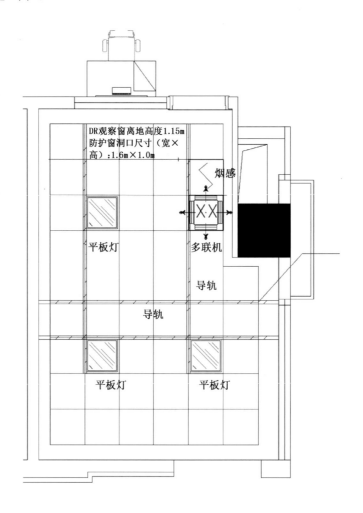

DR观察窗离地高度1.15m
防护窗洞口尺寸（宽×高）:1.6m×1.0m

烟感

平板灯

多联机

导轨

导轨

平板灯

平板灯

4. 效果评价

技术层面：CAD，Revit，Navisworks。

管理层面：基于 BIM 多专业模块工艺流程设计。

用户评价（人物）：该设备扫描间同时满足医疗功能和医患舒适度，达到建设预期目标。

注意事项：

（1）需明确不同区域（科室）建设标准，根据确认的标准进行 BIM 协调优化，针对不能满足建设标准的区域提前进行优化。

（2）需综合协调相关专业，提高建筑、结构、水电暖、医疗专项设计的集成能力。

4. 核磁共振设备安装及布局要求

核磁共振成像技术（Magnetic Resonance Imaging，MRI）的基本原理是将人体置于特殊的磁场中，用无线电射频脉冲激发人体内氢原子核，引起氢原子核共振，并吸收能量。在停止射频脉冲后，氢原子核按特定频率发出射电信号，并将吸收的能量释放出来，被体外的接收器收录，经电子计算机处理获得图像。根据磁场的强度不同，磁共振设备分为 0.35T，1.5T，3.0T 等类型。核磁共振设备如图 7-12 所示。

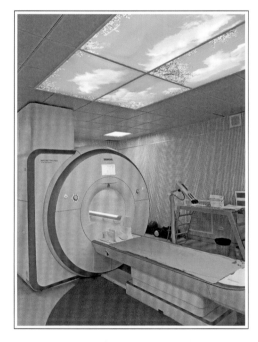

图 7-12　核磁共振设备

（1）总体布局要求

MRI 系统成像的稳定性取决于是否有电磁场干扰。通常干扰源越远，干扰越小。所以 MRI 设备用房推荐独立设置。潜在干扰源有以下五种：

① 静态铁磁性物体（梁、钢筋等）

地面装饰面最终完成面至其地面以下 0.05 m 区域内不得有任何铁磁性物质；在最终完成地面以下 0.05～0.25 m 区域内，所含铁磁性物质（如钢筋）不能超过 25 kg/m²；0.25 m 以下的铁磁性物质可以忽略。

② 移动铁磁性物体（汽车、卡车等）

某些铁磁性物体（如卡车、汽车、手推车等）在进入磁体的磁场区域时会被磁体的边缘磁场永久性地磁化。其中，前后水平方向上的铁磁性物体对图像稳定性的干扰最大。移动铁磁性物体离开磁体中心的最小距离见表 7-4。

③ 电磁场

某些设备和系统的功能会受到磁场的影响，电流流过设备产生的电磁场通常也会影响最终成像质量，所有这些设备和系统在布局时必须予以考虑。最大允许的磁通密度取决于每个设备和系统部件的敏感性。表 7-5 可用来计算所允许的电磁场干扰源到磁体等中心的最小距离。

④ 静磁场（其他磁体）

如果两台磁共振系统相邻安装，每台磁体的等中心必须位于另一台磁体允许的磁场强度之外。如果等中心在某些值的磁场强度之间，则磁体需要重新匀场。

⑤ 连续和非连续振动

机械振动可分为连续性（电动马达、空调系统等）和随机性（来往车辆、人的走动或是建筑结构本身的共振等）两种。

解决振动的办法包括去除振动源、改良机房的结构（将干扰源安置在防震垫上、安装磁共振的隔离平台等）或改变机房地点等。

（2）功能组成

核磁共振用房相比影像科其他部门，对设备间的规模和相关要求更加严格，通常由扫描室、控制室、设备间和专用更衣室组成。

① 扫描室主要放置 MRI 主机、扫描床、存放检查线圈的柜子。部分超导型的 MRI 要在扫描室内分隔出一个磁体间。

表 7-4　距离铁磁性物体最小间距和最大质量的限制要求

物　　体	最小间距要求	
	半径 X/Y	轴向 Z
水冷机系统	4.0 m	4.0 m
重量小于 50 kg 的轮椅	4.9 m	5.8 m
重量小于 200 kg 的推车	5.3 m	6.5 m
功率小于 1 600 kVA 的变压器	5.0 m	5.0 m
电流小于 1 000 A 的交流电缆	2.5 m	2.5 m
重量小于 900 kg 的汽车	5.5 m	7.5 m
重量小于 4 500 kg 的卡车，或者电梯	6.2 m	9.0 m
回旋加速器	20.0 m	20.0 m
有轨电车，或者火车	40.0 m	40.0 m
带磁导航的血管影像系统	30.0 m	30.0 m
楼板钢筋等	磁体中心下方 1.25 m 以外	
钢梁	磁体中心下方 1.25 m 以外	
匀场时的最小距离要求，磁屏蔽的距离必须根据磁共振机房屏蔽要求		

表 7-5　最大允许磁通密度限制要求

最大允许磁通密度（mT）	半径 X/Y（m）	轴向（m）	设备
40	1.3	1.7	伺服-通风机
20	1.4	2.0	除颤器
10	1.5	2.2	滤波板
5	1.7	2.5	西门子磁共振系统 GPA, EPC, SEP 机柜
3	1.8	2.8	小马达、手表、照相设备
1	2.2	3.4	处理器、磁盘驱动器、示波器
0.5	2.5	4.0	心脏起搏器、胰岛素泵、X线球管、公共限制区域
0.5	3.1	5.2	彩色显示器
0.05	3.9	6.7	影像增强器、伽玛照相机、非西门子直线加速器

② 控制室包括控制台、影像处理和患者监护设备。这与其他影像设备的控制室基本相同，但 MRI 控制室和扫描室的观察窗不是用铅玻璃防护的，而是用夹铜网的玻璃防止射频辐射。

③ 设备间的内部设备有专用空调机组、稳压电源、系统主副配电柜、计算机柜、射频放大器、剃度放大器、患者通风器、压缩机、变压器等。

超导体 MRI 还应该设置水冷机和冷却器、水流分配器等。

④ 为了避免患者误将铁磁物体带入检查室，造成对 MRI 设备的潜在损坏，更衣间应设置衣帽架、休息椅。

江苏省妇幼保健院核磁共振机房具体布置情况如图 7-13 所示。

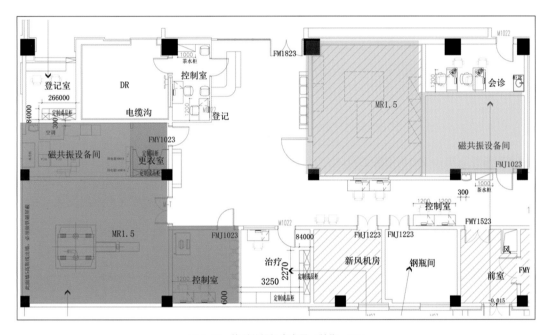

图 7-13　核磁共振机房布局（单位：mm）

(3) 尺寸要求

扫描室的尺寸主要由射线防护距离（主要参照相关规范的要求），设备的大小及其运动范围，患者和医生的活动范围三个方面决定的。设备间的尺寸需考虑水冷机室内机和 MRI 专用空调室内机的位置和空间，水冷机室内周边需做挡水措施，防止漏水。

下面以具有典型性的某一公司的 Achieva 1.5T、某二公司的 SignaInfinity 1.5T Twinspeed MRI、某三公司的 Multiva 1.5T 设备的参数尺寸为参考（表 7-6），总结 MRI 机房尺寸的基本要求。

通过表中的数据分析可知，不同厂家的设备需求各有不同，根据相关资料和调研整理，可以得出 MRI 扫描室最小净尺寸（长×宽×高）为 7.5m×5.5m×3.6m；控制室最小净尺寸（长×宽×高）为 3.0m×4.0m×2.8m；设备间最小净尺寸（长×宽×高）为 3.0m×6.0m×2.8m。

场地设计及电磁屏蔽施工前的准备工作：

设备厂家派场地工程师到现场进行实地勘察，并根据磁体质量、磁体强度以及周边环境提出场地设计方案，同时交由专业设计单位设计土建、水电施工方案。医院必须监督施工单位／第三方严格按照施工文件中的要求和国家相关规范进行施工。

表 7-6　主要厂家 MRI 机房尺寸要求

厂家	房间	长度（mm）		宽度（mm）		结构高度（mm）	
		推荐	最小	推荐	最小	推荐	最小
某一公司的 Achieva 1.5T	扫描室	>7 000	6 100	>5 000	4 500	>5 000	3 100
	控制室	>4 000	3 200	>3 000	2 000	>3 200	2 800
	设备间	>5 000	4 000	>4 000	3 000	>3 200	3 000
某二公司的 SignaInfinity 1.5T Twinspeed MRI	扫描室	>8 000		>5 500		>4 000	
	控制室	>3 000		>4 000		>3 600	
	设备间	>5 000		>7 000		>3 600	
某三公司的 Multiva 1.5T	扫描室	>7 000		>5 000		>4 000	
	控制室	>4 000		>4 000		>3 500	
	设备间	>4 000		>7 000		>3 500	

电磁屏蔽施工前须完成的准备工作：

土建施工单位按照图纸负责屏蔽室、设备间、控制室的土建基础工程，屏蔽室 SBS 防潮层的铺设，图纸各预留口开洞（进磁体预留口、屏蔽门预留洞、观察窗预留洞、空调进回风口预留洞、信号板洞、电源滤波洞、失超管洞、平衡风口洞），控制室和扫描室地面按照设计由土建施工单位完成。

磁共振屏蔽室内地面根据设计图纸须提前进行结构加固处理，由建筑设计单位按照设备供应商提供的主机基座的荷载数据提前考虑。磁共振屏蔽室四周墙面和吊顶上方如有水管和磁性物体，要进行拆除，已经暗藏在吊顶上方的水管、消防管、空调以及电缆线槽在设备安装前提前拆除。所有电管、水管、消防管均不可穿越磁共振屏蔽间，屏蔽室、设备室应单独设置 24 小时恒温恒湿空调机组。土建施工单位在磁共振屏蔽室装修竣工及主机移进室内后 2 800 mm×2 800 mm 洞口必须用 240 mm 加气块或砖墙封堵，恢复原样。

电磁屏蔽要求：

（1）通用要求

扫描室：所有金属物体都要采用非磁性材料，有降噪效果。

所有介入扫描室的电线和管道，都必须通过射频过滤器或波导管过滤。

建议不要有水管、水槽等从扫描室的吊顶经过，以避免水泄漏到射频屏蔽上；扫描室下面应避免设置管道、钢结构、机械停车等构件。

（2）屏蔽地面模块工艺流程设计要求

MRI 扫描室需设置屏蔽设施，该屏蔽设施由 2 mm 以上的镀锌铁板组成，扫描室电磁屏蔽的具体做法以某公司的 1.5 型号 MRI 为例，如图 7-14 所示。

地面分别由 C25 混凝土楼板、2 层 SBS 防潮层、3 mm 厚 PVC 板绝缘层、镀锌钢板屏蔽层、地面高密度板回填层、橡胶卷材等组成，造成室内比室外高出 6 cm，考虑此区域后期作为无障碍通道，需解决室内外高差的问题，因此在建筑结构施工图深化期间应提供设备图纸，原结构板降板 6 cm，有效解决了后期推床及轮椅患者的进入。

（3）吊顶要求

在磁体正上方必须留一开口，不做吊顶，两侧必须是活动假顶，可方便移开。为了留出足够

172

的空间能够拆下磁体的外壳，在磁体的维修空间内，不能有低于 2 600 mm 的悬吊物体，如射灯。为避免静电，金属（如铝条、铝制照明设备等）应与射频屏蔽接地连接。

建议设备室内不要做天花假顶，只要做到设备安装清晰、布线整齐即可，方便日后维修。

（4）环境要求

MRI 系统的环境温湿要求见表 7-7。

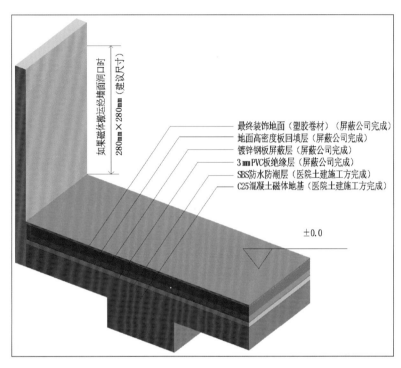

如果磁体需运经墙面洞口时
280mm×280mm（建议尺寸）

最终装饰地面（塑胶卷材）（屏蔽公司完成）
地面高密度板回填层（屏蔽公司完成）
镀锌钢板屏蔽层（屏蔽公司完成）
3 mm PVC 板绝缘层（屏蔽公司完成）
SBS 防水防潮层（医院土建施工方完成）
C25 混凝土磁体地基（医院土建施工方完成）

±0.0

图 7-14　土建施工剖面图

表 7-7　MRI 系统的环境温湿要求

房间	散热量（kW）	温度（℃）	相对湿度	空调开机率	备 注
扫描室	2	20~24	40%~60%	每周 7 天，每天 24 h	每 10 min 温度变化不超过 5℃，无冷凝结霜现象
控制室	0.5	18~24	30%~70%		
设备室	8	15~24	30%~70%		
换气量	每小时 5 倍换气量或至少 500 m³/h（扫描室）				

（5）氦气排放（失超）管要求

氦气排放（失超）管用于排放磁体内蒸发的氦气。氦气排放（失超）管的材料、直径、形状、出口管等都有严格要求。具体要求如下：

氦气排放（失超）管必须能承受 12°K（-261℃）的低温，管外必须做保温处理。

氦气排放（失超）管排放出口与周围阻隔物（如屋顶）的距离不小于 1 m，需特别注意冬季积雪阻塞失超管排出口。

氦气排放（失超）管排放出口左右及下方 3 m 内和上方 6 m 内的窗户需封闭，出口处和附近窗户增加警示标志，管道上翻部分需做好加固措施。

本案例氦气管平面图及剖面图如图 7-15 所示。

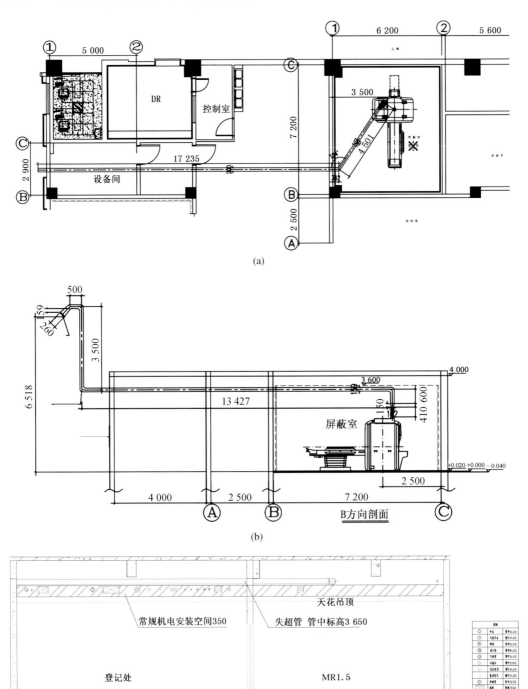

(a)

(b)

(c)

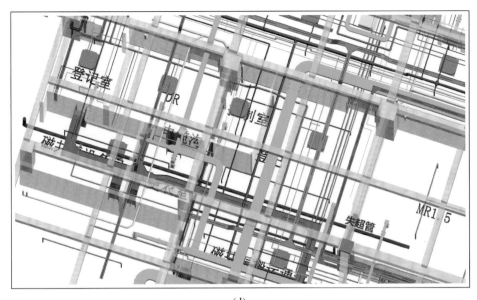

(d)

图 7-15 氦气管平面图及剖面图（单位：mm）

(6) 冷却水要求

冷却水需要每天 24 h，一周 7 天不间断提供，建议提供备用水系统。所有管道须做保温层，材质为不透明材质。水冷机室外机安装在建筑物外，通常基础为混凝土（标号为 C25）；厚度不小于 20 cm，以达到承重要求。表面做水平及平整处理。基础大小通常为 300 cm×250 cm。水冷机基础可以与专用空调的室外机组基础统一考虑。

7.5.3 检验科 BIM 应用

随着医疗技术以及自动化技术的飞速发展，越来越多的仪器开始朝着自动化方向发展。在现代医学中，检验科作为医院中十分重要的一个科室，其主要是利用各种光电仪器以及化学试剂来进行血液等实验分析，从而得出人体中的具体组织细胞情况以及微生物病毒感染情况。随着医疗科技的发展，自动化技术如大量自动化检验分析仪器在检验学中得到广泛应用，有效地提高了检验科的工作效率（图 7-16）。

检验科工作模式从过去单台仪器的自动工作发展到目前流水线作业的全实验室自动化（total Laboratory Automation，TLA）或称为全程自动化（Front to End Automation，FEA）。实验室自动化基本组成主要有样品分选系统、标本处理系统、各类自动分析仪、标本传递系统和网络工作站等。自动化流水线与检验信息系统（Laboratory Information System，LIS）结合有助于简化工作流程，改善系统质量及安全性，提高效率，减少劳动力成本，并能够准确及时地测定和报告，实现数据化管理，为临床工作和患者提供更好的服务。江苏省妇幼保健院目前已经引进两条全自动生化免疫系统。

1. 总体布局要求

检验科应自成一区，三级甲等医院检验科面积宜不少于 1 200 m²，二级甲等医院检验科面积宜不少于 800 m²，如果检验科还承担有较多的科研、教学任务，面积还应适当增加。江苏省妇幼

图 7-16　检验科

保健院检验科整体占地面积 1 600 m²，布局于住院综合楼 2 层东侧裙楼，布局形式与现代医院功能分区、人员分流、洁污分区等相结合。

临检是必不可少的一部分，也是在检验科的最前端，一般选在靠近检验科对外窗口，江苏省妇幼保健院在检验科设计前期，对医院内物流系统也有一定要求。传统方式是采用人工推送至各科室，江苏省妇幼保健院紧跟现代物流新动向，采用"气动物流"方式，分别从门诊检验、病区等区域由气动物流接受检验样本，就像分拣快递般的物流系统，从而省去了人工，大大提高了工作效率，为医院创造更大的价值，更好更快地服务于广大患者。

平面布局要求如下（图 7-17）：

（1）检验科平面布局应能清晰地分出清洁区、半污染区和污染区，各区域之间应有隔断隔开，清洁区主要由更衣室、办公室等组成，半污染区主要由洗手间、更衣间等辅助功能间组成，污染区主要由生化免疫流水线、检测实验室组成。

（2）检验科应将人与物流分开，人员和物品应有独立的出入口，特别是污物应有专用出口，且经医院的污梯送至医院集中的医疗废物存放点，不得走医院的客梯。

（3）为保证检测工作的安全，生物安全实验室应符合 BSL-2 级实验室的要求，在生物安全实验室的出口处应设有非手动洗手装置和紧急洗眼装置，部分高污染风险的工作应在二级生物安全柜内进行。具体安排如下：

① HIV 初筛实验室分为清洁区、半污染区、污染区，面积不宜小于 45 m²。

② PCR 实验室分为试剂准备室、样品制备室、扩增分析室，各实验室前要有缓冲间，PCR 总面积不宜小于 60 m²。

③ 微生物实验室分为准备室、缓冲间和工作区，面积不宜小于 35 m²。

④ 生化区在设计时应重点关注生化机，生化机的更新换代速度很快，在设计前应与设备厂家联系，确定设备的摆放位置、规格、重量、功率、

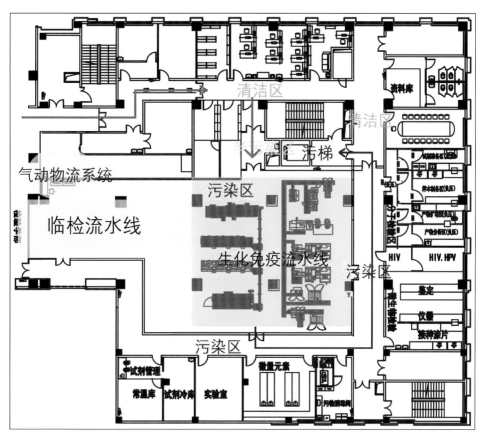

图 7-17 检验科平面布局

用水量等参数。

2. 洁净装饰要求

(1) 墙板、顶棚材料要求易于清洗消毒、耐擦洗、不起尘、不开裂、光滑防水。常用材料为双面夹心彩钢板，防火等级不低于难燃 B1 级。

(2) 地面材料要求无缝的防滑耐腐蚀地面，常用的装饰材料为 PVC 或橡胶地面，铺贴的接缝处用同色焊条焊接并刨平。

(3) 实验室的门应能自动关闭，门上宜设观察窗，要带门锁和闭门器，门头上可加装工作状态指示灯，标明实验室内是否有人。

(4) 实验室的墙体上不宜设可开启的外窗，可设密闭观察窗。

(5) 实验室的墙体与墙体交接处、墙体与地面交接处、墙体与顶棚的交接处，均应用圆弧处理，彩钢板拼接处均应打密封胶处理，以保证实验室的气密性。

(6) 实验室吊顶高度以 2.6 m 为宜，主实验室吊顶不能开设上人孔或设备检修孔。

(7) 近几年来洁净实验室装修出现的新材料主要有以下三种。

① 双层钢化玻璃窗内加可调百叶。双层 8 mm 厚钢化玻璃，内置可调百叶窗，可增加大厅的采

光和视觉效果，内置百叶窗无污染不需要清洗。

② 快速拼装金属墙板。主要用作轻质隔墙，两侧为烤漆金属板，内填充无机镁质，与彩钢板相比具有防火等级高、色彩丰富、墙面质感好等优点。

③ 抗菌墙板。主要用于内墙面装饰，在石膏板、金属板的表面涂覆高性能氟碳涂料和陶瓷无机涂料，表面致密不起尘，耐擦洗、耐酸碱腐蚀，且有一定的抑菌作用，可用于洁净室墙面装修。

3. 通风空调工程

(1) 净化实验室应避免多个实验室共用一个空调机组的情况，单独的空调机组可有效避免交叉污染，节约运行成本。

(2) 实验室空调设计参数应参照《生物安全实验室建筑技术规范》相关要求，在设计时还应考虑到生物安全柜、离心机、培养箱等设备的热、湿负荷。

(3) 空气净化系统应设置粗、中、高三级空气过滤，粗效过滤器应设在新风口处，中效过滤器应设在空调机组的正压段，高效过滤器应设在系统的送风末端。

(4) 新风口距地面高度不低于 2.5 m，新风口应有防雨及防鼠虫措施，应设有易拆除清洗的过滤网。

(5) 实验室的排风机应与送风机连锁，排风机应先于送风机开启，后于送风机关闭，室内排风管道与生物安全柜等设备的排风管道应分开设置。

(6) 净化室内送排风应采用上送下排方式。室内送风口和排风口布置应使室内气流停滞的空间降低到最低程度。

(7) 实验室的各区之间应保持不小于 5 Pa 的压差，保证气流是从清洁区流向污染区，应在易于观察的位置设置压差表。

(8) 过滤器和空调机组不能使用木制材料，应使用耐消毒剂腐蚀、不吸水的材料，空调机组的漏风率应小于 2%。

(9) 舒适性空调主要是采用风机盘管加新风系统，冬夏季使用医院集中的冷热源，如果春秋季节医院没有冷热源，可自备风冷式模块机组提供冷热源。

4. 电气工程

检验科实验室宜按一级负荷供电，并应设置不间断电源，保证主要设备不小于 30 min 的电力供应。

(1) 照明系统

① 实验室照度不低于 300 lx，缓冲间、准备间照度不低于 200 lx，办公区照度不低于 200 lx，采血台台面照度不低于 500 lx。

② 净化区应采用密闭灯具，普通实验区可根据吊顶材料选用普通灯具。

③ 疏散指示灯、应急灯、出口指示灯的数量和位置应按消防相关规范设计。

(2) 动力配电系统

① 在进行电气设计时应设置足够多的插座，并应提前了解实验室主要设备的用电功率，生物安全实验室应设置专用配电箱。

② 在设计不间断电源前应与实验室负责人沟通，确定需要不间断电源供电的设备及最短供电时间，不间断电源放置的位置应通风条件良好。

(3) 弱电系统

① 电话网络终端。在实验室内应设置足够多的电话网络终端，满足实验室信息化管理的要求。

② 门禁系统。可限制非授权人员的进入，保证实验室的安全。

③ 监控系统。可监控实验室人员的出入情

况、日常工作情况、视频教学等。

④ 呼叫系统。实验室内应设置紧急呼叫分机，呼叫主机应设在公共区域。

5. 给排水工程

(1) 给水系统实验室的出口处应设有洗手装置，洗手装置应使用非手触水龙头，生物安全实验室建议检验地带网配自动手消毒装置，给水材料符合国家相关要求。

(2) 排水系统洁净实验室内不应设置地漏，实验室排水应与生活区排水分开，确保实验室排水进入医院污水处理站。

(3) 纯水系统实验室用纯水的设备主要是生化仪，实验室纯水系统在设计前应与实验室负责人沟通纯水的用水点和各水点的用水量。

6. 检验科实验室建设中应用的新技术

(1) 气动管道传输系统。是用专用传输管道将医院的各个部门紧密地连接起来，构成一个封闭的管道网络，在中央控制中心的控制和监控下，以空气为动力使装有传输物的传输瓶检验地带网在任意站点间往返活动，可实现样本、药品和其他轻便物品的自动传送。该系统能提升医院的工作效率，节省医护人员的工作时间和劳动强度，使医院物流更加有序，同时有效地避免了人员流动及接触所带来的交叉感染，将医院小型物品流从传统的人工传送变成了自动化智能传输。

(2) 实验多功能柱。是将强电、弱电、气源、水源从吊顶上经结构柱网引至工作面，在多功能柱上设有标准端口，供实验时取用，柱内分隔为多个区，强电、弱电、水、气分别在一个独立的区内，避免互相接触。

7. 建设前期与 BIM 有效结合运用

随着医学诊疗技术水平的突飞猛进，与之配套的医疗设备技术发展日新月异。检验科作为全院诊疗检验的技术平台，其设备配置和平台建设尤其重要。检验科一般配置流水线、UPS 应急电源、PCR 专项实验室、气动物流、给排水、暖通、电气等一系列医疗设备及基础设施。检验科建设在机电安装工程开展前期进行 BIM 的综合建模及流程优化，需要建设管理人员与各个系统的施工负责人及使用科室开展广泛合作协同，群策群力解决图纸上建筑、机电及专业设备的系统融合问题。通过组织工作人员召开研讨会的方式进行管线设计的图纸会审活动，根据业主的要求确定机电施工的设计标高预留等问题，动态进行各个专业的调整。

检验科建设前期运用 BIM 建模活动应考虑到后期施工应用工作的开展，机电安装工程的线路协调尺寸参数、类型区分、系统区分需要满足一定的命名原则。管线内部的位置确认和材质归纳，需要经过管件附件设计人员的确认，并且根据末端设备选型和模型拆分实现建模设计完整性建设。建筑机电安装工程在施工之前应做好相应的工作计划，对于大中型的建筑安装工程，安装人员必须要进行多次实地考察，展开施工计划的评估工作。在施工安装计划实施之前，必须依据建筑工程的图纸来拟定相对应的作业进度表。对于机电安装的重点和难点，施工方应该安排相应的施工队伍项目负责人进行专题技术讨论，商讨具体施工工序等细节，协调好各个参建单位的配合工作。对于机电安装过程中可能出现的意外情况，要设计好施工备用方案。在前期主要考虑以下工作：

(1) 流水线给排水系统需与设备厂家提前对接，在设备安装前将系统接入总系统，需设计考虑排水管道排布、流量大小，防止排水回灌。

住院综合楼东侧夜景

住院综合楼新貌

(2) 流水线区域设备散热量很大，该区域需设置独立空调系统，保证设备在恒定温度下正常工作。

(3) 流水线区域强弱电设置宜结合建筑结构柱网，预留于结构柱上，便于流水线科学有效排布。

7.5.4 病理科 BIM 应用

临床病理诊断是应用多种学科和知识的方法，独立进行疾病诊断的学科。它研究和阐明了疾病的病因、发病机理、发展和结局，为临床提供可靠的防治疾病的依据和推测疾病的预后。

病理科是大型综合医院不可缺少的科室之一，其核心功能是在医疗过程中承担病理诊断工作，包括通过活体组织检查、脱落和细针穿刺细胞学检查以及尸体剖检，为临床医学提供确切的病因及发病原理的诊断，以确定疾病的性质，为疾病的治疗提供基础病理依据，亦可查明死亡原因 (图 7-18)。相比于 B 超、常规影像、CT、MRI 及核医学检查，病理诊断依旧是目前世界各国医学界公认的最可信赖、重复性最强、准确性最高的诊断手段。病理诊断不是影像学的描述，而是通过病理检验来明确疾病名称、疾病成因及发展的过程和原理。临床医师主要根据病理报告决定治疗原则、估计预后以及解释临床症状和明确死亡原因。病理诊断的权威性决定了它在所有诊断手段中的核心作用，因此病理诊断的质量对相关科室甚至对医院整体的医疗质量构成极大的影响。医院病理科主要从事临床病理学诊断（诊断病理学）以及与临床病理相关的研究。

江苏省妇幼保健院新建的病理科区域设置合理、空气清新、环境舒适。病理科的工作内容决定了病理科医务人员不可避免地经常会闻到甲醛、二甲苯的刺鼻气味。如果病理科的通风不好，病理科医务人员会始终暴露在污染空气中，极大影响着医务人员的健康。传统的病理科设计已经跟不上标准化、规范化、现代化病理科实验室的要求，这也在一定程度上对病理科的工作效率和质量有负面影响。

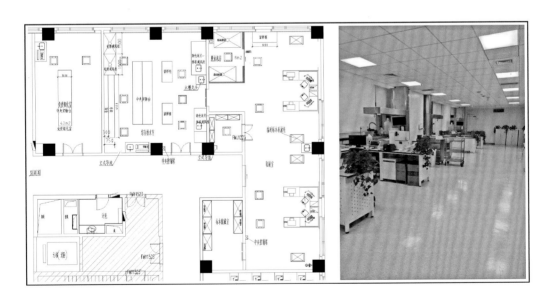

图 7-18　病理科实验操作区

江苏省妇幼保健院新楼建设时，充分考虑到妇幼保健院妇科、乳腺科病例标本的特殊性需求，根据医院的实际情况，调整配置了合理的工作流程和功能布局，工程模块工艺流程设计得到应用。

1. 布局设置要求

病理科实验室布局设置污染区和洁净区，避免交叉污染（图 7-19）。污染区主要包含细胞室、细胞诊断室、取材室、综合技术室、药瓶储藏室、免疫组化室；洁净区包含诊断室、蜡片存储室、男女更衣室。

整个实验室布局具有以下特点：

（1）按照工作流程动线分区设置功能，保障工作效率和质量；

（2）合理控制气流动向，保证无交叉污染，实现"净污分明"；

（3）设计"排风＋新风"系统净化污染空气，保证呼吸健康；

（4）配置空气质量传感器，实时监控污染，及时净化空气；

（5）配置智能控制系统，预约运行，变频控制，实现节能目标。

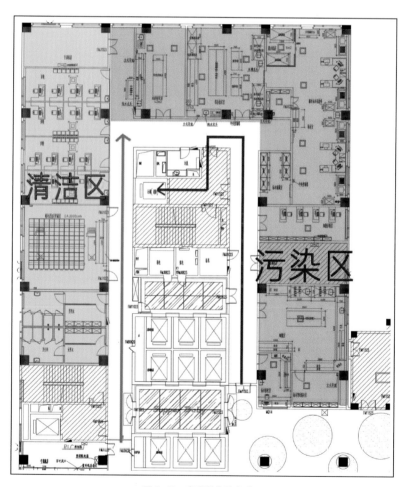

图 7-19　病理科实验室分区

2. 顶面空调管道及通风管道工艺模块流程设计

顶面空调管道及通风管道排布如图 7-20 所示。

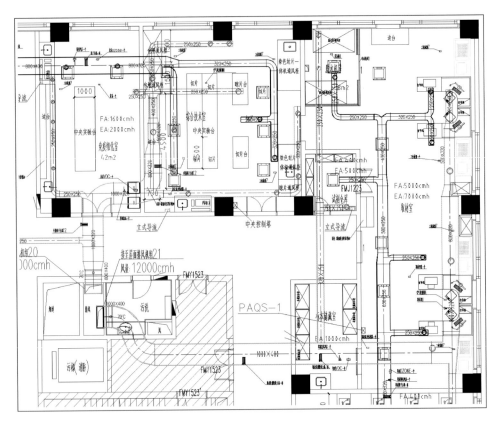

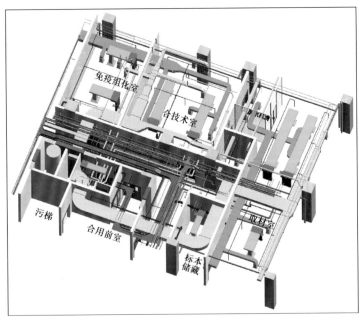

图 7-20 顶面空调管道及通风管道排布

第八章

交付运维阶段的 BIM 应用

8.1 概述

医院是一个功能齐全、业务特征明显的复杂运营管理系统，提升系统运营效率，满足医护、病患及其他人员的满意度是医院建设和运维的重要任务。同时，医院建筑的建设和运维是一个全生命周期项目。基于运维角度通过建设期间的BIM应用而达到的BIM竣工模型，能做到实现医院智慧建设和智慧运维的一体化。

BIM在建筑和工程行业正得到广泛应用，是因为它可以降低项目成本，提高生产率和质量，减少项目交付时间。BIM是基于三维模型进行工程项目相关数据创建和使用的技术，可用于工程建设中的可视化、性能分析、冲突检查、标准检查、工程算量、施工模拟、竣工模型等，在项目完工后，也可以用来进行运维管理。BIM不仅是一个软件，而且是一个流程和软件的结合，是项目全体参与人员协同工作的共享数据源，BIM可提高工程参与方的协同工作效率，并为设施从创建到拆除的全生命周期管理提供决策依据。BIM不仅仅是使用三维智能模型，更是在流程和项目交付过程中支持各方协同决策和应对动态变化，用模型帮助人们解决或者避免现实工程建设中遇到的问题。

虽然BIM已经在工程领域逐步得到广泛应用，但是在医院工程领域如何结合医院工程建设和运维管理特点，进行医院智慧运维的系统集成依然缺乏有效的理论模型和实践案例。本章将系统分析医院BIM竣工模型，在此基础上构建BIM竣工模型与医疗业务、运维系统的集成模型，并以江苏省妇幼保健院改扩建工程为例介绍其具体应用。

8.2 医院BIM竣工模型

BIM竣工模型一般包括建筑、结构和机电设备等各专业内容，在三维几何信息的基础上，还包含材料、荷载、技术参数和指标等设计信息，质量、安全、耗材、成本等施工信息，以及构件与设备信息等。为了能在全生命周期内应用好BIM技术，特别是在后期运营管理中将大量前期建设中的BIM数据用活，需要从医院运维和医疗行为的需求出发，在建设前期做好BIM建模、完善和应用规划，结合建设过程中的设计交底、隐蔽工程验收、设备到货验收、设备安装完成验收及竣工验收等重要节点分阶段逐步完善，达到BIM竣工模型标准。

医院BIM竣工模型包含常规的竣工图纸所反映的信息，同时应有设备设施的基本物理属性、商务属性、空间属性和身份属性，还应根据后勤、医疗区域的特性建立提取功能模块、局部系统的组套模型，如图8-1所示。

医院BIM竣工模型主要分为建筑机电信息、模块单元信息、设备设施信息。具体体现为三个层级，即系统级、模块级、物件级。系统级包括建筑系统模型、结构系统模型、机电系统模型(给排水、暖通、电气)、医用专项系统模型（手术部、医用气体、气动物流、实验室、检验学部、病理学部）。模块级是某个系统级的局部，如生活泵房内的阀门、泵、管道组套模型，或多个系统在某个空间内的局部，如一间手术间内的综合组套模型，模块级的模型中各类物件级模型应存在一定的逻辑关系。物件级是包括某一单独的设备、设施、物品等，由众多的单个物件BIM模型建立医院的BIM族库。医院BIM竣工模型部分内容举例如图8-2所示。

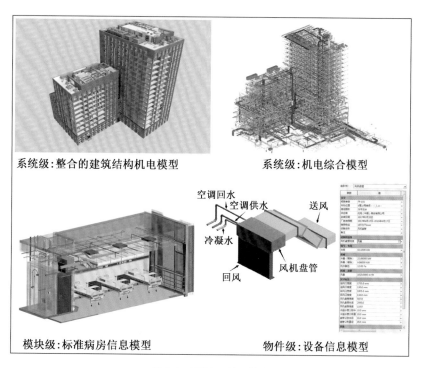

系统级：整合的建筑结构机电模型　　　　系统级：机电综合模型

模块级：标准病房信息模型　　　　物件级：设备信息模型

图 8-1　医院 BIM 竣工模型

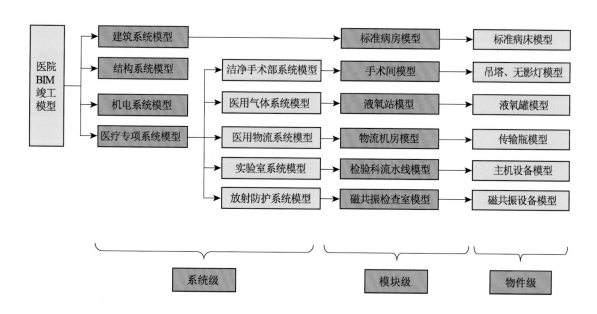

图 8-2　部分医院 BIM 竣工模型解析

8.3 BIM 竣工模型与医疗业务系统集成

医院医疗业务信息系统主要包括医院信息系统（Hospital Information System，HIS）、电子病历系统（Electrical Medical Record，EMR）、影像归档和通信系统（Picture Archiving and Communication System，PACS）、实验室信息系统（Labrary Information System，LIS）、医院资源规划系统（Hospital Resource Planning，HRP）等，此类系统组成了医院医疗业务的信息架构和数据库，根据医护人员的医疗诊断行为面对患者提供服务。

BIM 竣工模型能提供的集成内容包括整个建筑的空间信息和所属功能房间内的设备设施信息。为了提取 BIM 竣工模型在医疗服务方面的功能，首先进行医疗服务内容分析，通过对江苏省妇幼保健院 15 名患者一次就诊所涉及的医疗服务内容进行现场跟踪，得出的平均数据见表 8-1。

根据以上医疗服务内容分析，患者"看病难"主要体现在就医体验差，其原因主要是排队等候时间长、等候信息不明、所去地点位置不明、部分医疗行为需要隔天往返进行等。通过 BIM 竣工模型与医疗业务、互联网的大数据集成，可以解决或缓解以上问题。

BIM 竣工模型和医疗业务系统以及互联网的集成，是通过模块与模块之间的集成。多个模块的信息互通，需要一个软件数据接口（API），通过 API 数据接口实现各模块之间信息流的自动化交互。基于 BIM 竣工模型的数字化医院与医疗服务集成的实施框架如图 8-3 所示。

表 8-1 患者就诊涉及医疗服务行为分析表

功能区域	医疗服务项目	患者行为	行为次数	平均时间跨度	医疗信息系统	BIM 竣工模型＋系统集成应用
停车库	停车	存车、取车	2 次	>30 min	IBMS	车库模型＋车位管理
挂号收费处	挂号、收费	排队、取单	2～3 次	20～30 min	HIS	建筑模型＋视频监控
门急诊	就诊	问诊、取单、复诊	2～4 次	时间不定	EMR	建筑模型＋空间管理
药学部	取药	排队、取药	1～2 次	10～20 min	HIS	建筑模型＋医疗设备
检验学部	抽血、留样	排队、取报告	1～2 次	60～90 min	LIS	建筑模型＋医疗设备
病理中心	病理切片	取报告	1～2 次	>7d	病理系统	建筑模型＋通风系统＋医疗设备
B 超中心	检查	排队、取报告	1～2 次	40～90 min	LIS	建筑模型＋医疗设备
放射影像	检查	排队、取报告	2 次	>2d	PACS/RIS	建筑模型＋空间管理＋医疗设备
医疗病区	住院	入住、待诊疗	2 次	>3.5d	HIS	标准病房＋空间管理
后勤区域	就餐、洗澡	排队、办卡	1～2 次	>20 min	HIS	建筑模型＋后勤管理

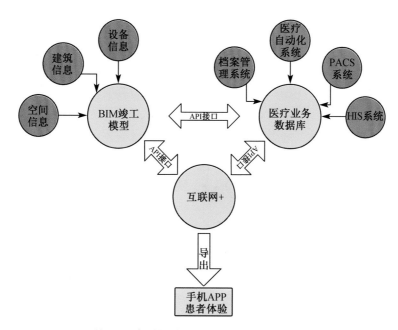

图 8-3　基于 BIM 竣工模型的数字化医院与医疗服务集成的实施框架

BIM 竣工模型和医疗业务系统具体实施集成内容如下：

（1）BIM 竣工模型 + 标识标牌系统：3D 院内精确导航，显示最佳行进路线，直观明确。

（2）BIM 竣工模型 + 标识标牌系统 + 后勤服务：直观体现住院病区所在楼层、床位位置、后勤食堂等服务功能位置，以及该楼层应急疏散的路线导航。

（3）BIM 竣工模型 + 医疗业务：直观体现某一诊室的位置、预约排队信息和提示就诊时间。

（4）BIM 竣工模型 + 医疗业务 + 大型医疗设备：直观体现该检查设备的位置、检查注意事项、预约排队信息和提示就诊时间，减少寻找和等待的时间。

（5）BIM 竣工模型 + 大型车库的车位信息：实时显示车位库存量，提示患者就诊的交通方案；就诊完成后通过 3D 室内导航精确找车。

通过 BIM 竣工模型 + 医院业务数据库 + 互联网，可以大大提高患者的就诊满意度：当患者通过手机 App 预约挂号成功后，即可收到就诊提示信息，包括诊室的定位信息、到该诊室的 3D 室内导航路径、到医院的停车位预约信息、该病种常规需诊疗的检查内容（当天已预约的信息）及大型医疗设备定位（各项大型设备的导航定位及排队信息）、后勤设施的位置、应急疏散的路线等，甚至在预约挂号前就可通过大数据分析避开高峰期，提示最佳就诊时间和交通路线。

8.4　BIM 竣工模型与医院运维系统的集成

8.4.1　医院运维管理内容

项目的运维阶段，在项目全生命周期中，是时间最长的阶段，项目在建设过程中、竣工交付前大量的信息积累，为今后几十年的运维管理提供必不可少的信息。设施管理在内地就是从医院运维管理正式开始，其标志性事件是 2004 年 8 月，国际设施管理协会（IFMA）的三位最高官员在出席国内举办的"医院设施管理研讨会"的同时，颁发了中国内地第一张会员资格证书。

医院除其医疗服务的主业外，基本就是一个小型社区，需要各种水、电、气、设备设施的保障，因其需要提供医疗服务而更加具有系统性、复杂性、关联性，需要随时随地做好各类运维、安保、消防、能源等各类综合服务保障。因此，医院的运维管理极其重要，而随着医院规模越建越大，各种功能的单体建筑越来越多，附着于建筑物内的设备类型越来越多、技术越来越先进；随着医疗服务水平和患者就医需求的不断提高，对医院后勤服务水平的要求也不断提高。医院后勤服务在此基础上，也得益于医院建设项目的大力投入和新技术、新设备的应用而存在向精益化管理转型的可能，其主要服务理念是"科学管理、高效服务"，其主要是基于设备设施的运维管理来体现后勤服务的业务内容。

设备设施管理就是将各种资源整合起来以便使各种资源达到最优化从而使企业的利益最大化，设备设施管理的目标是最经济的设备寿命周期费用和最好的设备总和效能。

为了使决策者更好地掌握医院设备运行情况及趋势，应开发对医院设备进行监控、评估和预期判断的软件系统。医院运维管理可分为基础信息管理（建筑物、资产、图纸/合同档案等）、业务信息管理（能耗、运行、维修、空间、安保等）、成本信息管理（购置、维修、保养、改造、折旧等）、人员信息管理（身份、权限、工作量、绩效等），如图 8-4 所示。

8.4.2 BIM竣工模型与运维集成的关键方案与内容

医院传统的建筑设备运行维护管理方法主要是通过纸质资料和二维图形来保存信息，进行设备管理，存在很多问题，其主要问题是建设阶段信息丢失严重，既有信息不能有效共享和集成，又有运维管理技术水平低下。如果在项目建设过程中，各参建方只关注自身相关信息这会导致在建设过程中的信息不断重复丢失。

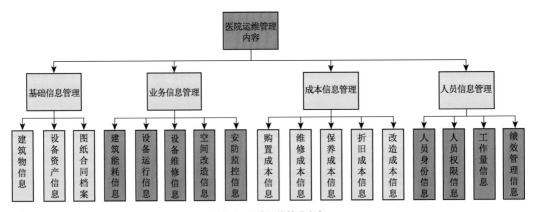

图 8-4 医院运维管理内容

对于医院建设的 BIM 竣工模型，是属于可见的实体"硬"系统。除此之外，医院的智能化建设还配套建设了"软"系统，即智能大厦管理系统（IBMS）。IBMS 是在 BAS 的基础上与通信网络系统、信息网络系统实现更高一层的建筑集成管理系统。如果说 BAS 是建立在 3A 集成基础之上，那么 IBMS 就是建立在 5A 集成之上的更高层次的又一系统集成（俗称一体化建设）。这类集成一般由三个部分组成，分别是具有 Web 功能的集成化监视平台、监控服务器和协议转换网关。BIM 竣工模型与运维集成的关键方案——医院 IBMS 系统集成架构如图 8-5 所示。

结合图 8-5，基于 BIM 竣工模型和 IBMS 系统集成的医院运维管理的主要内容如下：

（1）建立一个后勤设备全生命信息记录、能耗数据汇总、医疗设备监控、物流数据、消防报警、门禁管理、物业管理等集成基础平台。

（2）与楼宇自动化系统有效连接的运维数据集成。

（3）通过数据收集平台，进行医院数据智能分析，指导运维管理。

（4）通过诸如设置院内手机导航、标注就诊信息等进行空间高效利用，改善医院空间管理。

（5）院内改、扩建时信息真实，变更信息可追溯，简化变更管理。

（6）BIM 模型可根据医院需求持续开发新的应用，并不断更新相关数据，便于运维的大数据分析。

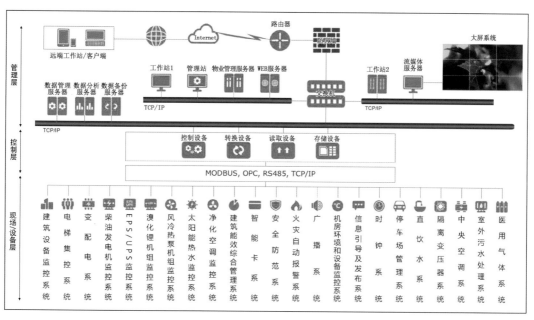

图 8-5 医院 IBMS 系统集成架构

8.5 医院运维管理一体化集成框架

医院运维管理的主要服务理念是"科学管理、高效服务",其主要是基于设备设施的运维管理来体现后勤服务的业务内容。基于医院建设项目所交付的BIM竣工模型,将BIM竣工模型信息及系统集成应用到医院运维管理中,构建基于"集成与共享"的运维管理框架,如图8-6所示。

根据以上集成框架,医院改扩建项目首先通过BIM技术的应用建立起"底层"数字化建筑信息基础的"硬"系统,然后与同步建设的IBMS系统集成,并与医疗业务系统的"软"系统通过API接口,将各类已固化的静态数据和实时发生的动态数据集成输入到数据库中,大量数据根据应用需求的策略、规则,经过数据处理层的处理,再由BIM可视化综合管理平台进行输出,转化为各

类在线人员便捷工作的方式、要求和医院运维业务管理的具体任务、内容,进而提高医院业务管理层、执行层的效率,同时转变目前医院服务模式,改善患者看病难、就医体验差等问题。

当然,对于如此大量的信息数据,需要进行有效的数据管理和集成技术才能避免冗余和冲突,实现信息数据的正确利用。而集成的关键在于界面和接口方式,目前,集成数据库的方法代表着BIM信息集成的发展方向,更符合BIM的理念。基于IFC建立的中央数据存储,允许由分布式的、异构的应用系统访问和修改,从而实现数据集成。但是,将BIM的相关数据、医疗业务的相关数据与医院设备设施的运维数据等进行综合集成应用,仍有一些关键问题需要深入研究和解决,如面向过程分阶段的BIM信息与设备设施运行参数的提取与集成技术,跨网络环境下系统集成间的通信协议标准化,医疗信息系统与建筑信息系统间数据交互接口开发等。

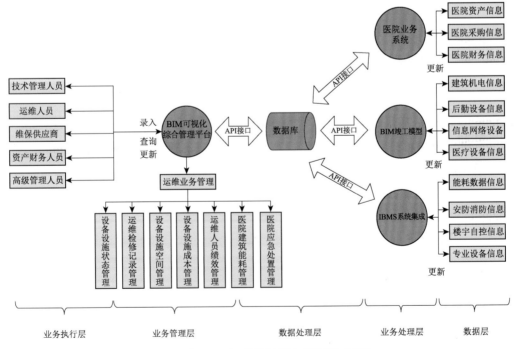

图 8-6 基于 BIM 竣工模型的医院运维管理集成框架

第三篇

项目管理篇

住院综合楼1层大厅北立面

第九章

基于 BIM 的组织管理

9.1 基于 BIM 的组织集成方法及实施

9.1.1 基于 BIM 的组织集成理念

大型工程具有规模大、利益相关者众多以及对环境影响大等特点，因此，大型工程在建设过程中所形成的组织存在诸多复杂的管理问题。传统的松散式项目管理方法已无法驾驭，需要新的管理方法来应对工程复杂性的管理。医院建设项目的管理组织，往往是以完成特定建设目标而形成的，组织内成员来自不同部门或单位，专业、水平也不尽相同。该组织既不受既定的职能组织构造束缚，也不能代替各种职能组织的活动。医院建设项目实施过程中，参建方很多，对内有医院各职能部门和病区，对外有政府审批、监管、管理等众多部门，项目现场有各参建的设计单位、监理单位、BIM 咨询单位、招标代理单位、跟踪审计单位、勘察检测单位、施工单位、供应商等，每个单位有各自的组织形式，而对于建设项目的建成目标而言，各组织内部、组织之间管理层级多、交叉关系复杂，因各自利益的出发点不同，需要跨组织地进行相关利益方的博弈。基于此，医院建设管理的业主方，协调沟通的工作量巨大，需要进行大量的组织协调、联系、沟通和管理工作。因开放性、临时性及团队性等特点，相较于日常运营组织管理，项目组织的管理更具复杂性且要求更高，因此研究项目组织管理具有重要意义。

集成管理是项目管理理论和实践发展的新趋势、新方法。通过综合集成管理，充分发挥组织内形成的工程文化，从而有效应对工程所处复杂环境的能力。BIM 技术的快速应用发展，已经从技术上提供了在组织集成方面的实施便利，因 BIM 的可视化特点将原本复杂的各类标注专业符号的图纸进行 3D 模拟，因 BIM 的协调性将大部分需要后期实施过程中优化处理的问题在前期予以暴露解决，通过技术的展现降低了参建各方专业水平的差异，由技术应用改变管理模式，建立基于 BIM 的扁平化、服务型、柔性化组织的团队集成结构。其组织理念是高效服务，即整个建设团队在 BIM 技术应用的基础上，基于各专业的技术规范及具有法律效力的商务合同，通过扁平化的高效管理模式服务统一明确的项目建设目标。

9.1.2 基于 BIM 的组织模式选择

首先，因为医院建设项目的复杂性，体现在医疗专业设计的复杂性和专业设备的多样性，对于一般的设计单位、BIM 咨询单位、监理单位、施工单位等很难理解透彻，并因各医院的管理水平、医疗专业方向和使用习惯不同，设计、管理经验很难借鉴参考。同时，由谁主导应用 BIM，其方案选择必然会遵循自我利益最大化原则，做出更有利于本方的决策建议，在 BIM 实施过程中依然存在博弈行为。因此，由业主方主导的基于 BIM 的组织管理模式对于医院建设管理而言是效益最优、利益最大的组织模式。

从项目 BIM 应用实施的初始成本、协调难度、应用扩展性、运营支持程度和对业主要求分别考察四种模式的特点，得到自主实施模式、外包实施模式——设计单位、外包实施模式——BIM 咨询单位、合作实施模式各自的特点及适用情形，见表 9-1。

表 9-1 **BIM 实施模式特点及适用情形**

应用模式	特点	适用情形
自主实施模式	1. 业主方需要自建内部 BIM 团队； 2. 项目建设完成后，BIM 团队人员可以直接进入后期运营管理； 3. 不需要交底及相应的 BIM 技术培训； 4. 要求业主具有较强的经济技术实力	1. 适用于规模较大、涉及专业较多、技术较复杂的大型工程项目； 2. 大部分情况下，业主方需要自己实施，自己运营
外包实施模式——设计单位	1. 合同关系简单，合同较易管理； 2. 业主方技术投入低，实施难度较低； 3. 对设计单位的 BIM 技术实力要求高； 4. 设计招标较难，风险较高	1. 适用于信息模型建立简单的中小型规模的项目； 2. 大部分情况下，由第三方接管进行运营管理
外包实施模式——BIM 咨询单位	1. BIM 咨询单位具有较高的专业水准，有利于 BIM 应用； 2. 利于 BIM 项目运营阶段的优势发挥； 3. 建设期结束后项目需要移交	1. 适用范围较为广泛； 2. 业主方可交由第三方接管进行运营管理，也可以自己实施自己运营
合作实施模式	1. 由业主、设计单位、BIM 咨询单位共建 BIM 项目团队； 2. 有利于项目全生命周期运营的发挥； 3. 招标难度大，合作关系不易建立； 4. 合同关系复杂，责任界限不易划分	1. 适用范围较为广泛； 2. 大部分情况下，由第三方接管进行运营管理

而对于业主方主导的 BIM 应用模式，存在自主实施模式、外包实施模式、合作实施模式，BIM 实施模式采用博弈论委托代理模型进行函数化分析，所得的期望函数在只考虑委托代理成本时，合作实施模式是最佳模式。根据医院建设工程专业性、复杂性、规模较大且对运维管理极其重视的特点，短期内建立既具有 BIM 应用和工程管理经验又懂医疗业务流程的专业团队十分困难，因此医院建设项目应用 BIM 进行项目管理的最佳模式是合作实施模式，其中业主作为该合作团队的核心和主导。

基于 BIM 的合作模式组织结构如图 9-1 所示。

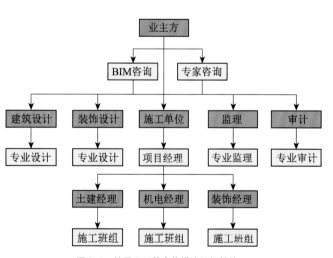

图 9-1 基于 BIM 的合作模式组织结构

9.1.3 业主方主导基于 BIM 的组织集成模式构建

师征年提出了基于 BIM 模型与信息共享的矩阵式组织结构，并提出基于横向职能分类、纵向专业分类的矩阵式扩展结构，项目管理团队可以同时管理几个 BIM 项目。徐武明、徐玖平提出了项目组织的十元组模型和十纬度集成理论，建立工程项目组织集成的逻辑框架、结构框架、运作机制和框架，并提出了宜组织的概念。聂娜、周晶提出的系统结构包括硬结构与软结构，深层结构与表层结构，空间结构与时间结构，显性结构与隐形结构等。庞玉成提出了业主方集成管理的组织形式和维度模型。

从某种角度来看，管理是指主体依托一定的资源和方法来组织、协调客体的过程。组织管理的最终目标和对象是对人的管理。针对以上组织集成的模式、维度和框架，都是首先认定业主、设计、施工等各组织的客观存在，继而讨论各组织在利益相关存在博弈的前提下各专业成员之间的组织结构，而这种先认定身份的不同再讨论技术问题的思想与 BIM 协同、优化、共享的理念是相违背的。

常规工程项目管理中，需要协同、沟通、确定方案的形式都是通过单位与单位之间进行的，是基于合同、职责、规范、管理规定等显性结构，而在工程实际进行过程中，还有隐形结构的存在。即出现技术问题时，各家单位的相关同专业人员会先行非正式沟通，如与合同、职责等无冲突时，会选择对沟通双方或参与沟通方有利的方案直接实施，特别是班组长一级的实际技术负责人，往往会从自身的直接利益出发，提供局限性的方案要求实施，因为管理人员专业分工不同、无法面面俱到、工期紧等原因，待实施完成后才发现对其他专业或后期使用功能和装饰性效果带来不利影响，引起变更返工。特别是医院建设项目的很多需求、使用习惯等与普通民用公共建筑有巨大的差异，因此，医院建设项目的组织管理，在 BIM 技术的应用下，应该让隐性的关系显性化。首先通过去组织关系进行技术方案的优化集成，再根据由各方有权限的项目负责人等参加的专题讨论会或方案论证会进行综合决策。

在业主方主导基于 BIM 的合作模式下，医院工程项目的组织管理应先跳出各个组织的身份差异，从技术层面建立去身份化的专业小组，以独立的专业小组作为一个要素单元，通过专业小组对 BIM 专业模型进行讨论优化，从技术角度选择本专业的最佳方案提供给 BIM 集成小组确定。而 BIM 集成小组除各方核心专业人员外，应根据所集成的专业内容，邀请具有决定权的需求方参加，通过最终的核心决策小组确定实施方案。让各专业的专业问题由本专业参建小组提供解决方案，通过 BIM 模型集成各专业的方案信息后进行优化比选，避免将技术问题行政化、复杂化。这样才能高效、准确地进行决策，当然，此信息模型的选择应关联如造价、材料外形尺寸和装饰效果等信息，而不是简单的 3D 示意模型。

基于此方法，假设每个参建技术管理人员为一个分子球，其大小根据工程经验值分为大（高级工程师）、中（中级工程师）、小（助理工程师、施工班组长）；颜色分为土黄色（结构专业）、红色（电气专业）、浅蓝色（给排水专业）、黄色（暖通专业）、紫色（智能化专业）、绿色（建筑专业）；身份分为业主方为 A，设计方为 B，监理方为 C，BIM 咨询方为 D，跟踪审计方为 E，施工方为 F，G，H，…，结合现场实际人员信息，编制江苏省妇幼保健院住院综合楼项目组织情况表，见表 9-2。

表 9-2　江苏省妇幼保健院住院综合楼项目组织情况表

单位	姓名	职称	专业	职责	编号
业主单位	赵**	分管院长	医疗	决策	领导
	仲**	高级工程师	工程管理	决策	专家
	张**	工程师	电气	进度	A1
	严**	工程师	电气	安全	A2
	金**	工程师	结构	质量	A3
	金*	工程师	建筑	质量	A4
	徐*	工程师	建筑	商务	A5
	马*	助理工程师	暖通	资料	A6
	蒋**	高级工程师	智能化	技术	A7
设计单位	蒋*	高级工程师	建筑	进度	B1
	柏*	工程师	电气	技术	B2
	黄*	工程师	暖通	技术	B3
	房*	工程师	给排水	技术	B4
	李*	高级工程师	智能化	技术	B5
监理单位	陈*	高级工程师	暖通	进度	C1
	张**	高级工程师	结构	商务	C2
	王*	工程师	建筑	质量	C3
	赵**	工程师	电气	安全	C4
	田*	工程师	暖通	技术	C5
	张**	助理工程师	暖通	资料	C6
BIM 咨询单位	王**	工程师	建筑	技术	D1
	杨**	工程师	暖通	技术	D2
	王**	工程师	给排水	技术	D3
	李**	工程师	结构	技术	D4
跟踪审计单位	端*	工程师	审计	商务	E1
	刘**	工程师	审计	商务	E2
总包单位	齐**	工程师	建筑	进度	F1
	祝**	工程师	结构	技术	F2

单位	姓名	职称	专业	职责	编号
总包单位	吴**	工程师	给排水班长	安全	F3
	赵*	助理工程师	档案	资料	F4
安装单位1（机电安装）	陈**	工程师	电气	进度	G1
	汪*	工程师	电气	质量	G2
	唐**	工程师	暖通	技术	G3
	任*	工程师	暖通	质量	G4
	许**	工程师	给排水	安全	G5
	何*	经济师	预结算	商务	G6
	颜*	助理工程师	暖通班长	技术	G7
	曹**	助理工程师	电气班长	技术	G8
安装单位2（消防工程）	王**	工程师	电气	安全	H1
	李**	助理工程师	消防班长	技术	H2
安装单位3（智能化工程）	沙**	工程师	智能化	进度	I1
	戴**	工程师	智能化	安全	I2
	张**	工程师	智能化	技术	I3
	李**	工程师	智能化	质量	I4
	王**	助理工程师	弱电班长	技术	I5

根据以上组织情况表绘制的实际现场基于BIM技术的组织运作业务结构，如图9-2所示。

（1）每个带有专业颜色的多边形代表现场同一专业的专业小组，每个专业小组为一个要素单元，本专业内的各类问题首先由该技术小组协调解决，多个要素单元基于BIM可视化模型和协同管理平台进行工程各类活动的优化集成。各类技术问题仅从专业层面根据BIM模型和现场具体情况提供最优方案，该专业小组的每个人员根据其经验值（以职称和现场真实能力形成自发的认同）提出或接受专业问题，并随时碰头解决。

（2）围绕核心BIM小球的大圈代表实际现场各专业之间的设计协同、方案优化、现场讨论、专题论证等工作形式，主要是在BIM的协同平台基础上进行专业之间的沟通协调，存在方案选择或有异议的交由小圈内的决策小组确定。

（3）围绕核心BIM小球的小圈代表项目现场决策小组，包括医院领导、聘请的专家及跟踪审计人员和外圈各技术小组在各自专业内形成的供讨论决策的本专业技术方案。

（4）核心小球表示经决策确定的BIM模型及以技术为核心的技术方案。

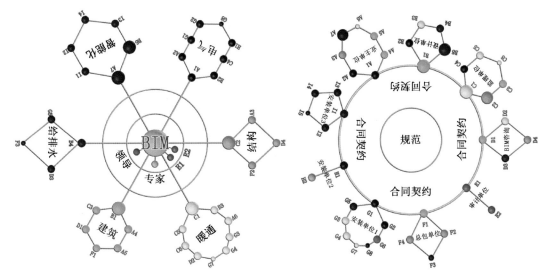

图 9-2 基于 BIM 技术的组织运作业务结构　　　　图 9-3 基于 BIM 技术的组织运作既定结构

运作业务结构运作的基础结构为专业小组的要素单元，核心结构是由有经验、有智慧、有权利、有职责的决策小组，其围绕的中心是不断协同、完善、集成的 BIM 可视化模型和基于 BIM 模型的协同管理平台。运作业务结构是现场虚拟组织——项目大团队内部基于 BIM 的技术作业组织结构，其核心是以技术为前提进行从施工现场到专题论证到最终决策的项目高效管理的实施过程。

原来各行为个体之间存在的组织结构为运作既定结构，如图 9-3 所示。

(1) 运作既定结构主要是指项目行为主体所构成的原实体组织结构，如业主单位、设计单位、监理单位、施工单位、审计单位等。

(2) 各既定组织内部人员按照各组织内部的管理规定和考核要求进行自身项目团队的各类业务活动。

(3) 项目运作过程中，各既定组织之间的合作基础和约束条件为契约与规范，即各单位之间双方、三方或多方签订的具有法律效力的协议、合同以及工程建设领域必须遵守的设计规范、监

理规范、施工规范等具体法律法规。

(4) 各既定组织之间除专业技术问题外，如出现造价变更、工作范围变化、现场纠纷、人员变动等，均按照合同契约进行友好协商、商务谈判、法律诉讼等方式解决。

运作既定结构是客观存在的组织结构，但一般在项目建设的 3～5 年周期中，在基本招投标等商务活动固化后，实际参建的大团队内部就会为提高整体工作效率而渐渐弱化原有既定的组织关系，转而形成以专业技术为工作核心的新型虚拟组织结构。

为实现项目管理目标而建立的各类临时工作小组称为运作管理结构，如图 9-4 所示。

(1) 工程建设项目需要设立质量、安全、进度、造价等项目管理目标作为对项目本身及项目各阶段的总体或分阶段目标。

(2) 根据项目运作目标和工程管理以及建设法规的需要，各既定组织之间均有专职安全员、质检员、造价员、施工员、档案管理员等专职人员，由参建单位的相同职责的人员组成相关管理目标小

组，由该类小组对工程质量、进度、安全、物资调度、商务谈判、综合协调等进行现场专项管理，利用小组的团队职能来进行管理。如各单位安全员组成安全管理小组，通过个体自身的职责和小组的职责进行交叉监督，避免常规各管各安全其他不相干的弊病。

通过以上三个层级的组织结构集成，构成基于 BIM 技术的组织结构网络，如图 9-5 所示。

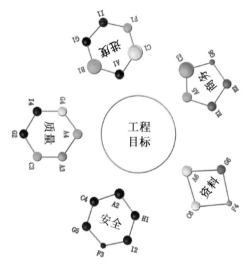

图 9-4　基于 BIM 技术的组织运作管理结构

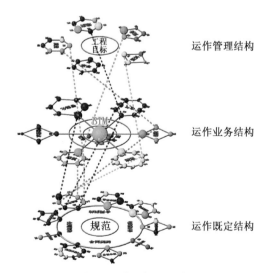

运作管理结构

运作业务结构

运作既定结构

图 9-5　基于 BIM 技术的组织运作结构网络

其中，组织运作业务结构是核心结构，是基于 BIM 的以技术为核心的项目团队新型组织形式，其核心圈内的专家、领导、审计人员等与各专业小组的经验值较高的人员组织基于 BIM（模型＋造价）的决策小组。而组织运作既定结构是基于规范和合同的实际存在，是项目团队的表层组织形式；组织运作管理结构是基于工程目标的质量、安全、进度、资料、商务的深层组织形式。

本来松散的组织形式在这样一个以技术专业为基础，通过 BIM 的可视化协同平台与小组决策模式，让工程建设过程中的隐性结构显性化。最终依托此平台，整合相关资源并将资源予以重新分配，形成一个能驾驭各种复杂情况的新型组织形式。

9.2　基于 BIM 的综合组织集成扩展

综合集成管理组织是指将存在众多自主主体的某一系统，进行集成管理，且在此集成管理活动中存在着相互关联及运行方式。上文所描述的组织集成结构，只是现场可以辨识明确的组织结构，而每个"自主主体"的背后，还有隐形的客观存在的其他个体，如施工单位背后的分包商、材料采购人员、劳务分包商和实际指挥决定工程质量标准的班组长。同时，随着工程的延续和深入，新集成进来的医疗设备供货商、家具物资供应商、后期运维管理承包商及相关检测、第三方验收等，更加"涌现"出系统的复杂性，需要对组织集成进行综合集成的再扩展。

根据医院建设项目组织关系的复杂性，要求大型工程组织系统具备以下三种功能：应付环境和目标变化以及初始敏感的动态管理功能；化解多元主体冲突行为的行为管理功能；应对涌现及创新所需要的组织学习功能。这种组织形式决定了在综合集成管理中，管理不能简单地视为只是执行功能的工具，主体间是否能相互协调和协作是综合集成管理目标最终能否实现的关键。综合集成管理的决策主体一般不是个人，甚至不是少数人，而是团队，是群体，因为只有这样才能发挥群体力量构建和提升决策主体的整体决策能力。最后，通过对复杂系统的系统分解和综合，综合集成管理主体和各"活"的自主主体，建立有效的执行体系。综合集成管理通过主体的群体交互、定性与定量相结合、人机相结合等"积木"组合来涌现新的知识与智慧，组合过程不是"线性"叠加，而是通过对管理资源的"非线性"叠加，形成新的管理能力。

根据以上理论基础和基于 BIM 的专业组织结构，建立医院建设工程组织运作业务结构扩展模型，如图 9-6 所示。

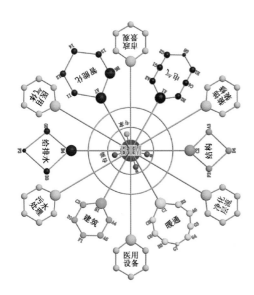

图 9-6　基于 BIM 技术的组织运作业务结构扩展模型

该结构的特点是持续性、可扩展，通过 BIM 模型的不断完善，经过逐渐增加的医院建设项目

各类深化专业的加入而持续扩展。

9.3　基于关键主体行为的工程文化集成

基于 BIM 的组织关系结构对医院建设项目的设计协同、施工配合、目标实施等起到"硬性"的主导，而医院建设项目成功与否，能否实现多方共赢，还需要有"柔性"的影响。医院建设项目的业主、设计单位、监理、施工单位、供应商等各参建方有着各自不同的组织文化，而在各自不同的组织文化背景下都是由有感情、有智慧、有情绪的行为主体——人所组成的。人最复杂的是心理活动和行为动机，组织文化之间又存在一定的文化差异，从个体到组织的相关利益冲突对建设工程的影响极其重要。

医院建设项目的建设时间，单项工程一般至少3～5年，体量较大的项目甚至持续8～10年，而一般社会中人与人建立感情较深的阶段，如大学或入伍，时间仅2～4年，因此，建设过程中人与人、人与组织、组织与组织之间会形成一定的工程文化。

王卉佳提出了工程文化是指工程全生命周期中形成的被普遍认可和遵循的价值观，这些价值观在工程建设和运营实践上反映出的制度和行为，以及体现工程价值观的物质实体的总和。国外学者 Thevendran 通过研究认为，虽然在建设工程中人为风险因素的重要性已经逐渐被认可，但是这对该风险的有效识别、评价等管理工具还是缺乏的。Au 和 Clan 通过分析论证了环境变量，如期望效用、风险认知、风险态度或组织规模等，与项目的风险行为模式具有一定的关系，且项目主体的风险态度与其行为模式决策具有高度的相关性。

Anderson 通过评估项目层面和组织层面的文

化，认为在强任务导向的文化环境中，可以有效提高预算执行绩效。Widmen 的研究结果显示，工程文化是领导意识和项目组织架构的反映。盛昭翰定性研究了工程文化，通过分析发现为了保证工程对工程文化的需求，应将自组织和他组织进行综合集成管理，将工程文化要素与项目的发展进行有效结合，从而保证在项目的有限周期内形成与工程建设所处环境相适应的工程文化，且应有益于工程建设推进的工程文化。

医院建设项目中的关键主体即为业主方。医院建设项目有其特殊性，公立医院属于事业单位，其自组织本身就有文化的内涵和文化外延的需要，而医院建设又具有专业性、复杂性的明显特征。因此，医院建设项目的业主方往往在建设过程中起强主导作用，即使是代建模式，医院作为关键主体，其组织文化对主体的强主导行为表现也是极其明显的。因此，医院建设方作为关键主体的行为表现对工程项目的建设具有巨大且深刻的影响。

医院建设项目中，基于技术与 BIM 的组织集成和协同平台，建立了一个物理层面的集成，而医院作为业主方的关键主体行为，应主导建立一个基于工作关系集成和组织文化集成的和谐伙伴关系，形成工程文化。

关键主体行为的集成框架如图9-7所示。

其中，合同契约是两个或多方组织之间的显性关系，也是该两个或多方组织之间主体的工作关系建立的基础，合同契约的集成是整个建设团队工作关系集成的基础。项目物理集成是指设计、施工、采购等具体项目实施的内容集成，是项目组织文化集成的具体表现。一个项目有众多参与主体，各主体之间以领导关系或协作关系而存在，从而形成规模庞大且关系繁杂的网络结构。在该网络结构中，各主体各司其职，承担相应的工作任务，同时在不同建设阶段动态地存在进出变化，而关键行为主体通过资源集成的保障，以及制度、规则、合同、文化所形成的约束，就像无形的"场"，使原先具有无序的个体"粒子"，逐渐方向趋同，最终实现工程建设的目标。

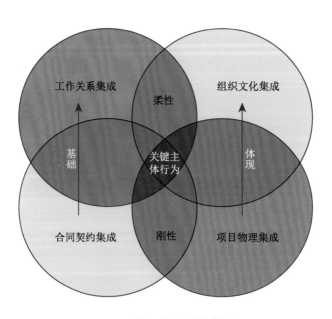

图9-7　关键主体行为的集成框架

9.4 基于 BIM 的组织网络结构与主体行为关联

南京大学工程管理学院李迁副教授通过跟踪采集住院综合楼项目团队成员基于 BIM 技术应用的绩效评价及各参建团队负责人对该团队成员的 BIM 工作效果评价，以实现课题"BIM 成员网络结构特征—成员的行为—成员工作效果"的关联效果分析。因为住院综合楼建设项目是一个复杂项目，希望通过比较和分析，看出其与传统的较为简单的项目的异同。研究中，调查问卷的发放分三次，共发放问卷 150 份，回收有效问卷 126 份。第一阶段的问卷调查主要是调查项目团队之间的关系网络；第二阶段的问卷调查主要是调查项目成员在项目过程中的组织公民行为及自我成就感；第三阶段的问卷调查主要是调查项目成员角色内行为及个人绩效。

9.4.1 任务、情感网络图分析

通过第一阶段的问卷，构建了项目的土建阶段及机电设备安装阶段的任务网络及情感网络，并作出了社会网络图，如图 9-8—图 9-11 所示。

上述四个网络的相关性表格，见表 9-3。

结论：通过比较分析，我们发现，在一个项目实施的过程中，工作关系与私人关系有很强的关联性。

建议：为保证项目的顺利进行，项目成员之间应该注意私人关系的维护，因为在项目中，私人关系会对工作的开展产生很大的影响。因此，如果管理者希望在组织中具有权威性，便于工作的管理，不但需要完成工作上的交流，更应该注重与项目成员情感上的交流。

两个阶段中项目的重要成员见表 9-4。

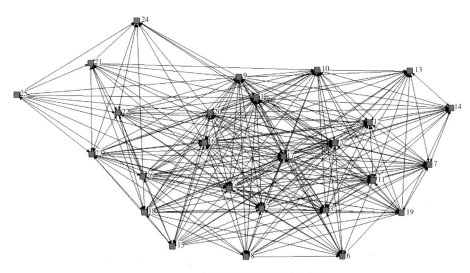

图 9-8 土建阶段任务网络的社会网络图

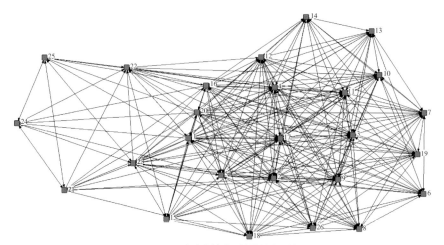

图 9-9　土建阶段情感网络的社会网络图

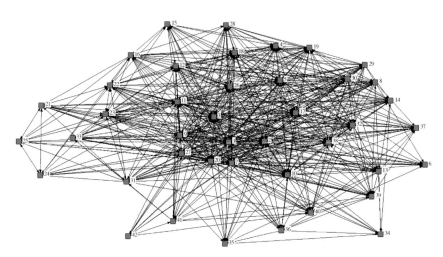

图 9-10　机电设备安装阶段任务网络的社会网络图

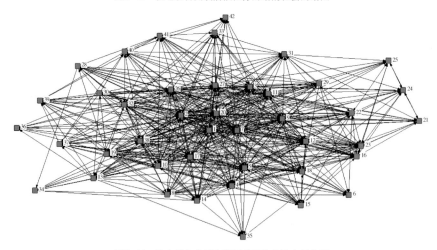

图 9-11　机电设备安装阶段情感网络的社会网络图

表 9-3　四个社会网络图的相关性

	土建阶段任务网络	机电安装阶段情感网络
机电安装阶段任务网络	0.756	0.925
土建阶段情感网络	0.934	0.597

表 9-4　两个阶段中项目的重要成员

土建阶段 任务网络	土建阶段 情感网络	机电安装阶段 任务网络	机电安装阶段 情感网络
1	1	1	1
16	16	7	7
20	20	20	20
9	2	9	9
2	4	2	27
4	5	27	2
5	17	3	17
17	3	11	3
26	9	17	11
3	11	10	10
11	12	26	26
12	10	5	5
10	23	38	38
23		18	32
18		32	4
		4	12
		12	18
		19	19
		22	22
		23	23

结论：通过比较分析，我们发现，在一个项目实施的过程中，只要社交关系基本形成，无论是工作关系还是私人关系，在后期都不会发生较大的改变，处于重要位置的核心人物都是相似的。

建议：为保证项目的顺利进行，项目成员之间应该注意社交关系的维护，因为这种关系一旦形成，很难改变。同时，对于管理者来说，如果希望在团队中树立权威，需要在前期做好充分的工作，保证自己成为项目中的核心人物，从而确保自己在团队中的影响力，这种影响力一旦建立，在项目的存续期间都将发挥持续作用。

9.4.2　公民组织行为分析

项目重要成员的工作年限分布如图 9-12 所示。

结论：可以看出，在项目中处于重要位置的人中有 85% 的人的工作年限在 6 年以上。

建议：在项目的实施过程中，由于工作年限在 6 年及以上的人发挥着主要作用，因此管理人员在项目管理的过程中，应当注重管理这部分人，可以起到事半功倍的作用。

项目重要成员的职务分布如图 9-13 所示。

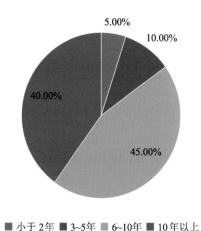

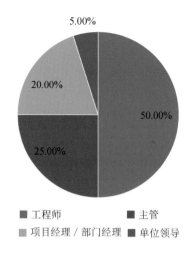

图9-12 项目重要成员的工作年限分布　　　　图9-13 项目重要成员的职务分布

小于2年　3~5年　6~10年　10年以上

工程师　主管
项目经理/部门经理　单位领导

　　结论：可以看出，项目重要成员的职务有50%是工程师，25%是部门主管。

　　建议：在项目实施过程中，部门主管与工程师在团队中扮演着更为重要的角色，特别是工程师发挥着至关重要的作用。因此管理者在进行项目管理时，除应当与部门主管及项目经理进行沟通外，更应该加强与工程师的交流，才能更好地确保项目的顺利进行。

　　在之后两次发放的问卷中，调查了项目成员的组织公民行为、角色内行为、个人绩效及个人成就感的情况，见表9-5。

　　组织公民行为（Organizational Citizenship Behavior，OCB）是指有益于组织，但在组织正式的薪酬体系中尚未得到明确或直接确认的行为。OCB至少由七个维度构成，分别是助人行为（helping behavior），运动家道德（sportsmanship），组织忠诚（organizational loyalty），组织遵从（organizational compliance），个人首创性（individual initiative），公民道德（civic virtue）和自我发展（self-development）。组织公民行为是一种员工自觉从事的行为，不包括在员工的正式工作要求中，但这种行为无疑会促进组织的有效运行。

表9-5　项目成员的情况

统计结果	组织公民行为	角色内行为	个人绩效	个人成就感
最小值	2.526	2.600	2.714	2.571
中位数	4.000	4.200	4.286	4.214
均值	4.016	4.124	4.228	4.167
最大值	5.000	5.000	5.000	5.000

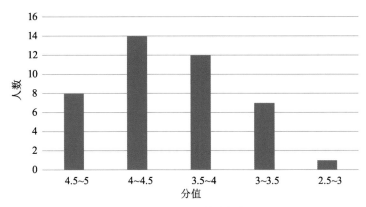

图 9-14　组织公民行为得分

结论：从图 9-14 可以看出，组织公民行为的得分集中在 3.5～4.5，高分与低分都相对较少。项目成员之间普遍存在一定的组织公民行为，但是程度不深，有待进一步的提升。

建议：组织公民行为有利于形成积极的团队气氛，创造使人更加愉快工作的环境，并能增强组织对环境变化的适应能力，创造组织的社会资本，进而提高员工的工作效率和组织的绩效。因此，管理者应该注重在今后的工作中，提高组织成员的组织公民行为，识别和培养健康的组织公民行为，对员工工作生活质量进行监控，使组织公民行为更多地发挥积极的作用。

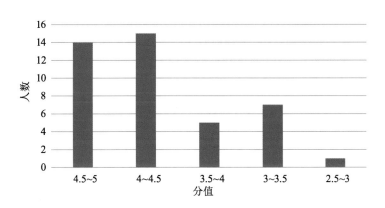

图 9-15　角色内行为得分

结论：从图 9-15 可以看出，相较于角色外行为（组织公民行为），被纳入绩效评估体系内的角色内行为得分处于较高的水平，项目成员的常规工作完成情况较好。

建议：团队成员普遍能较好地完成自身任务，可以考虑进一步调动项目成员的主观能动性，发挥团队成员巨大的潜力。

结论：从图 9-16 可以看出，项目成员的个人绩效也普遍集中在一个较高的水平，证明项目成员能力较强，管理者也具有较高的管理能力，这为项目的顺利实施打下了坚实的基础。

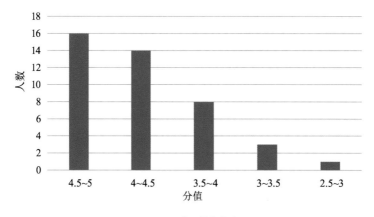

图 9-16　个人绩效得分

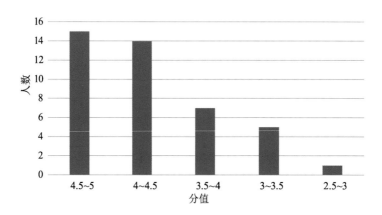

图 9-17　个人成就感得分

结论：从图 9-17 可以看出，项目成员的个人成就感得分与项目绩效具有较高的一致性，普遍处于较高的水平。这说明在本次项目中，大多数成员认为自己的付出是有价值的，并通过该项目获得了物质或者精神上的对等回馈。

建议：个人成就感的提升会对项目整体的绩效产生积极影响。项目管理者应该在项目实施过程中多与项目成员进行沟通交流，加深对项目成员的了解，促进项目成员在项目过程中的个人成就感的提升。

在工程项目中，项目团队大多是由各方面的专业团队组成的，随着项目的推进，工作的复杂程度加大，所需要的专业团队增多，一些新的技术团队会加入项目中。由于新团队的加入以及各阶段任务的差异性，在不同阶段各个团队成员的任务分配具有一定的差异性，因此两个阶段的任务网络产生了一定的变化。但是由于每个团队负责的技术方向固定，并不会更换，且每个团队内部的核心人员数目较少，负责的内容也具有一定的连贯性与一致性，两个阶段的任务网络变化相对较小，相关性较高。

项目团队通常是根据项目需求临时组建的，大多数人只与自己所在团队的内部成员较为熟悉，而与其他人非常陌生，甚至完全不认识。因此，虽然在原本的小团队中存在成熟且固定的社交关系、情感网络，但是对于整个项目团队而言，最开始是不存在成熟的社交关系与情感网络的。随着项目的推进，项目成员逐渐熟悉，情感交流逐渐密切，相对于任务网络在阶段之间的延续，情感网络会随着项目的推进而逐渐演变。同时，情感网络的建立是基于成员之间的感情，而感情本身不具有稳定性，容易受到偶然事件的影响。因此，在项目的整个过程中，情感网络的变化会比较大，项目的两个阶段的情感网络的相关程度相对较低，低于任务网络的相关性。

基于前面的阐述可以看出，项目成员之间情感网络的建立主要依赖于项目推进过程中产生的交流与沟通。由于绝大部分的成员在项目开始之前是不认识的，因此项目过程中的交流与沟通大多数是建立在工作之上的，也就是说，情感网络的建立在很大程度上依赖于任务网络。因此，在第一阶段，任务网络与情感网络的相关性极高。

到了第二个阶段，由于部分项目成员已经有了一定的情感基础，所以这种依赖性有所降低，但是因为第二阶段加入了很多新成员，新老成员互不认识，这种依赖性仍旧很强。且第一阶段的情感网络也是基于正式网络形成的，而且跨团队的联系往往依赖于每个团队的核心成员，在经过了第一阶段后，原项目成员中仍旧有许多人极为陌生或者互不相识。基于这样的情况，在第二阶段，任务网络与情感网络的相关性虽然低于第一阶段两个网络的相关性，但是仍然非常高。

9.4.3 分析结论及建议

（1）现象：土建阶段中心性很高的成员中很多都是负责机电部分的。

分析：在土建阶段出现了工程前移的现象，很多机电阶段的问题已经被提前发现并解决。同时，在医院工程项目中，土建相关的变更较少，而由于医院项目本身的复杂性，机电方面的问题更加复杂，变更会更多。这也体现了 BIM 项目的扁平性，由于可以在前期就看到整体方案，打破了时间空间的约束，因为项目产生了联动性，问题的解决不再依赖项目进度。

（2）现象：在土建后期加入的重要成员在该阶段的任务网络中心性很高，但是情感网络中心性很低。而到了机电安装阶段，其在两个网络的中心性都很高。

分析：由于任务网络是受到工作安排的影响，临时调派并不会对任务网络造成较大影响，然后对情感网络的影响较大。从另一个角度也说明了，在工程项目中任务网络与情感网络具有较高的相似性，即使在初期存在一定的差异，在后期也会逐渐趋于一致。

（3）现象：在土建阶段，给排水和暖通的工程师在网络中占据了非常重要的位置。

分析：首先，验证了前面的分析，工程的整体性和联动性得到了改善。其次，可以看出 BIM 项目确实有效改善了工程管理的问题。由于在 BIM 项目中很多问题可以在前期直接解决，不需要通过项目经理后期协调，因此项目经理的作用被减弱了。相反，BIM 系统让很多问题的人际复杂性降低了，从管理问题变成了技术问题，可以由工程师直接解决。最后，对于医院项目而言，给排水和暖通具有一定的特殊性，医护人员对其要求具有多样性，因此后期的更改也较多。

建议：由于给排水和暖通部分在设计时没有充分考虑到医院项目的特殊性，因此后期改动较多。建议在之后的医院项目建设中，应充分重视给排水和暖通方面的设计。

（4）现象：电气方面的成员在网络中的中心性都较低。

分析：电气方面的内容在 BIM 系统中模拟得不多，换言之，BIM 对于电气方面能起到的作用非常小，因此基于该部分的联系在 BIM 网络中很难体现出来。

建议：虽然电气方面的工作在小型简单的项目中没有太大的差异与难度，但是对于大型复杂项目而言，特别是医院项目，其可能会影响到工作人员的工作，因此应当引起足够的重视。目前 BIM 系统中将机电合为一个部分，造成了电气被忽视的问题，其很多特性及专业性问题没有在系统中体现出来。之后可以考虑在 BIM 中更好地体现电气工作的相关特性。

(5) 现象：机电安装阶段中负责土建部分的成员中心度较高。

分析：在机电安装阶段逐步暴露出一些土建问题。这也体现了 BIM 项目前后的联动性，其使得项目扁平化，跨越了时间与空间的阻碍。

(6) 现象：项目的友情网络变化较小。

分析：在这个复杂的项目网络中，很多冲突都是功能性的，并没有影响成员之间的情感。在 BIM 项目中，由于人际摩擦的减少，团队成员之间的感情维系较好，因此情感网络没有发生重大的变化。

(7) 现象：负责信息化、智能化设计的成员在机电安装阶段中心度较高。

分析：在医疗项目的土建阶段，信息化、智能化部分属于弱电专业，而这方面在 BIM 系统中很难体现出来，因此智能化建设在土建阶段被忽视了，导致其建设滞后，很多问题在机电安装阶段才体现出来。

建议：智能化、信息化的部分应当在土建阶段引起足够的重视，避免后期一些不必要的浪费与麻烦（如因设计不当而多安装的一些电梯口电视）。

(8) 现象：同一部门的工程师的中心性远高于项目经理的中心性。

分析：在 BIM 项目中，很多管理问题被转化成了技术问题，许多问题可以在前期由技术人员直接解决，需要项目经理协调的问题大大减少，因此项目经理角色的重要性逐渐降低。由于管理问题的本质是协调，而很多问题前期解决好了，也就无须项目经理后期协调了，很多本来由项目经理负责的管理问题也逐渐转化成了技术人员自身能够直接解决的技术问题。因此，在实现项目扁平化的同时，项目的传统链条、管理模式、人际关系也逐渐被弱化，新的管理模式及制度在逐渐建立。

(9) 现象：随着项目的逐步推进，项目成员之间的感情也逐渐加深，合同的效力会减弱，约束力会下降。在业主方和施工方建立更为密切的关系后，很多惩罚在后期并没有真正落到实处，因此惩罚也就失去了其本应该有的威慑作用。

建议：相对于惩罚机制，奖励机制更加受欢迎，也更容易在后期继续发挥作用，而目前奖励机制缺乏，须建立更加完善的奖励机制。

第十章
基于 BIM 的集成管理

住院综合楼

10.1 基于 BIM 技术的需求、设计、施工、交付阶段集成联动分析

医院建设项目是一个复杂的系统工程，其建设管理需要打破常规流程，建立基于 BIM 的联动机制。基于 BIM 的模拟建造，可以一键解决图纸上的碰撞问题，将各专业之间的协调在实施前获得有效解决，并通过直观可视化消除业主、施工方对设计理解的偏差。而基于 BIM 的 4D 项目管理技术，是指将 3D 建筑信息模型与施工进度结合，集成施工资源、质量、安全、成本信息，形成 4D 施工信息模型，从而达到工程项目的动态、集成和可视化管理。以医院建设中的洁净手术部单项工程为例，洁净手术部在实施过程中，从需求的论证到多方案的比较再到最终确定最优方案，从招投标采购到深化设计方案再到专项 BIM 的模型，从确定模型到开始施工再到过程中不断完善修改，项目每周定期组织专题例会，由建设方牵头，组织设计、施工、监理、BIM 咨询、使用科室、设备供应商共同针对 BIM 模型和施工需解决的问题进行协调，讨论决定以会议纪要形式予以明确。

10.1.1 需求的科学确定

BIM 技术的应用前提是有大量的信息支撑，预先没有科学的参数设置，无法展现科学的合理模型。洁净手术部是体现一家医院综合医疗实力的技术平台，如何科学规划、合理设计，最初的需求就必须遵循科学的方法来确定。以洁净手术部为例，BIM 技术应用需求的科学确定步骤如下：

（1）对医院近 5 年的手术数据进行汇总分析，包括手术总台数，手术类别数在年、月、周的分布，趋势和特征。

（2）根据医院未来 5～10 年甚至更远的学科发展规划和医院定位，分析判断医院未来 5～10 年需要开展的手术类别，预测手术增长趋势和新技术的开展所需要购进的新设备。

（3）通过专家访谈法、方案比较法确定手术间功能及数量的配置，手术室布局、流程的初步方案。

（4）结合建筑整体规划确定洁净手术部所在的楼层和建筑面积进行初步设计，与建筑的初步设计同步。

（5）邀请至少 2 家满足医院定位需求的专业厂家根据以上确定的初步需求进行独立的初步设计，并对各家设计方案进行广泛的多次专题论证，分别从医学角度、感控角度、建筑角度、使用者角度、大型设备角度、运维角度进行综合分析修改，最终形成一个综合各方意见的初步设计方案。

10.1.2 基于 BIM 的初步设计与需求的联动

在完成初步设计后，应提交由 BIM 实施方进行模型的建立，模型建成后进行同步的管线碰撞检测等，消除设计之间的不耦合。此时应同步展开洁净工程的暖通、新风、墙顶地等主材、电气设施的考察，确定品牌，每个单项的考察经比较后有了初步的实施意向，均应提交适当的参数由 BIM 模型进行适应性检查和效果比对确定，将修正后最适应医院需求和建筑模型实际情况的参数反馈到工程招标文件中予以细化和固定，并对拟招标的施工单位资质和 BIM 应用经历、项目管理水平提出约束和评价条件。在完成招标确定中标单位后，及时要求施工单位作为深化设计牵头方，组织设计单位、设备供应商与医院各相关部门进行洁净手术部基于 BIM 模型的深化设计，此设计应全面深入地反映洁净手术室各专业的系统配置

和建筑整体各专业之间的关联界面，确定冷热源、强弱电的具体阀门和开关的所属位置，确定机组摆放的结构承重、洞口预留，模拟每个手术室的3D效果，包括手术间内的麻醉吊塔、器械吊塔、无影灯、手术床、一体化操控屏（包括 DSA、达芬奇机器人）等医疗设备的摆放位置、朝向和布局分布，甚至应可做到动态模拟。

10.1.3 基于BIM技术的设计与施工联动

在深化设计的基础上，因设备采购与工程进度的先后顺序，导致洁净手术部的工程施工与设计的不断完善需要交叉进行，这给现场管理带来了问题。常规做法是根据后续招标的医疗设备等逐步确定，不断加到施工中来，由施工单位进行修改完善设计图纸和现场进行返工调整。而基于BIM的新的流程应予以改变，将设计与施工进行联动，让后续招标的设备等基于前期调研确定的模型参数进行招标，并按照总体设计和模拟实施

的进度计划参与其中，对局部细节的大样或衔接节点进行完善修改，同时在此过程中与医院的需求方进行定期的现场勘察，以实际施工与模型之间的细微差异，按照需求方的使用习惯，面对实景的新感受后提出的新要求进行持续完善，并及时通过变更需求单、技术核定单、设计变更单等固定需求，完成项目管理的规范手续。如果想将BIM技术应用再提升，可以使用VR技术与BIM的精装模型进行有效结合，邀请洁净手术部的使用者和管理者通过切身感受的3D空间漫游进行提前审查，因为常规医疗人员对平面布局的空间感受和想象远不如工程技术人员，往往等手术间建成后实地感知和平面图纸感知会有较大差距。如果前期能将业务流程进行精确的设定，还可以对手术间的冷热环境模拟、应急疏散模拟、洁污流程的管理进行动态模拟，便于过程中更精确地对手术部的建设提供科学依据。净化机房局部CAD图，如图10-1所示。

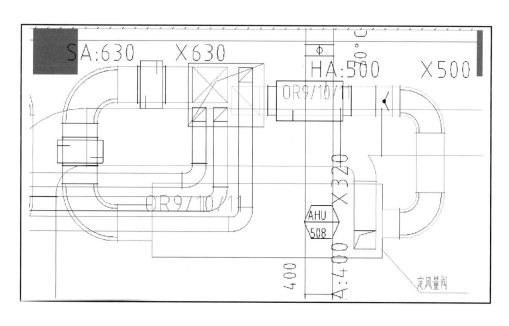

图 10-1　净化机房局部 CAD 图

10.2 基于BIM的需求、设计、施工联动机制建立

打破常规流程，建立基于BIM的联动机制，基于3D模型的可视化，可以极大减少各专业之间的协调问题，以及业主、施工方对设计理解的偏差。洁净手术部在实施过程中，每周定期组织专题例会，由建设方牵头，组织设计单位、施工单位、监理、BIM咨询单位、使用科室、设备供应商共同针对BIM模型和施工需解决的问题进行协调，讨论决定以会议纪要形式予以明确，由各方按照流程实施，其各阶段实施联动的流程如图10-2所示。

10.3 医院洁净手术部联动机制下的实施成效

根据以上流程，医院在住院综合楼5层、6层建立洁净手术部，具体建设内容如下：

手术部位于住院综合楼5层，所在区域建筑面积约2 900 m²，共设计手术室16间，其中Ⅰ级手术室2间（1间为铅屏蔽杂交手术室，1间为Ⅰ级铅屏蔽手术室），Ⅲ级手术室14间（其中铅屏蔽3间、机器人手术室1间、负压隔离手术室1间、腔镜手术室7间、普通手术室2间）。手术部采用污物回收型双通道布局，配套相关辅助性功能用房。洁净区用房等级设计为Ⅲ级，洁净区走廊等级设计为Ⅳ级。手术室吊顶设计高度为3.0 m，走廊及辅助用房吊顶设计高度为2.6 m。

手术部办公生活区位于住院综合楼5层、6层，所在区域建筑面积约650 m²，由手术更衣区和办公生活区组成，不规定用房等级。吊顶高度设计为2.6 m。

病理区位于住院综合楼5层，所在区域建筑面积50 m²，用房等级为Ⅳ级，吊顶高度设计为2.6 m。

腔镜清洗区位于住院综合楼6层，所在区域建筑面积约228 m²，非净化区域，吊顶高度设计为2.6 m。

经过深化设计后模拟的综合管线模型和局部指导土建楼板结构预留的洞口的模型，如图10-3和图10-4所示。

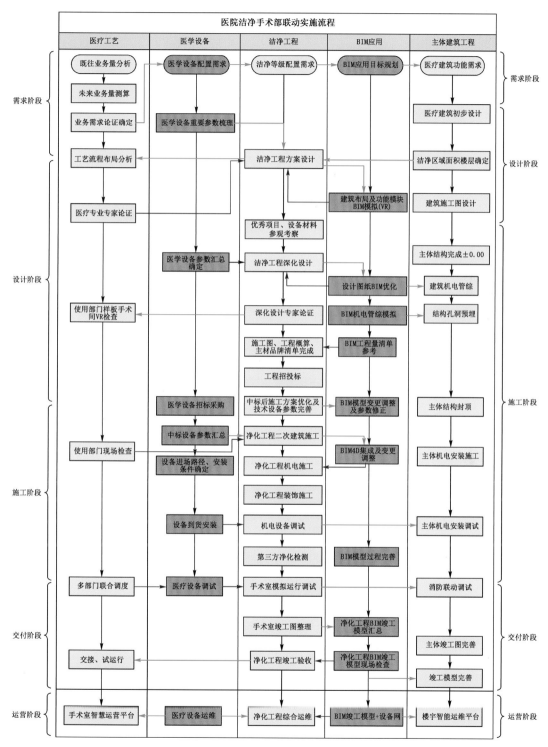

图 10-2　基于 BIM 的洁净手术部需求、设计、施工、交付联动机制框架流程

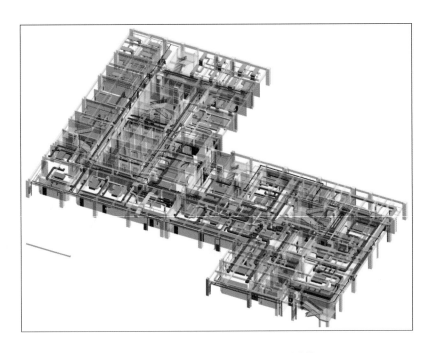

图 10-3　住院综合楼洁净手术部 BIM 综合管线模型

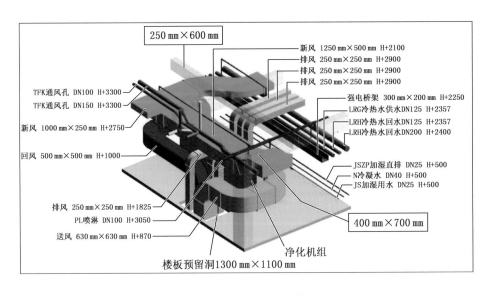

图 10-4　净化机房局部 BIM 模型

对两间Ⅰ级杂交、机器人手术室进行了包括医疗设备在内的实景模拟，吊塔、无影灯、手术床等医疗设施均按照招标采购的参数尺寸模拟并记录相关商务、配置信息，便于后期对接基于BIM的运维管理。其模拟与实景对比如图10-5和图10-6所示。

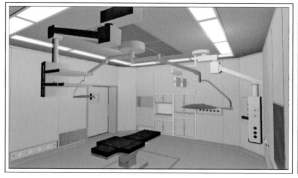

图10-5　Ⅰ级手术室BIM模拟图

图10-6　Ⅰ级手术室建设实景

10.4　BIM技术应用在洁净手术部工程管理实施中的价值分析

BIM的4D项目管理技术是将建筑物及其施工现场3D模型与施工进度相链接，并与施工资源、质量、安全、成本信息集成到一体，形成4D施工信息模型，实现工程项目的动态、集成和可视化管理。传统的CAD设计中，各专业之间的图纸缺少耦合关联，同时无法向医院的专家（建筑的外行）展现全貌。而BIM模型可以建立不同元素、不同对象的关联关系，能直观地展现每一个可视的细节。

基于BIM技术的设计方案可以自动"发现"各专业之间的非耦合关联，提示需求方、设计方进行修改，如果与此相关的任何参数发生变更，可视的模型会自动调整以适应新的变更。同时，建筑模型的截面图和正面图都会自动发生改变，进度计划、算量明细表或者其他相关信息也都自动变更。这一项增加了设计的有效性，也有效处理了图纸间的不耦合，为后续的施工和设备采购后的集成提供了便利。

BIM不仅仅在设计阶段中应用，BIM定义中也包含"项目全生命期相关的所有信息"。工程团队根据模型中的信息关联，预先了解工程在施工时可能会发生的问题，事先改变施工方案和路径等，降低建筑过程中的风险，减少了变更成本；BIM可以实现各个参与方基于同一个模型进行沟通。各参与方工作整合到同一模型平台，提前发现潜在的冲突，各方也更加清楚各自的工作范围和内容，降低了基于CAD图纸的沟通成本。另外，在洁净手术部交付使用后的运营阶段，业主或使用方可以应用BIM模型进行设施的维护和管理。

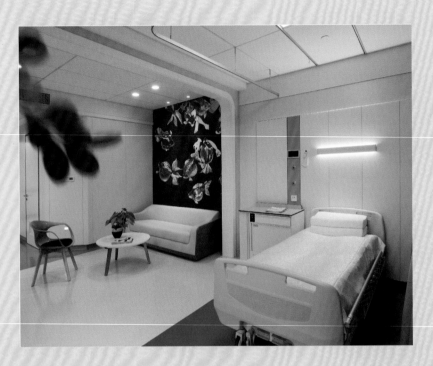

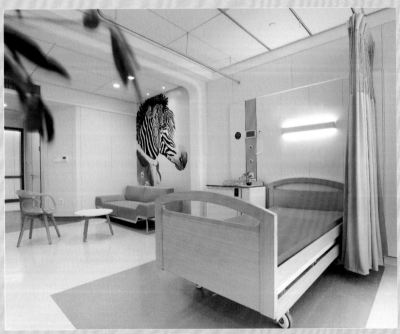

病房实景

第十一章
基于 BIM 的资源管理

资源管理是项目管理的重要内容，传统的施工过程资源管理往往暴露出因图纸和进度计划调整，致使出现项目不能及时完工、资源需求计划不准确、工程二次返工、成本管理混乱等问题。究其原因，主要是因为项目管理人员通过二维数据传递，依靠经验进行交流与管理。随着项目复杂程度越来越高，对资源管理的精确程度要求也随之提高。BIM 技术在建筑工程中的应用，为提高资源精细化管理提供了可行性。

在施工资源使用方面，当前我国处于建设大生产的环境下，需消耗大量的钢筋、混凝土等建筑资源，在主要原材料纷纷告急短缺的情况下，资源的合理分配与优化使用已成为关注的焦点。而建筑施工的资源投入量大、参与人员众多，与施工管理技术的落后等特征密切相关，致使建筑业落后于已实现精细化管理的制造业等领域，亟须开展施工资源的精细化管理，BIM 技术的出现为建筑行业的前进探索提供了重要价值。

11.1 基于 BIM 的 5D 信息模型构建

建设单位作为项目投资方，主导整个工程项目的推进，提高工程质量、加快工程进度、控制建设成本是建设单位必须解决的问题。为此，建设单位需要与项目各参与方进行交流。将 BIM 技术引入到项目中，可简化沟通过程，有效避免沟通障碍，从而更加直观地获取建筑信息、了解施工流程。例如在设计阶段，利用 BIM 模型的建立，通过可视化模拟，可更加快速地生成规划、设计方案，缩短设计单位的设计周期，不仅提高了设计效率，而且通过 BIM 模型的可视化功能，建设单位和设计单位可以进行更顺畅的信息传递，以达到建设单位的理想设计方案。

每一次交付的模型、图纸、文档要一一对应，避免出现三者不一致。在设计阶段，主要就某些信息进行分步集成，见表 11-1。

表 11-1 设计阶段信息分部集成数据要求及参与方责任

阶段		数据要求	参与方责任
设计阶段	方案设计	场地信息、空间信息、场地规划、室外管网、周边既有建筑关联等	医院方：医需求提供，包括信息提供、标准提供、外部单位信息获取； BIM 咨询单位：信息加载、信息校核； 设计单位：初步设计图纸
	扩初设计	详细空间信息、设备信息、组件类别、规格信息、备件、设备属性、材料信息、潜在供应商及制造商信息	医院方：提出要求，提供规范或者指南，提供信息 BIM 咨询单位：信息加载、信息校核； 设计单位：扩初设计图纸； 潜在供应商：提供信息或数据
	施工图设计	编码、空间命名、服务区命名、设备设施归集、设备设施详细信息、设备设施信息关联	医院方：标准控制或需求确认； BIM 咨询单位：信息整合、信息加载、信息校核、组织与协调； 设计单位：施工图设计； 潜在供应商：模型深化、信息提供和说明

11.2 施工阶段资源集成管理

现阶段我国的 BIM 技术发展势态较好并取得了较为显著的成果。作为建设工程项目的集成管理强而有力的理论支撑,高效的集成化管理能够为工程项目管理起到良好的促进作用。在施工阶段,主要就某些信息进行集成,见表 11-2。

本章将以 BIM 技术角度进行分析,从质量、安全、进度、成本等方面分析 8 层、9 层、10 层的施工差异进行综述。

表 11-2　施工阶段信息分部集成数据要求及参与方责任

阶段		数据要求	参与方责任
施工阶段	施工	补充设备设施信息、造价信息、设备设施模型、相关信息更新维护、运维要求确认	医院方:标准控制、变更确认、模型监控、运维确认; BIM 咨询单位:信息整合、信息加载、信息更新、信息校核、组织与协调、模型监控; 施工单位:模型深化和更新、信息提供、信息更新和说明
	收尾		医院方:模型确认和接受、运维确认、数据与运维对接; BIM 咨询单位:模型更新、确认与移交; 施工单位:模型更新、模型移交、文档移交

应用案例 33:管线布局方案优化

1. 背景信息

设计说明(或背景):原设计将所有消防、空调主管道及桥架以及医院专有的系统管线均设置于病房层走道内,且病房走道吊顶标高限制比较严格						
涉及专业	空调、电气、给排水、智能化、医用气体等					
实施阶段	深化设计阶段					
存在问题	需求不明	专业内	交叉专业	使用功能	美观性	安全性
		√		√	√	√
问题描述	各专业管线集中布置在走道,管道排布紧密,2 排布置,基本没有检修空间,上层管道无法检修;管底支架高度不足 2.4m,影响吊顶标高(只有 2.3m),使人在走廊内感到压抑					

2. 优化分析

问题原因：走廊空间区域狭小，管道数量较多，未进行合理综合排布

优化目的：提高管线标高，使走廊吊顶完成面吊顶标高由2.3m提高至2.6m

优化原则：有压让无压，小管让大管

解决方法：优化排布，利用综合支架，去除单独支架，减少管段之间间隙，可使各专业管线位于同一水平面

效益分析：

工程量	工期	合理性 （空间、流程）	便利性 （协调）	规范 安全性	造价 （人、材）
管道不变， 支架减少	减少3天	检修空间、 净高增加	施工难度降低	结构安全性， 通行安全性增加	支架减少，费用减少， 但会增加几处桥架过桥弯

方案描述	优缺点对比	选择原因
利用共用支架将各专业管道集中排布到同一水平面，局部冲突地方进行顺序调换，预留上人和检修空间	优点：使得吊顶标高提高，管底标高由2.4m抬至2.7m，节省支架，独立支架全部去除，美观； 缺点：局部不能平行处理的地方都设置桥架翻弯，造成桥架的登高弯较多，需要现场制作，增加人工成本	此方案能提高吊顶标高，减少支架制作安装费用，节省人工和材料

3. 优化内容

标准层最初方案排布（样板段）：各专业使用单独支架进行施工，最终排布后发现生活热水管和冷水管没有位置安装，且整体错乱，不美观。

标准层最终方案排布：各专业使用共用支架进行施工，所有管道底标高一致，层次清晰，吊顶提高至2.7 m，节省支架。

标准层最初方案排布图

标准层最终方案排布图

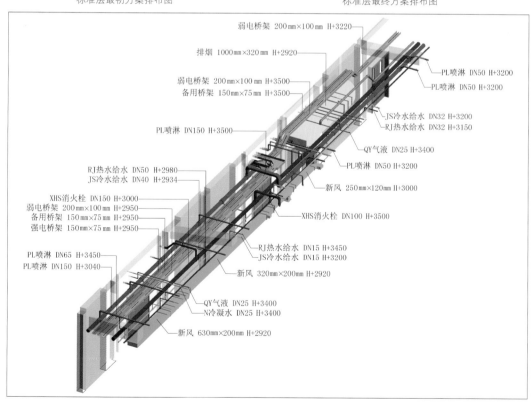

标准层走道管道标高详图

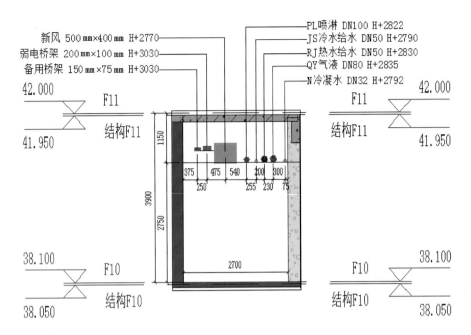

新风 500mm×400mm H+2770
弱电桥架 200mm×100mm H+3030
备用桥架 150mm×75mm H+3030

PL喷淋 DN100 H+2822
JS冷水给水 DN50 H+2790
RJ热水给水 DN50 H+2830
QY气液 DN80 H+2835
N冷凝水 DN32 H+2792

VIP病房层初步方案

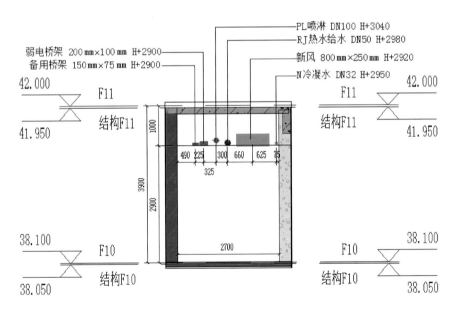

弱电桥架 200mm×100mm H+2900
备用桥架 150mm×75mm H+2900

PL喷淋 DN100 H+3040
RJ热水给水 DN50 H+2980
新风 800mm×250mm H+2920
N冷凝水 DN32 H+2950

VIP病房层最终方案

初步方案：BIM初步方案为机电完成面2.75 m（吊顶高度2.6 m）。

优化方案：后期考虑到 10 层为 VIP 病房层，应区别于标准病房层，经各方协调达成一致意见，采用 VRV 空调，修改部分专业截面尺寸与路径，最终 BIM 模拟机电完成面2.9 m（吊顶高度2.8 m）。

4. 执行方案

阶段	主导方	落实过程	困难及解决方案
设计阶段			
施工阶段	中建安装	深化方案、审批、协调资源、施工	1. 共用支架的布设间距及样式，最后通过 BIM 技术及规范得以实现； 2. 普通吊架全部去除，施工单位工程量减少，最后分楼层由 2 家施工单位施工； 3. 增加多处桥架翻弯，造成费用增加，经造价处认可，同意增加此部分费用

优化后　　　　　　　　　　　现场实际效果

5. 效果评价及经验总结

技术层面：利用 BIM 技术合理排布管道走向及顺序排布，合理布局选用共用支架。

管理层面：可视化数据比选装饰吊顶方案，费用减少，便于管理者决策。

用户评价：吊顶标高得到提高，用户舒适感得到提升。

注意事项：净高（空）分析数据应作为装饰设计数据支撑，辅助完善设计方案。

改善建议：在新大楼设计时，提早介入 BIM 技术，这样更利于控制吊顶完成标高。

11.3 运维阶段资源集成管理

项目的运维阶段,是项目全生命周期中时间最长、管理成本最高的阶段,该阶段的管理是医院运行以及"以患者为中心"服务体系的重要组成部分。项目的 BIM 竣工模型,承载着项目的大量建设信息,而这些信息在项目后期的运维阶段提供数据支持。在传统的项目开发和建设中,由于在项目的不同阶段、不同的参与方仅关注自身使用的信息,所以在项目的不同阶段,信息的建立、丢失、再建立、再丢失在不断地重复。最简单的例子就是设计单位完成了设计工作后,提交给施工单位进行施工的是图纸,而施工单位通常是根据施工图纸又通过造价软件、项目进度管理软件等分别重新录入数据进行造价计算、进度管理等工作。待项目竣工后,运营部门又再根据竣工图纸进行运维管理,把相关信息录入到运维管理系统中进行信息化管理。这种重复不但浪费了大量的人力重复无效劳动,而且项目信息经过多次的重复建立,产生错误的概率也随之提高。

基于 BIM 的竣工模型建立,形成 BIM 交付模型,在很大程度上解决了项目在不同阶段信息重复建立和丢失的情况。虽然在项目的不同阶段,不同的参与方也仅关注自身使用的信息,但承载信息的载体与传统有极大的不同,通过使用 BIM 可实现项目信息在项目的不同阶段依然是在不断地创建和使用,从而达到依据 BIM 交付模型的空间管理、设备监控、能耗监控、运维管理、BA 集成、资产管理等运维管理。运维阶段交付模型中的信息见表11-3。

表 11-3　运维阶段交付模型中的信息类型汇总

信息类型	信息内容
设计	几何信息、技术信息、材质信息、类型信息、清单、图纸等
施工	建造信息
采购	产品信息、厂商技术信息、供应商信息等
运维	设备管理信息、维保信息、人员及工单信息等

在运维阶段,应根据建筑工程在使用过程中改造、系统更新等实际发生的情况,对运维模型进行动态更新,确保运维模型与建筑实际状态一致。

第十二章

基于 BIM 的业主方综合管控

12.1 传统模式下的业主方管理模式

传统模式下的项目管理，业主方作为建设项目主要推进方，做好工程项目管理对于提高工程效益和质量十分重要。建设单位在进行工程项目的管理工作中，重点工作就是要做好工程项目的"三控三管一协调"工作。对于业主方而言，建设工程项目"三控三管一协调"指的是投资控制、进度控制、质量控制、安全管理、合同管理、信息管理和组织协调。

(1) 投资控制。对于业主方而言，在项目建设过程中，不是指投资越少越好，而是在工程项目投资范围内得到合理控制。

(2) 进度控制。是指项目实施阶段（包括设计准备、设计、施工、施工前准备各阶段）的进度控制。控制的目的是通过采取控制措施，确保项目交付使用时间的目标实现。

(3) 质量控制。是指对整个建设工程项目的质量进行控制，按照合同标准进行建设，并对影响质量的诸因素进行检测、核验，对差异提出调整、纠正措施的监督管理过程。施工的质量控制强调预防为主、过程管理。

(4) 安全管理。是围绕动态目标控制展开的，而安全则是固定资产建设过程中最重要的目标控制的基础。

(5) 合同管理。建设项目合同管理贯穿于合同的签订、履行、变更或终止等活动的全过程。

(6) 信息管理。施工项目管理是一项复杂的现代化的管理活动，更要依靠大量的信息以及对大量信息的管理，并应用电子计算机进行辅助。

(7) 组织协调。是指在建设项目中全面地组织协调，按协调的范围分为内部协调和外部协调。

传统模式下的工程项目管理结构如图12-1所示。

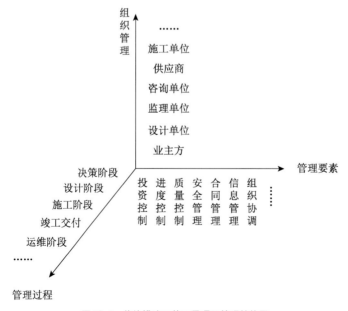

图12-1 传统模式下的工程项目管理结构图

对于业主而言，传统的项目管理手段、模式、方法等已经较为成熟，应用起来得心应手，管理工作相对顺利，但仍存在以下不足：

(1) 业主可以自行或委托开发管理、项目管理和项目在不同阶段的工程设施建设，但缺乏沟通的及时性和有效性等。

(2) 项目管理设计和供应商比较薄弱，项目管理仅限于建设领域。

(3) 监理项目管理服务中，工期不易控制，组织协调管理工作复杂，总投资易超出控制，责任划分模糊。

(4) 我国的项目管理仍属粗放型，咨询单位的项目管理水平不高。

(5) 对发展与管理、项目管理和设施管理的分离，如仅从各自的工作目标，而忽略项目全生命周期的全面管理及项目的整体利益。

(6) 由不同的组织进行实施，会影响到彼此之间的信息交流，进而影响到项目信息管理等。

(7) 数据的成本分析不够精细，功能薄弱，企业管理能力不强，精细的投资管理需要细化到不同的时间、组件、流程等，难以实现过程管理。

(8) 专业施工人员的短缺，使用的材料不规范，不按设计或施工规范实施，不能准确预测质量的影响，无法完成各种类型的专业互动。

(9) 建设的经济利益超过追求质量，管理方法很难充分发挥环境因素的作用。

12.2 基于 BIM 技术的项目管理优势

BIM 技术的应用可为项目各参建方提供实时沟通的平台，破除沟通障碍，通过组织协调管理，BIM 技术能够提供直观展示的三维模型，可为业主方带来一定的经济效益。

根据业主方对建设工程进行项目管理的特点，业主方通过运用 BIM 技术进行项目管理，在设计阶段可准确表达设计意愿、理解设计意图；在施工阶段，通过虚拟建造，可以解决建筑各系统之间的问题，实现节约投资、加快速度；在竣工交付及运维阶段，BIM 模型可作为设施管理数据库的起点，提供建筑各系统的基础数据，从而提高后期运维工作效率。

12.2.1 工程投资控制

业主方通过运用 BIM 技术可有效控制施工期间的成本，实现简化传统模式下的造价管理流程，提高工程量计算等烦琐工作的效率，让投资管理人员有更多精力投入到造价管理工作；依托于 BIM 技术，可以做到对单一构件的工程量计算、造价分析，能对现行计价模式中存在的粗放管理、难以提取单一部件的造价信息等问题进行针对性的解决，实现从构件角度进行工程投资控制。在施工期间通过导入 BIM 技术，可以快速准确地建立三维施工模型（3D），再加上时间、费用信息，形成了施工过程中的建设项目的 5D 模型，实现了施工期间成本的动态管理，并且能够及时准确的划分施工完成工程量及产值，为进度款支付提供了及时准确的依据。

12.2.2 工程进度控制

通过 BIM 技术进行碰撞检测，有效规避设计中存在的冲突和矛盾，避免不必要的返工；通过 4D 模拟施工，对进度计划的制订、实施、审核提供技术支持；形象直观地进行施工技术交底，有效提高施工队伍的作业水平和工作效率；基于同一数据模型，建设各参与方配合制定相互的进度计划、资金计划、工料计划等，实现参与方之间的协同化施工。通过 BIM 应用，可建立用于进行虚拟施工和施工过程控制、成本控制的模型。该模型能够将工艺参数与影响施工的属性联系起来，反映施工模型与设计模型间的交互作用，实现 3D + 2D（三维 + 时间 + 费用）条件下的施工模型，保持了模型的一致性及模型的可持续性，实现虚拟施工过程各阶段和各方面的有效集成，如图 12-2 所示。

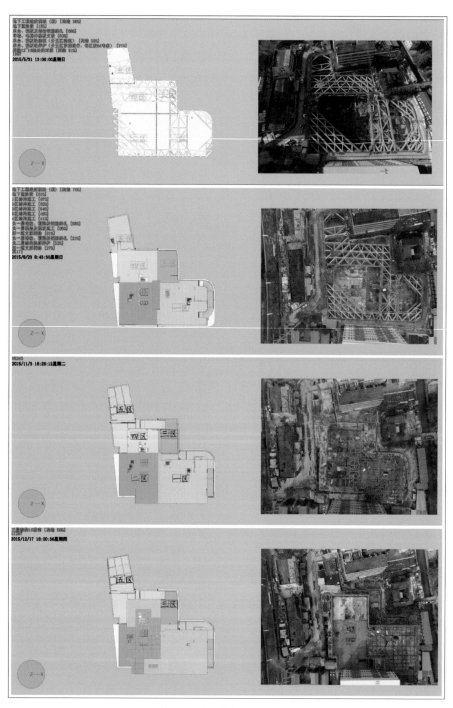

图 12-2　基于 BIM 的进度模拟与实际施工进度对比

12.2.3　工程质量控制

业主方运用 BIM 技术将有效发挥传统质量管理方法的潜力。

（1）在事前控制中实现预管理，对不确定因素进行充分的考量，有效规避不利影响因素，降低风险；在事中控制中做到管理的实施监控；在事后控制中加强经验的积累。

（2）切实做到计划可行、准确落实、检查有据、处置得当；增强管理着对工程质量的把控力度；保证原材料及各种资源按质按量投入使用，从源头保证工程质量；优化机械使用情况，降低过程质量管理的难度；结合 BIM 模型充分论证施工方法、施工组织、施工工艺及环境因素，将影响工程质量的因素做到事前干预和排除，最终实现提高建设整体质量的目的。

以隐蔽工程验收为例，常规隐蔽工程验收流程如图 12-3 所示。

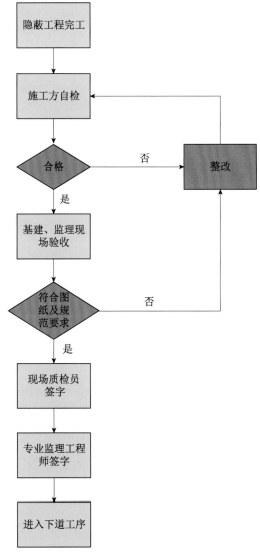

图 12-3　常规隐蔽工程质量验收流程

235

通过运用 BIM 技术，优化常规隐蔽工程质量　　图12-4所示。
验收流程。基于 BIM 技术的隐蔽工程验收流程如

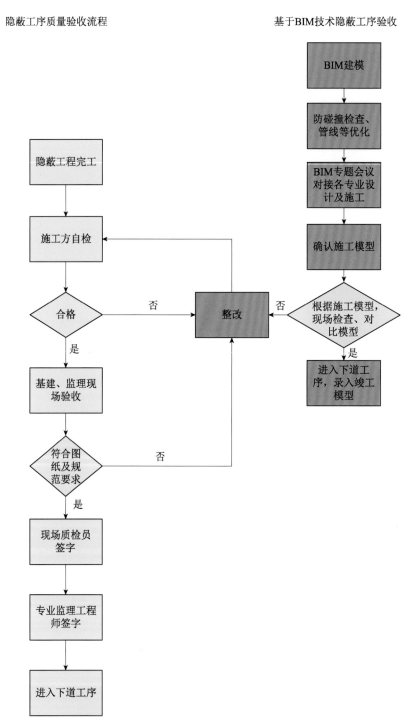

图 12-4　基于 BIM 技术的隐蔽工程验收流程

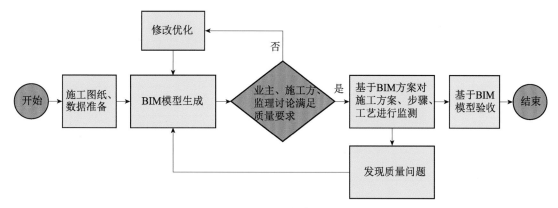

图 12-5　基于 BIM 的质量管理流程

通过总结，可得知基于 BIM 的质量管理流程如图 12-5 所示。

针对医院建设项目施工阶段，以机电管综为主线的基于 BIM 的各阶段集成流程如图 12-6 所示。

BIM 模拟图与现场施工照片对比如图 12-7 所示。

12.2.4　安全管理

在决策和设计阶段，通过 BIM 技术运用，对拟建工程预建造，发现原设计方案或设计成果可能存在的安全隐患，从而修改和完善设计方案及设计成果。在施工阶段，可通过 BIM 技术构建施工现场的动态模拟，进而编制更为合理的安全保证体系，采取合适的安全保障措施，完善施工方案、施工组织，避免出现安全问题。同时，还可以依托 BIM 技术，提高施工人员对施工工序的理解，提高建设的规范性。在运维阶段，通过基于 BIM 的可视化展示，发现建设工程项目运维期间可能发生的安全问题，提高工程实体品质，提升运维管理人员的管理水平，减少安全问题的发生。

根据项目具体实施情况，施工安全风险管理总体原则为：建立施工风险监测机制，实时掌控施工现场及周边的重点风险数据，将施工现场及对周边影响的风险预警、风险警示、风险排查、风险纠正和保险补偿机制相结合；应用物联网和互联网等现代科技手段，保证施工风险管理措施的客观性和有效性；将保险作为风险发生经济补偿资金的预算保证；实现工程建设项目现场施工及周边安全的全方位闭环安全管理。打造文明、科技、安全、高效的工程项目施工管理典范。

根据这一原则，建议项目的施工安全管理采用基于 BIM 的智慧工地。基于 BIM 的智慧工地安全管理通过 BIM 技术、物联网等科技手段实现，并由独立第三方具体实施落地。既保证施工现场安全管理不受施工单位人为因素影响，具有安全管理的客观性和实时被监控的有效性，又可以准确地记录和积累现场各时点的真实数据，一旦发生与周边的损害摩擦，可以提供有效的、客观的质证数据，这种数据包括需要应对的索赔和应向第三方索赔时的需求。同时，由于施工现场风险处于有效的监控之中，可以随时提示风险情况，避免人为判断风险和小风险不能及时改进而酿成大的损失，这一模式已经在国内一些地区广泛采用，收效很好。

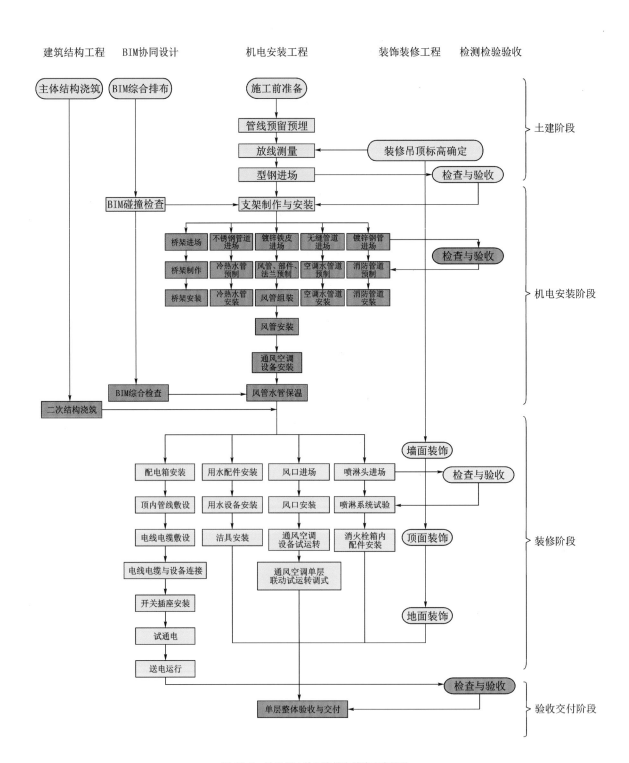

建筑结构工程　　BIM协同设计　　　　机电安装工程　　　　装饰装修工程　　检测检验验收

| 主体结构浇筑 | BIM综合排布 | | 施工前准备 | | |
| 土建阶段 |

管线预留预埋

放线测量 ← 装修吊顶标高确定

型钢进场 → 检查与验收

BIM碰撞检查 → 支架制作与安装

| 桥架进场 | 不锈钢管道进场 | 镀锌铁皮进场 | 无缝管道进场 | 镀锌钢管进场 |

检查与验收

| 桥架制作 | 冷热水管预制 | 风管、部件、法兰预制 | 空调水管道预制 | 消防管道预制 |

| 桥架安装 | 冷热水管安装 | 风管组装 | 空调水管道安装 | 消防管道安装 |

风管安装

通风空调设备安装

BIM综合检查 → 风管水管保温

二次结构浇筑

机电安装阶段

墙面装饰

| 配电箱安装 | 用水配件安装 | 风口进场 | 喷淋头进场 |

检查与验收

| 顶内管线敷设 | 用水设备安装 | 风口安装 | 喷淋系统试验 |

| 电线电缆敷设 | 洁具安装 | 通风空调设备试运转 | 消火栓箱内配件安装 |

顶面装饰

| 电线电缆与设备连接 | | 通风空调单层联动试运转调试 |

开关插座安装

地面装饰

试通电

送电运行

装修阶段

检查与验收

单层整体验收与交付

验收交付阶段

图 12-6　基于 BIM 的医院机电管线工序流程

图 12-7　BIM 模拟图与现场施工照片对比

12.2.5　合同管理

基于 BIM 技术的合同管理的核心是借助 BIM 模型所提供的协同工作平台,在充分实现项目合同信息共享与交互引用的基础上,实现建设工程合同管理的既定目标。BIM 模型作为一个动态完善的过程信息模型,其可靠性与完整性取决于原始信息输入至模型的准确程度与全面程度。在建设项目的全生命周期内,各阶段的责任主体单位均需各司其职完成本职工作,确保本阶段所导入的信息的准确性,实现 BIM 模型的信息集成,从而精简合同管理过程,提高合同管理效率。

同时,在项目推进过程中,业主方应注意要求各参建方配合 BIM 技术应用。可在招标文件中做出约定:承包人应配合发包人完成基于 BIM 技术的全过程管理。针对项目情况,请投标方提供相应的组织实施方案配合 BIM 全过程管理的工作。结算和竣工验收时,BIM 成果是重要的参照依据。要求:①软硬件:配备必要的高配置电脑设备和

BIM 软件(Revit,Navisworks 为主),满足软件操作和模型应用的要求;②实施方案:服从甲方利用 BIM 技术对工程进行管理,要求工程参建单位设置专人和 BIM 数字化团队对接,定期沟通,保证能够及时、顺畅地解决问题,按 BIM 图纸施工。

12.2.6　信息管理

BIM 作为数字化模型平台,可实现医院建设工程全生命周期的信息贡献和改进。因此,将 BIM 技术应用于工程项目信息协同管理,能够有效提高项目信息的贡献程度和使用效率,进而提高工程管理效率,如图 12-8 所示。

12.2.7　组织协调

经过本项目统计,业主方管理超过 60% 的工作在进行协调工作,基于 BIM 的组织协调需要业主方参照第九章的组织集成管理进行组织协同和文化集成。

图 12-8　基于 BIM 的信息管理平台

12.3　基于 BIM 技术的系统集成框架

根据医院建设项目的组织集成，决策阶段、设计阶段、施工阶段、交付阶段的业务集成，基于 BIM 技术的协同思想，设计基于 BIM 的医院建设项目的"螺旋 DNA"集成体系，其系统集成框架如图 12-9 所示。

由图可见，不同颜色的各基础专业形成的带状成螺旋上升逐渐变大发展，围绕着中心"DNA"结构，"DNA"的双螺旋结构分别是 BIM 模型信息和模型对应的工程完成产值。螺旋"DNA"的四周为工程建设的四个维度：一是设计维度的集成；二是施工维度的集成；三是随着设计和施工阶段的集成所逐渐完善的通过 BIM 模型深度等级来反

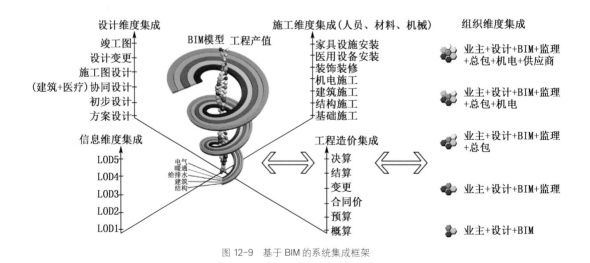

图 12-9　基于 BIM 的系统集成框架

映的信息维度；四是随着工程的推进各阶段工程造价的维度。四个维度自身存在集成，又均围绕着BIM的中心进行同等深度的相互集成。图中右侧是随着医院建设项目的各阶段推进，参建单位越来越多，需要进行组织维度上的集成。"螺旋DNA"与设计维度、施工维度、信息维度、工程造价维度和组织维度之间进行多方位的交叉集成，形成基于BIM的医院建设项目的集成体系。

从医院建设的全生命周期管理的角度出发，首先应做好顶层设计，在策划阶段通过确定使用BIM技术及集成管理模式，建立基于BIM的医院建设项目集成管理体系。在项目实施阶段，通过传统的项目管理要素与基于BIM的医院建设项目集成管理体系，不断集成、优化、迭代，形成最优的基于BIM技术的系统集成管理模式，如图12-10所示。

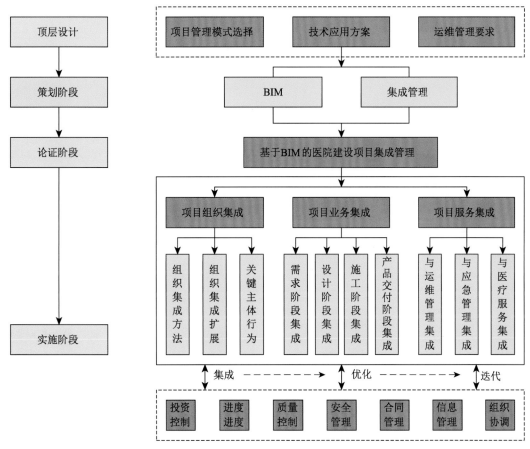

图 12-10　基于 BIM 的医院建设项目集成管理模式

第四篇 | 总 结 篇

全景图

第十三章
医院建设"BIM+集成管理"

13.1 以集成管理为核心实现项目目标

医院建设项目因其特殊性更加需要集成管理。从上文阐述的医疗多专业、多功能区域的不同，到多病区、科室、实验室、检查室等众多微小甲方干系人，再到所涉及的各类特殊的医疗仪器、设备，仅仅从需求侧管理就必须进行一次有效的集成。

基于医院确定的战略目标，从项目管理角度，通过项目需求、项目组织、项目设计、项目信息、项目资源、项目服务、项目文化以及设计、施工、交付、运维各阶段的联动，以多维度的业主方集成管理为核心来实现战略目标。

(1) 项目组织集成。医院建设项目的组织集成，一是对内的组织集成，即结合医院自身的管理特点，将医院职能型组织模式在医院建设需求的前提下进行适当调整，以适应建设工程项目型组织的特点和不同阶段工程建设的需要；二是对外的组织集成，即在常规的项目管理组织形式下，以医院建设方为主导，以信息技术为协同工具，以协同管理软件为平台，综合参建的设计、监理、工程咨询、招标代理、跟踪审计、施工单位等，建立基于专业技术的扁平化高效组织形式，即动态的大团队建设。

(2) 项目需求管理集成。医院建设项目的需求分为宏观需求、中观需求和微观需求。宏观需求为项目建设拟达到的战略目标，如建筑体量、床位数、年门急诊人数、年手术台数、停车位数、绿化率、节能减排要求等；中观需求为建筑内拟规划的病区、医技科室、实验室、行政后勤功能配置等；微观需求为各功能区域具体所需的给水、排污、感控、电力、空调、装饰效果、特殊设备

配置等。对于医院的需求侧管理，核心是抓住提出需求的重要干系人，通过合理设计的工作表单从微观需求开始汇总，结合图纸设计的进度进行多次反复的"翻译"，不厌其烦地做好需求汇总集成，并有效地再"翻译"给设计人员消化。

(3) 项目设计集成。医院建设项目的设计集成主要是在初步设计阶段，即根据项目需求，除常规的建筑设计所涉及的建筑、结构、电气、给排水、暖通、智能化六大专业外，还应同步进行如幕墙设计、市政景观设计、室外管网设计、室内装修设计、净化工程设计、放射防护设计、医用气体设计、分质供水设计、物品流线设计、交通流线设计、医疗家具设计等专项设计，通过项目设计集成充分体现项目需求集成，避免各项设计之间的不耦合而对后期建设产生各种影响。

(4) 项目施工集成。医院建设项目的施工集成主要是施工阶段施工单位的组织集成、施工工序的集成、施工资源（人员、材料、机械的统筹安排）的集成和施工信息（施工文档、监理资料、检测报告等）的集成。其中最重要的集成是施工工序和施工资源的集成。医院项目建设过程中，因平行分包单位和配合医疗设备供应商较多，加之工期紧，往往存在密集交叉施工。因此就需要找到医院建设各工序之间的前后逻辑关系，建立合理的施工工序统筹规划，同时将各工序所需的人员、材料、机械进行汇总、分析、统筹，通过BIM技术的应用进行科学集成，满足医院建设工程施工阶段的需要。

(5) 项目信息集成。医院建设项目的信息来源分为医院内部信息源、外部信息源和项目自身产生的信息源。内部信息源是指医院建设项目从有立项的需求到项目建成投入使用，一般需要3～5年。这期间医院的建设需求会随着外部因素的变化、内部学科发展的需求、科主任护士长变动、

因设计的不断深入提出新的需求等都会产生医院决策的变化、职能部门需求的变更、新医疗规范的更新、不断完成采购的设备仪器参数完善等大量信息。外部信息源是指如环保政策、消防规范、医疗政策、物价指数变化、招投标法等建设规范变化、政府各级职能部门对项目的要求等各类信息。项目自身产生的信息源是指项目基本情况信息，如可行性研究报告、设计文件、招投标文件、合同文件、管理手册等；项目实施现场信息，如安全检查、质量控制、会议纪要、工程日志、人力资源、材料安排、机械进出场安排等；项目过程中的重要信息，如设计变更、专题协调会纪要、指令单和重要决策纪要等。以上三个方面的信息源是实时动态变化的，需要有很好的管理机制和辅助管理工具进行信息集成管理。

(6) 项目资源集成。医院建设项目的资源集成是指对外协调资源集成和内部流通资源集成。医院有其自身特有的医疗资源和行政资源，监理、审计、设计等有既往参建项目的信息、经验资源，施工单位有既往建设工程项目管理、业务流程、现场应急处置的人脉和经验资源，通过医院进行有效的资源整合，相互弥补和共享，将资源利用最大化，为医院建设的顺利开展提供支持。同时，整个建设项目内部的人力资源统一管理、材料物资、机械设备的统筹安排、临设场地、人员住宿的统一协调，施工工序、界面的科学计划，都需要项目内部流通的人、材、机资源有效集成管理。

(7) 项目文化集成。各参建单位有各自的企业文化、参建项目部有各自的团队目标，但核心目标一致，就是合同规定的质量、进度、安全、投资目标，需要通过业主方的利益有效平衡和管理有效"凝聚"，如可以组建临时党支部，发挥支部的战斗堡垒作用，有效聚集核心骨干和积极分子，结合组织有意义的各项体育活动、作业竞赛、

摄影比赛等，加强沟通、消除分歧、提倡互补、奖励先进、鼓励创新，发挥团队的正能量，促进工程顺利开展。同时，通过项目需求、组织、设计、信息、资源等的有效集成，在项目的大团队建设过程中经过冲突、了解、磨合、规范到高效的自组织阶段后，项目团队将建立起一种特殊的项目文化。

13.2 基于 BIM 技术的协同应用平台

基于 BIM 的集成管理方法及流程的主要目的是对各专业的协同和信息集成，其本质特征是信息的集成和各专业协同，因此，对设计、施工阶段所涉及到的各类信息进行梳理、整合、应用以及展示的平台进行设计显得尤为重要，且此平台是对各参建单位各级主要人员开放、共享的平台，能对各类二次开发的软件提供标准接口，实现信息的及时准确交换和共享，实现过程信息的及时保存和应用。基于 BIM 技术的协同平台正是一个从需求、设计、施工、运维等各阶段进行应用和管理需求的平台。就目前而言，基于 BIM 的协同平台，是建设工程中最能有效实现及稳定支持集成化的平台形式。因此，基于 BIM 技术的协同平台作为管理工具，是实现医院建设项目集成管理的重要方法。将医院建设的决策、设计、施工、交付、运维管理等各阶段的有效信息进行集成管理，通过对项目的数字化与信息化模拟服务于医院建设全生命周期，可实现对医院建设全生命周期的信息化协同及高效管理。与传统建模软件不同，基于 BIM 技术的软件可谓是真正面向设计建造的软件，所建立的模型包含真正的建造过程信息、设备设施信息、功能效用信息、医疗业务信

息。医院建设项目的协同平台建立和应用，正是建筑工业 4.0 在医疗建设领域精益建造的体现。

13.3　展望

　　医院建设项目是公共建筑类中比较特殊的一类，具有典型的系统性、复杂性，具有应用 BIM 技术的广阔前景。如何通过系统性思维，拓展集成管理与 BIM 相结合的内涵与外延，吸引更多的学者来研究复杂的医院建设项目，提出研究方法和方法论，让更多的决策者和执行者来进行 BIM 的实践应用，通过实践应用的总结再提升到理论高度，改变现行工程项目管理的模式、方法和方法论，从而指导、解决医疗建设领域众多管理者的困惑。这是一个值得继续深入探讨的课题。本书编写团队希望通过江苏省妇幼保健院住院综合楼项目 BIM 应用的部分案例分析，抛砖引玉，得到更多同行、学者的共鸣。由于经费有限，住院综合楼项目仅做了局部应用尝试和探索，并非 BIM 在医院建设全生命周期中的应用全貌。因为编写时间和能力所限，在基于 BIM 的协同平台研究、基于 BIM 的动态施工工序与资源集成、基于 BIM 的工程变更与造价审计的动态管理和 BIM 在智慧医院的应用方面仍然是我们进一步深入研究的重点。希望能继续通过理论学习和工程实践相结合，坚持以技术改变管理的思路，在后期院区改造工程、门急诊前地下车库项目及扩建二期工程中持续应用 BIM，逐步夯实智慧医院的数字化底层基础，并提出更加实际、完善的 BIM 应用模式和开发出智能、高效的 BIM 应用平台，为新时代的医院建设项目管理提供案例参考，为智慧医院的深度服务开发与应用提供借鉴。

附 录

住院综合楼 1 层大厅南立面

附录 A　BIM 应用的技术基础

A1　计算机软件配置方案

软件选择是 BIM 实施的首要环节。根据项目 BIM 实施的目标，结合 BIM 软件的特色，确定适合于本项目的 BIM 软件。全面考察市场上比较流行的软件特点及应用情况，选择搭配 BIM 软件工具集。筛选软件时综合考虑行业特点、市场占有率、数据交换能力及可二次开发程度，借鉴类似项目 BIM 实施情况予以参考。

在软件选取过程中，尽量选取易学习、易操作、易维护的软件，以便充分调动项目成员使用 BIM 软件的积极性。软件的稳定性、成熟性、兼容性、本地技术支持能力，也应考察充分，以便项目中不同软件的数据传递，保证数据的完整性、真实性以及在各种平台中的承载能力及费用等。最后在考察后期形成调研报告，供医院方决策。

BIM 建模软件

Autodesk Revit：民用建筑用；

Bentley：工厂设计（石油、化工等）和基础设施（道路、桥梁等）；

Digital Project 或 CATIA：项目完全异形。

BIM 应用软件

BIM 可持续（绿色）分析软件

可持续或者绿色分析软件可以使用 BIM 模型的信息对项目进行日照、风环境、景观可视度、噪声等方面的分析，主要有国外的 Echotect，IES，Green Building Studio，以及国内的斯维尔、PKPM 等。

BIM 分析软件（机电）

水暖电等设备和电气分析软件，国内有鸿业、博超等，国外有 Designmaster，IES Virtual Environment，Trane Trace 等。

BIM 分析软件（结构）

ETABS，STAAD，Robot 等国外软件以及 PKPM、探索者、SAP2000 等国内软件都可以跟 BIM 核心建模软件配合使用。

BIM 可视化软件

常用的可视化软件有 Lumion，Nsvisworks，Autosesk Design Review，Fuzor 等。

BIM 模型检查软件

常用的碰撞检查软件有 REVIT，Navisworks，Bentley Projectwise Navigator，Solibri Model Checker 等。

BIM 造价管理软件

国外的 BIM 造价管理软件有 Innovaya 和 Solibri，广联达、斯维尔、鲁班是国内 BIM 造价管理软件的代表。

BIM 运营管理软件

BIM 模型为建筑物的运营管理阶段服务是 BIM 应用重要的推动力和工作目标，在这方面美国运营管理软件 ArchiBUS 是最有市场影响力的软件之一。

我们把 BIM 形象地比喻为建设工程项目中的 DNA，根据美国国家 BIM 标准委员会的资料，一个建筑物生命周期 75% 的成本发生在运营阶段（使用阶段），而建设阶段（设计、施工）的成本只占项目生命周期成本的 25%。

BIM 发布审核软件

最常用的 BIM 成果发布审核软件有 Autodesk Design Review，Adobe PDF，Adobe 3D PDF。

为保证 BIM 技术咨询落地实施的效果和顺利进行，该项目建设单位及各参建方需要配置相应的软硬件，具体的软件推荐方案如下：

（1）BIM 系列软件：Revit 2016，navisworks 2016 软件，由建设单位和各参建单位采购；

（2）BIM 模型审核软件：Autodesk Design Review 2013，Navisworks Manage 2016；

（3）传统办公和图纸软件：Office 2013，AutoCAD 2014。

A2　计算机硬件配置方案

软件和硬件是一个完整的计算机系统内部相互依存的两大部分，在确定好项目中将采用的 BIM 软件以后，就需要了解计算机硬件的配置。

BIM 技术以三维数字技术为基础，集成了建设过程中各阶段、各环节的数据信息，形成一个数据模型，承载的数据及复杂程度远远超过二维设计软件，因此采用 BIM 技术所需的硬件要求远远超过二维设计软件，需要更高配置的计算机硬件。随着 BIM 信息系统的深入应用，项目管理的精细度和复杂度都会越来越高，其基于三维的工作方式，对硬件的计算能力和图形处理能力提出了很高的要求。相对传统二维设计软件来说，BIM 建模、深化设计、三维展示等 BIM 技术应用在计算机配置方面，需着重考虑 CPU、内存和显卡的配置。

不同的 BIM 软件对硬件的要求不尽相同，软件供应商会根据相关软件的实际情况推荐具体的硬件配置要求。从项目全过程 BIM 实施角度来说，不仅仅是单个软件产品的配置问题，还需要结合项目的 BIM 应用情况，根据项目规模大小、复杂程度、BIM 的应用目标、团队应用程度、协同工作方式等综合考虑计算机硬件的配置。

具体到项目团队来说，由于团队内不同成员的分工不同，所应用的软件也不相同，可根据应用软件的不同，配置不同的硬件，形成阶梯形配置。在前期分专业建模工作时由于模型单一，可以考虑相对较低的配置；在后期模型整合、深化设计过程中，所涉及的数据量比较大，需要较高的硬件配置；当涉及热环境模拟分析、风环境模拟分析、3D 渲染等大数据模型处理的时候，则需要配置更高的硬件以满足项目需求。随着异地办公普及，网络协同办公也逐渐进入建设工程领域，这时就需要设置中央服务器。硬件配置主要有以下五个部分。

（1）CPU，即中央处理器，是一块超大规模的集成电路，是一台计算机的运算核心（Core）和控制核心（Control Unit）。它的功能主要是解释计算机指令以及处理计算机软件中的数据，是计算机的核心，推荐拥有二级或三级搞速缓冲存储器的 CPU。采用 64 位 CPU 和 64 位操作系统对提升运行速度有一定的作用，大部分软件目前也都推出了 64 位版本。多核系统可以提高 CPU 的运行效率，在同时运行多个程序时速度更快，即使软件本身并不支持多线程工作，采用多核也能在一定程度上优化其工作表现。

（2）内存，是与 CPU 沟通的桥梁，关系着一台电脑的运行速度，内存是计算机中重要的部件之一，是与 CPU 进行沟通的桥梁。计算机中所有程序的运行都是在内存中进行的，因此内存的性能对计算机的影响非常大。越大越复杂的项目会越占内存，一般所需内存的大小应最少是项目内存的 20 倍。由于目前大部分采用 BIM 的项目都比较大，一般推荐采用 8G 或 8G 以上的内存。

（3）显卡（Video card，Graphics card）全称显示接口卡，又称显示适配器，是计算机最基本、最重要的配件之一。显卡作为电脑主机里的一个重要组成部分，是电脑进行数模信号转换的设备，承担着输出显示图形的任务。显卡接在电脑主板上，它将电脑的数字信号转换成模拟信号，通过显示器显示出来，同时显卡还有图像处理能力，可协助 CPU 工作，提高整体运行速度。显卡对模型表现和模型处理来说很重要，越高端的显卡，三维效果越逼真，图面切换越流畅。应避免使用集成式显卡，因为集成式显卡要占用系统内存来运行，而独立显卡有自己的显存，显示效果和运行性能也更好些。显存容量一般不应小于 512M。

（4）硬盘。是电脑主要的存储媒介之一，由一个或者多个铝制或者玻璃制的碟片组成。碟片外覆盖有铁磁性材料。转速的快慢是标示硬盘档次的重要参数之一，也是决定硬盘内部传输率的关键因素之一，在很大程度上直接影响硬盘的速度。硬盘的转速越快，硬盘寻找文件的速度也就越快，相对的硬盘的传输速度也就得到了提高，但其对软件工作表现的提升作用没有前三者明显。

（5）协同工作网络环境。由于 BIM 数据比传统 CAD 的数据要多，而且数据都集中存放在服务器上，在工作过程中项目成员的电脑进行读写数据时都要通过网络访问文件服务器，所以，网络的数据传送量比较大，建议项目部采用千兆网络，以满足大量的数据传输。

在条件允许时，计算机硬件配置稍高于最低值能保证软件运行的经济性和稳定性，见附表 A-1。

附表 A-1　协同工作网络环境下计算机硬件配置要求

序号	名称	配置要求	数量
1	计算机	Intel 酷睿 i7 4 GHz CPU，32GB 内存，2T 硬盘，Nvidia GeForce GTX 670（2 GB / 索泰）显卡/技嘉 Z77X - UP4 TH，24 英寸 LED 显示器，机箱 ATX，电源 DH6，罗技键鼠，移动工作站推荐 Thinkpad W540（内存 16G）；操作系统均为 Win 7 旗舰版 64 位	各参建单位至少 1 台
2	移动终端	iPad	各参建单位至少 1 台
3	打印机	A3 彩色激光打印机	各参建单位至少 1 台
4	投影仪	高亮度、高分辨率	会议室至少 1 台
5	网络接入	广域网接入	

A3　BIM 管理平台

当前，在"互联网＋"时代背景下，三维空间信息的多样性、异构性、动态性、海量性、分布性等特点对以 BIM 为轴心的数字化技术在建筑行业的应用提出了新的挑战。特别是建筑行业内，呈现出一种"技术过剩"而"信息化薄弱"的矛盾状态，传统的数字化服务方式难以释放应有的价值。为了有效组合技术资源和服务方式，实现数字化技术与服务的一体化管理和应用，避免资源浪费，实现价值释放，更为了使 BIM 等数字化技术自身的发展和建筑业中信息技术的发展相适应，迫切需要在一个信息化平台上对数字化服务方式进行有效的组织，构建一个多源空间的信息组织管理平台，并在该平台基础上形成一个可以快速应用的开发框架。在平台上承载数字化服务，旨在使项目各参建单位的管理工作在一个科学、专业、便捷的介质环境下实现有效的信息互联互通，如附图 A-1 所示。

根据"基于 BIM 模型的信息协同管理平台"的建设目标，采用现代信息技术与先进软件开发工具，设计如附图 A-2 所示的系统总体应用架构。

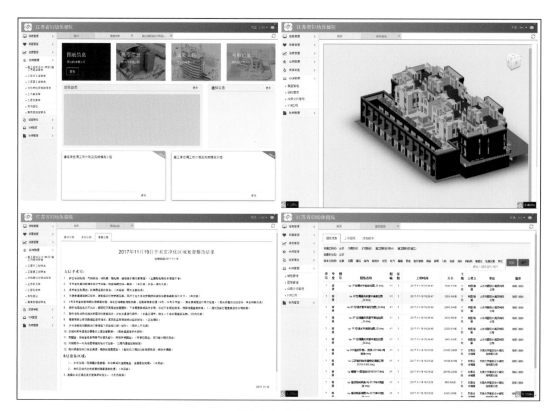

附图 A-1　管理平台

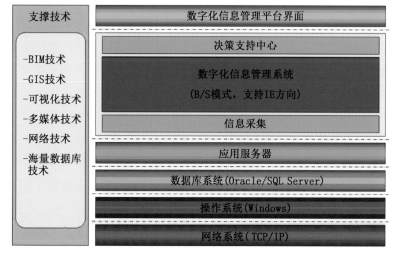

附图 A-2　系统总体应用架构

平台功能：

(1) 轻松浏览。无须专业软件，仅通过浏览器就可以对 BIM 模型、工程图纸、工程数据、工程文件进行查看浏览，满足业主、施工方、设计方的不同数据需求。

(2) 数据全面。项目模型、图纸、信息属性、各种统计清单、工程量、各种预建模拟论证报告等 BIM 数据准确全面，快速将数据转化成价值，并为后期搭建可视化运维平台提供数据基础。

(3) 实时更新。与本地 BIM 数据同步更新，方便不同角色及时查看、项目最新情况，随时随地监管项目，掌控项目进度。

(4) 信息协同。实现业主、施工方、设计方、设计合作伙伴共享一份数据，让信息传递一致。

(5) 动态管理。施工计划与工程量实时在线查看，随时获取进度、成本信息；轻量化模型支持移动终端使用，现场指导轻而易举，质量控制一手掌握。

平台应用：

把数字化技术应用于建设工程项目管理的研究中，在项目管理、信息化管理等理论基础上，对建设工程项目管理集成化，并采用项目全生命周期管理的方法，构建建设工程项目数字化管理平台，以实现建设工程项目管理的可视化、网络化以及智能化。针对本项目存在施工难度大、参与方多、信息沟通效率低下、质量要求高以及工期紧张的难题，本项目研发了基于 BIM 模型的信息协同管理平台服务——山东同圆数字化信息管理平台。该平台是在 BIM 等技术快节奏发展和建筑业信息化大范围需求的背景下诞生，是数字化技术发展和基于数字化技术的建设管理模式提升的必然趋势，也是互联网时代的必然产物。平台为解决数字化信息模型的高效应用、项目管理过程中 BIM 服务方式的深度优化、项目进程中产生的各类信息进行综合集成和有效管理与分析、建筑建设全生命周期过程中数字化服务电子档案的建设等关键问题，提供了有效途径。

A4　移动终端配置方案

随着软件产业的不断发展以及信息化技术的不断提高，大量的工程管理系统涌现在工程建设领域，在一定程度上提升了工程建设信息管理的水平。由于这些工程管理系统大都基于传统的计算机终端，能够将移动终端应用于现场工程管理的较少，只能登录计算机终端通过系统进行操作，不利于移动式现场管理。近年来，随着平板电脑的兴起、手机终端智能化程度的提高及 PC 化趋势，显现出的功能也越来越强大。施工现场实时拍摄、编辑、上传，审批工作随时随地、地理位置定位及传感器等功能随着移动端信息技术应用在工程管理领域逐渐得以智能化、简便化，移动终端的发展建立在操作系统开发的基础之上。

移动终端对 BIM 模型的兼容性较强，可以简化开发人员对 BIM 模型轻量化处理的工作，避免了传统工作模式下模型轻量化就要占据模型上传过程大部分时间的现象。由于移动终端对用户的开放度不完全，软件安装过程相对烦琐，与 PC、平板电脑相比用户数量相对较少。BIM 模型具有很强的信息承载能力，能够集成不同阶段的模型属性信息，使各环节信息能无损传递和保留，移动终端具有很好的机动性。根据项目实施特点，将维护管理分为现场和远程两大模块，移动终端主要用于现场信息采集和上传、流程的发起、移动审批等，管理端 BIM 模型则用于对整个或多个工程活动的掌控。为加强基于 BIM 技术的规范化管理，需清晰表达流程化移动管理对项目实施的重要性，BIM 原始模型在管理端用来统筹集成整个工程信息，轻量化的 BIM 模型则用在移动终端以便工作人员现场操作。

A5　无人机配置方案

建筑行业的自动化程度越来越高，无人机是经常提及的一门新技术，但是建筑行业目前仍然依赖施工技术比较娴熟的工人，且短时间不会被机器所替代。即便如此，无人机也越来越广泛应用于建筑行业，采用无人机航拍技术，可以更为高效和安全地完成对项目的监控、勘测等工作。未来，通过无人机的摄像和 3D 扫描技术应用，可以获取建筑物更高精度的数据。

无人机的介入将会从不同方面为建设工程项目节省成本。在传统大型工程项目中，场地范围广、地势复杂，又受到设计方案的制约，因此需要很多的人力和财力去完成项目管理、施工管理等工作。无人机介入后，将在很大程度上减少人力和财力等方面的支出，减少从业者之间因沟通协调不畅所产生的漏洞，降低协调成本。

现阶段，无人机对建筑行业的价值体现在它可以到达人类和大型、重型机械无法到达的地方，帮助人们实现常规设备无法实现的探测功能。因此，无人机必须具备体积小、动作灵活以及载重小的特点。同时，无人机需要配备高清摄像设备，实时记录发现的各种数据信息，不断向地面工作人员传输航拍及勘测图像。

在日本，人口老龄化和青壮年劳动力短缺问题越来越严重，许多建筑公司已经开始把最新的信息和通信技术运用于未来的基础设施建设。通过先进的智能建筑平台把工人、机械设备以及无人机集成在一起，提高了整体工作效率以及人工智能辅助机械操作的程度。三维模型结合 BIM 技术进行建设项目规划、预演、跟踪等，结合信息

系统进行工程进度管理。BIM 技术对于实景模型的精确度有着较高的要求，所以在二者的合作中，无人机行业需重点关注外界激光设备的问题以保证精细度，对项目做到更精确的扫描检测工作。

A6　云存储方案

协同办公在建设工程项目中的逐渐普及，为实现跨专业、跨部门系统共享，有条件的企业可构建企业 BIM 系统平台，平台基于云计算技术，实现软硬件资源共享。云存储技术提高了存储效率，通过虚拟化技术解决了存储空间的浪费，可以自动重新分配数据，提高了存储空间的利用率，同时具备负载均衡、故障冗余功能。

在构建的 BIM 系统平台中，项目所应用的工作站和共享存储设备均部署在该企业的中心机房内部，BIM 相关应用程序均部署在中心工作站上。这样的 BIM 系统平台实现了设计人员通过 Web 页面即可访问并操作云端 BIM 应用软件，无须在本地安装任何应用软件，在 BIM 实施过程中，所产生的设计模型和数据也均存放在云端，软件运行的快慢依赖于云端工作站的图形处理能力和计算能力，实现了在项目体系中的任何地方，只要有网络，低端配置的计算机也可实现 BIM 应用的操作，实现云端办公操作，如附图 A-3 所示。

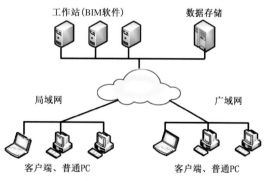

附图 A-3　BIM 系统平台

面对几百 TB，乃至 PB 级的海量存储需求，传统的 SAN 或 NAS 在容量和性能的扩展上会存在瓶颈，而云存储可以突破这些性能瓶颈，实现性能与容量的线性扩展，这对于追求高性能、高可用性的企业用户来说是一个新选择。

云存储是在云计算概念上延伸和发展出来的一个新概念，是指通过集群应用、网格技术或分布式文件系统等功能，应用存储虚拟化技术将网络中大量各种不同类型的存储设备通过应用软件集合起来协同工作，共同对外提供数据存储和业务访问功能的一个系统。使用者可以在任何时间、任何地方，通过任何可联网的装置连接到云上方便地存取数据，所以云存储可以认为是配置了大容量存储设备的一个云计算系统。如果办公场所发生自然灾害，由于数据是异地存储，安全性得到保障。

随着云计算应用的快速普及，BIM 技术在深层次应用基础平台方面将会得到大大提升，也越来越成为企业在 BIM 实施过程中可以选择的 IT 基础架构之一。企业私有云技术的 IT 基础架构，在搭建过程中不仅需要选择和购买云硬件设备及云软件系统，而且也需要专业的云技术服务才能完成，对企业前期投入要求比较大，本身没有充分发挥云计算技术的核心价值。随着公有云、混合云等模式的技术完善和服务环境的改变，企业未来基于云的 IT 基础架构将会有更多的选择，当然也会有更多诸如信息安全等配套问题需要解决。

A7 3D 打印

3D 打印技术是一种快速成型技术，是以三维数字模型文件为基础，通过逐层打印或粉末熔铸的方式来构造物体的技术，综合了数字建模技术、机电控制技术、信息技术、材料科学与化学等方面的前沿技术。这项技术的优势在于制造复杂物品、产品多样化不增加成本，零时间交付，设计空间无限，零技能制造、不占空间、便携制造，材料无限组合，精确的实体复制。

BIM 技术贯穿于建设过程的各个环节，从规划阶段到设计阶段、建造阶段，再到运维阶段，不断积累数据形成庞大的数据库，在建筑全生命周期中可以反复提取、完善、优化数据，保证数据的实时更新。BIM 技术与 3D 打印技术的结合，实现了虚拟建筑信息模型到建筑实体的转化，有利于现场关键技术方案的优化以及深化工作，提升各方沟通效率。

"BIM＋3D 打印"集成应用主要在于两个阶段：一是在设计阶段，利用 3D 打印机将 BIM 模型微缩打印出来，供方案展示、审查和进行模拟分析；二是在建造阶段，采用 3D 打印机直接将 BIM 模型打印成实体构件和整体建筑，部分替代传统施工工艺来建造建筑。"BIM＋3D 打印"集成应用，是两种革命性技术的结合，为建筑从设计方案到实物的过程开辟了一条"高速公路"，也为复杂构件的加工制作提供了更高效的方案。目前，"BIM＋3D 打印"集成应用有三种模式：基于 BIM 技术的整体建筑 3D 打印、基于 BIM 和 3D 打印制作复杂构件、基于 BIM 和 3D 打印的施工方案实物模型展示。

"BIM＋3D 打印"集成应用有以下作用：

（1）作为一种绿色环保公益，有利于节能降耗和环境保护。基于 BIM 技术的整体建筑 3D 打印，应用 BIM 进行建筑设计，将设计模型交付专用的 3D 打印机并打印出整体建筑物，可有效降低人力成本，作业过程基本不产生扬尘和建筑垃圾。

（2）精确制造复杂的异型构件。基于 BIM 和 3D 打印制作复杂构件，由计算机操控 3D 打印机，仅需数据支撑便可将任何复杂的异型构件快速、精确地制造出来。与传统工艺相比，保证了几何尺寸的准确性、实体质量和美观度。

（3）可以辅助施工人员更为直观地理解方案内容。基于 BIM 和 3D 打印的施工方案实物模型展示，用 3D 打印制作的施工方案微缩模型，携带、展示不需要依赖计算机或其他硬件设备，还可以360°全视角观察，克服了打印 3D 图片和三维视频角度单一的缺点。

（4）节约成本并提高工程效率。部件拼装等新型施工单位将减少大量的劳动力，节约人工成本，同时也大大缩短建造时间。

随着各项技术的发展，3D 打印机和打印材料价格会趋于合理，应用成本下降，其应用范围也会更加广泛，"BIM＋3D 打印"集成应用存在的许多技术问题会得到解决，行业自动化水平将得到提升。

《十三五规划建议》中明确指出：创新是引领发展的第一动力。创新必将引领各行各业对旧制度旧技术进行全面改革。建筑行业作为典型的传统行业必将引起重大变革，无论是市场动向、生产方式还是技术，都将面临巨大的创新浪潮。当然，BIM 技术与 3D 打印技术代表着虚拟与现实，需要继续出台二者之间统一标准的语言，打印机与 BIM 模型缺少程序信息接口，BIM 技术以及 3D 打印技术存在着法律空白，BIM 技术的设计标准也未出台等，这些问题亟待解决。

附录 B　术语

BIM：建筑信息模型（Building Information Modeling），在建筑工程及设施全生命周期内，对其物理和功能特性进行数字化表达，并依此设计、施工、运营的过程和结果的总称，简称模型。

GIS：地理信息系统（Geographic Information System），在计算机硬、软件系统支持下，对空间地理信息数据进行采集、储存、管理、运算、分析、显示和描述的技术系统。

实施规划：实施过程的管理依据，为某项业务的管理过程提出管理目标，又为实现目标做出管理规划，对业务实施达到既定目标有重要意义。

建筑全生命周期（building life-cycle）：建筑工程项目从项目规划设计到施工，再到运营维护，直至拆除为止的全过程。

场地分析（site analysis）：包括地形分析与周边环境分析两个方面，指利用场地分析软件或设备，建立场地模型（包括建筑周边道路、景观、地形等），在场地规划设计和建筑设计的过程中，提供可视化的模拟分析成果或数据，作为评估设计方案的依据。

前期策划阶段：项目策划之初至初步设计开始之前。

BIM 协同管理平台：实现 BIM 模型嵌入和互动操作的、集成管理信息的协同工作平台。

一级医疗工艺流程仿真及优化（primary healthcare process simulation and optimization）：基于 BIM 技术模型及专业性能分析软件，进行仿真模拟、反复修正、多方案选优和对医院院区、建筑综合体、单体及主要功能区之间的关系。

二级医疗工艺流程仿真及优化（secondary healthcare process simulation and optimization）：基于 BIM 技术模型及专业性能分析软件，进行仿真模拟、反复修正、多方案选优和对医院建筑医疗功能单元（科室）各个房间之间的关系。

三级医疗工艺流程仿真及优化（tertiary healthcare process simulation and optimization）：基于 BIM 技术模型及专业性能分析软件，进行仿真模拟、反复修正、多方案选优，进行医院建筑的各个房间内部及活动区域的设施设备、医疗家具、水电点位、内装条件（地面、墙面、顶棚、通风及温度等）和气流特征等条件的确定。

管线综合：建筑内部综合管线布置，在保证使用功能的情况下，调整机电系统内部管线的标高和位置问题，避免交叉时产生冲突，同时满足结构及装修的各个位置要求。

4D 施工模拟（4D construction simulation）：在三维建筑信息模型的基础上，增加时间维度，通过安排合理的施工顺序，在劳动力、机械设备、物资材料及资金消耗量最少的情况下，按规定的时间完成满足质量要求的工程任务，实现施工进度控制。

施工场地规划（construction site planning）：对施工各阶段的场地地形、既有建筑设施、周边环境、施工区域、临时道路、临时设施、加工区域、材料堆场、临水临电及施工机械安全文明施工设施等进行规划布置和分析优化，以保证场地布置和现场管理的科学性和合理性。

施工方案模拟（construction plan simulation）：在工程开始施工之前，对建筑项目的施工方案进行模拟分析、分析与优化，从而发现施工中可能出现的问题。在施工前提前财务预防措施，减少施工进度拖延、安全问题频发、返工率高及建造成本超支等问题，实行多方案对比优化，直到获得最佳的施工方案。

基于 BIM 技术的项目协同平台（collaborative project management platform based on BIM）：基于网络及 BIM 技术的协同平台，帮助项目各参与方和各专业人士实现模型及信息的集中共享、模型及文档的在线管理、基于模型的协同工作和项目信息沟通等，并最终为医院建设项目管理和 BIM 技术应用提供平台支撑。

虚拟现实技术（Virtual Reality，VR）：采用三维计算机图形技术、多媒体技术、网络技术、仿真及传感等多种技术，并融合图像、声音、动作行为等多源信息的仿真模拟系统，使用户沉浸在三维动态视景中，且能与系统进行感知交互，并对用户的输入进行实时响应，具有交互性、动态性、多感知性和实时性等特征。

医院后勤管理（hospital logistics management）：医院物资、总务、设备、财务和基本建设工作的总称，包括衣、食、住、行、水、电、煤、气、冷、热等诸多方面。

预制装配式建筑：是依据统一的结构形式和标准，进行建筑构建的大批量生产，并在施工现场进行机械化组装形成的建筑，其核心为预制构件。预制装配式建筑的交付双方，可根据本标准的交付逻辑，对预制构件进行分类，并确定对应的构建精细度，从而指导交付行为。

集成管理：是一种效率和效果并重的管理模式，它突出了一体化的整合思想，管理对象的重点由传统的人、财、物等资源转变为以科学技术、信息、人才等为主的智力资源，提高企业的知识含量，激发知识的潜在效力成为集成管理的主要任务。集成管理是一种全新的管理理念及方法，其核心就是强调运用集成的思想和理念指导企业的管理行为实践。

组织集成：是指将具有不同功能的组织要素集成为一个有机组织体的行为过程，其目的是使组织体的功能发生质的突变，整体效益得到极大提高。组织集成是一种形态，是指通过人主动的集成行为之后，这种组织表现为一种集成化组织。

工程变更：在工程项目实施过程中，按照合同约定的程序，业主/监理人根据工程需要，下达指令对招标文件中的原设计或经监理人批准的施工方案进行的在材料、工艺、功能、功效、尺寸、技术指标、工程数量及施工方法等任一方面的改变，统称为工程变更。

附录 C　部分技术规范

序号	颁发部门	时间	文号	名称
1	天津市住房和城乡建设委员	2019 年 2 月 3 日	津住建设〔2019〕2 号	市住房城乡建设委关于印发推进我市建筑信息模型（BIM）技术应用指导意见的通知
2	山东省住房和城乡建设厅	2019 年 1 月 9 日		关于发布山东省工程建设导则《山东省城市轨道交通 BIM 技术应用导则》的通知
3	住房城乡建设部	2018 年 12 月 6 日	2018 第 312 号	住房城乡建设部关于发布行业标准《建筑工程设计信息模型制图标准》的公告
4	中国建筑装饰协会	2018 年 12 月 6 日	中装协〔2018〕109 号	关于发布建筑装饰行业工程建设中国建筑装饰协会标准《轨道交通车站装饰装修工程 BIM 实施标准》的通知
5	吉林省住房和城乡建设厅	2018 年 10 月 15 日	吉建办〔2018〕47 号	关于在房屋建筑和市政基础设施工程中要求应用 BIM 技术的通知
6	广东省住房和城乡建设厅	2018 年 7 月 17 日		广东省住房和城乡建设厅关于发布广东省标准《广东省建筑信息模型应用统一标准》的公告
7	浙江省住房和城乡建设厅	2018 年 6 月 26 日		关于发布浙江省工程建设标准《建筑信息模型（BIM）应用统一标准》的通知
8	上海市住房和城乡建设管理委员会	2018 年 5 月 28 日	沪建建管〔2018〕299 号	上海市住房和城乡建设管理委员会关于发布《上海市保障性住房项目 BIM 技术应用验收评审标准》的通知
9	住房和城乡建设部办公厅	2018 年 5 月 30 日		住房城乡建设部办公厅关于印发《城市轨道交通工程 BIM 应用指南》的通知
10	湖南省住房和城乡建设厅	2017 年 12 月 29 日	DBJ 43/T330—2017	《湖南省建筑工程信息模型交付标准》
11	成都市城乡建设委员会	2018 年 1 月 18 日		成都市城乡建设委员会关于把市政工程 BIM 设计和工业化预制拼装建设条件作为项目基本情况纳入建设全过程进行管理的通知
12	交通运输部办公厅	2017 年 12 月 29 日	交办公路〔2017〕205 号	交通运输部办公厅关于推进公路水运工程 BIM 技术应用的指导意见

序号	颁发部门	时间	文号	名称
13	福建省住房和城乡建设厅	2017 年 12 月 29 日		关于印发《福建省建筑信息模型（BIM）技术应用指南》的通知
14	南京建设工程招标投标协会	2018 年 1 月 12 日		《南京市建筑信息模型招标投标应用标准》
15	安徽省住房和城乡建设厅	2017 年 12 月 25 日	建标函〔2017〕2925 号	关于印发《安徽省建筑信息模型（BIM）技术应用指南》的通知
16	住房和城乡建设部	2017 年 10 月 25 日	GB/T 51269—2017	《建筑信息模型分类和编码标准》
17	湖南省住房和城乡建设厅	2017 年 9 月 4 日		关于发布《湖南省建筑工程信息模型设计应用指南》《湖南省建筑工程信息模型施工应用指南》的通知
18	上海市住房和城乡建设管理委员会	2017 年 6 月		《上海市建筑信息模型技术应用指南（2017版）》
19	住房和城乡建设部	2017 年 5 月 4 日	第 1534 号 GB/T 51235—2017	《建筑信息模型施工应用标准》
20	广西壮族自治区住房和城乡建设厅	2017 年 2 月 13 日	桂建标〔2017〕4 号	关于批准发布广西工程建设地方标准《建筑工程建筑信息模型施工应用标准》的通知
21	住房和城乡建设部	2016 年 12 月 2 日	第 1380 号 GB/T 51212—2016	《建筑信息模型应用统一标准》
22	中国建筑装饰协会	2016 年 9 月 12 日	中装协〔2016〕53 号	关于发布建筑装饰行业工程建设中国建筑装饰协会 CBDA 标准《建筑装饰装修工程 BIM 实施标准》的通知
23	徐州市审计局	2016 年 8 月 5 日		《在全市审计机关推进建筑信息模型技术应用的指导意见》
24	济南市城乡建设委员会	2016 年 6 月 29 日	济建设字〔2016〕6 号	关于加快推进建筑信息模型（BIM）技术应用的意见
25	天津市城乡建设委员会	2016 年 5 月 31 日	津建科〔2016〕290 号	天津市建委关于发布《天津市民用建筑信息模型（BIM）设计技术导则》的通知
26	浙江省住房和城乡建设厅	2016 年 4 月 26 日		关于印发《浙江省建筑信息模型（BIM）技术应用导则》的通知
27	黑龙江省住房和城乡建设厅	2016 年 3 月 14 日	黑建设〔2016〕1 号	关于推进我省建筑信息模型应用的指导意见
28	湖南省人民政府办公厅	2016 年 1 月 14 日	湘政办发〔2016〕7 号	关于开展建筑信息模型（BIM）应用工作的指导意见
29	上海市住房和城乡建设管理委员会	2016 年 5 月 27 日	沪建标定〔2016〕409 号	上海市住房和城乡建设管理委员会关于批准《人防工程设计信息模型交付标准》为上海市工程建设规范的通知
30	上海市城乡建设和管理委员会	2015 年 6 月 17 日		《上海市建筑信息模型技术应用指南（2015版）》
31	广西壮族自治区住房和城乡建设厅	2016 年 1 月 12 日		《关于印发广西推进建筑信息模型应用的工作实施方案的通知》
32	深圳市建筑工务署	2015 年 5 月 4 日		《深圳市建筑工务署政府公共工程 BIM 应用实施纲要》《深圳市建筑工务署 BIM 实施管理标准》
33	住房城乡建设部	2015 年 6 月 16 日		《关于推进建筑信息模型应用的指导意见》
34	北京质量技术监督局/北京市规划委员会	2014 年 5 月		《民用建筑信息模型设计标准》

序号	颁发部门	时间	文号	名称
35	广东省住房和城乡建设厅	2014 年 9 月 16 日		《关于开展建筑信息模型 BIM 技术推广应用工作的通知》
36	住房和城乡建设部	2017 年 3 月		《建筑工程设计信息模型交付标准》
37	北京市	2017 年 7 月		《北京市建筑信息模型（BIM）应用示范工程的通知》
38	广州市	2017 年 1 月		《关于加快推进建筑信息模型（BIM）应用意见的通知》
39	上海市	2017 年 4 月		《关于进一步加强上海市建筑信息模型技术推广应用的通知》
40	上海市城乡建设委员会	2017 年 6 月		《上海市建筑信息模型技术应用指南（2017 版）》
41	宁波市	2017 年 6 月		《关于推进建筑信息模型技术应用的若干意见》
42	江西省	2017 年 6 月		《关于推进建筑信息模型（BIM）技术应用工作的指导意见》
43	湖北省	2017 年 9 月		《武汉市城建委关于推进建筑信息模型（BIM）技术应用工作的通知》

附录 D　收费标准类

序号	颁发部门	时间	文号	名称
1	湖南省建设工程造价管理总站	2018 年 10 月 25 日	湘建价信函〔2018〕53 号	湖南省建设工程造价管理总站关于征求《湖南省建设项目建筑信息模型（BIM）技术服务计费依据（试行）（征求意见稿）》意见的函
2	广东省住房和城乡建设厅	2018 年 7 月 24 日		广东省住房和城乡建设厅关于印发《广东省建筑信息模型（BIM）技术应用费用计价参考依据》的通知
3	广西壮族自治区住房和城乡建设厅	2018 年 6 月 4 日		广西关于征求《广西壮族自治区建筑信息模型（BIM）技术推广应用费用计价参考依据》（征求意见稿）意见的函
4	浙江省住房和城乡建设厅	2017 年 9 月 25 日		关于印发《浙江省建筑信息模型（BIM）技术推广应用费用计价参考依据》的通知
5	上海市住房和城乡建设管理委员会	2016 年 4 月 5 日		关于上海市保障性住房实施 BIM 技术应用及 BIM 服务定价通知
6	住房和城乡建设部	2017 年 9 月 4 日		《建设项目工程总承包费用项目组成（征求意见稿）》
7	住房和城乡建设部	2017 年 9 月		《建设项目总投资费用项目组成（征求意见稿）》
8	上海 BIM 研究会	2014 年 5 月		《上海市建筑 BIM 建模深度和收费标准（讨论稿）》

附录 E 项目可参与的比赛名录

大赛名称	主办方	级别
"龙图杯"全国 BIM 大赛	中国图学学会	国家级
"创新杯"BIM 设计大赛	中国勘察设计协会	国家级
中国建设工程 BIM 大赛	中国建筑业协会	国家级
"科创杯"中国 BIM 技术交流暨优秀案例作品展示会大赛	中国建筑信息模型科技创新联盟	国家级
安装行业 BIM 技术应用成果评价活动	中国安装协会 BIM 应用与智慧建造分会	国家级
北京市工程建设 BIM 应用成果评选	北京市建筑业联合会	直辖市
天津市"海河杯"工程建设 BIM 应用大赛	天津市勘察设计协会	直辖市
上海市 BIM 技术应用创新大赛	上海建筑信息模型技术应用推广中心	直辖市
上海建筑施工行业 BIM 技术应用大赛	上海市住房和城乡建设管理委员会、上海建筑信息模型技术应用推广中心	直辖市
重庆市建筑信息模型（BIM）应用竞赛	重庆市勘察设计协会	直辖市
辽宁省建筑信息模型（BIM）应用设计大赛	辽宁省勘察设计协会	省级
江苏省勘察设计行业建筑信息模型（BIM）应用大赛	江苏省勘察设计行业协会	省级
江苏省安装行业 BIM 技术应用大赛	江苏省安装行业协会	省级
浙江建工杯"浙江省 BIM 应用大赛	浙江省建筑业行业协会、浙江省勘察设计行业协会	省级
安徽省建筑信息模型（BIM）技术应用大赛	安徽省工程勘察设计协会	省级
福建省建筑信息模型（BIM）技能大赛	福建省建筑信息模型技术应用联盟、福建省勘察设计协会、福建省工程建设科学技术标准化协会	省级
山东省建筑信息模型（BIM）设计大赛	山东省住房和城乡建设厅	省级
河南省建设工程"中原杯"BIM 技术应用大赛	河南省住房和城乡建设厅	省级
湖北省建筑信息模型（BIM）设计大赛	湖北省勘察设计协会	省级
湖南省 BIM 技术应用大赛	湖南省住房和城乡建设厅、湖南省勘察设计协会、湖南省建筑业协会、湖南省建筑信息模型（BIM）技术应用创新战略联盟	省级
广东省 BIM 应用大赛	广东省住房和城乡建设厅	省级
四川省建设工程 BIM 应用大赛	四川省建筑业协会	省级
甘肃省 BIM（建筑信息模型）技术应用大赛	甘肃省建筑业联合会、甘肃省建设监理协会、甘肃省勘察设计协会、甘肃省建筑职教集团	省级

（续表）

大赛名称	主办方	级别
广西壮族自治区"八桂杯"BIM技术应用大赛	广西工程建设标准化协会、广西建筑业联合会、广西勘察设计协会、广西建设工程造价管理协会、广西建设教育协会、广西建筑信息模型（BIM）技术发展联盟	省级
RICS Awards China BIM 最佳应用	RICS	国际
Building Smart 国际 BIM 大奖	Building Smart International	国际

附录 F　住院综合楼 BIM 应用报告范本

F1　医院桩基部分报告

1. 本项目区位

2. 本项目总平面图

3. 根据地勘数据构建可视化地质结构

4. 基坑挖出土方量模拟与计算

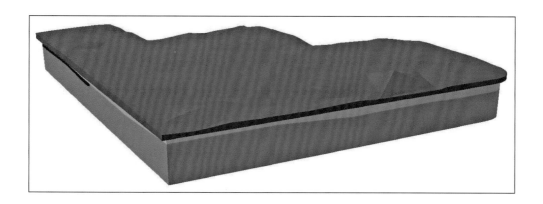

5. 基坑模拟

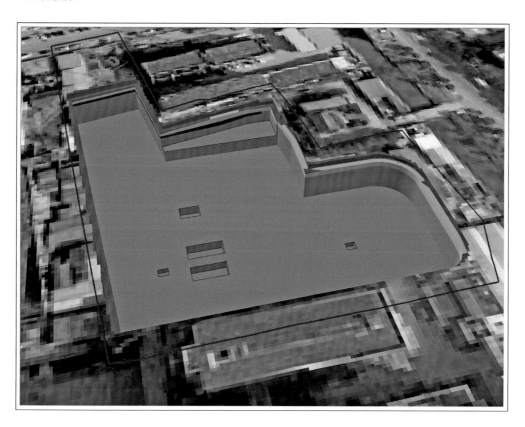

6. 树根桩

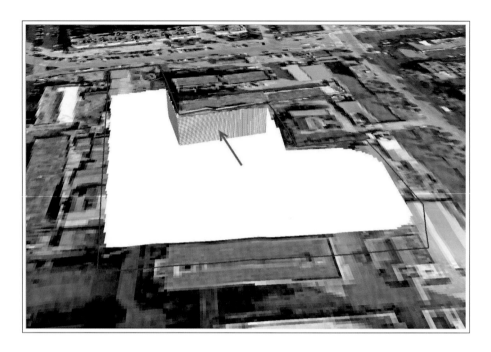

7. 树根桩穿过地层情况

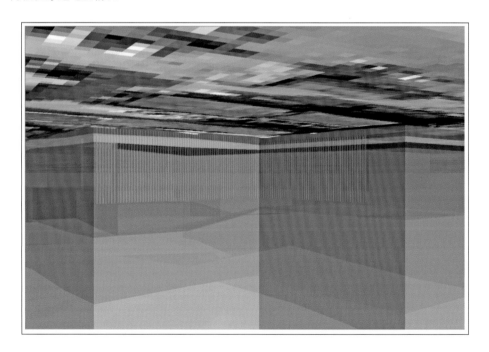

8. 树根桩信息查询

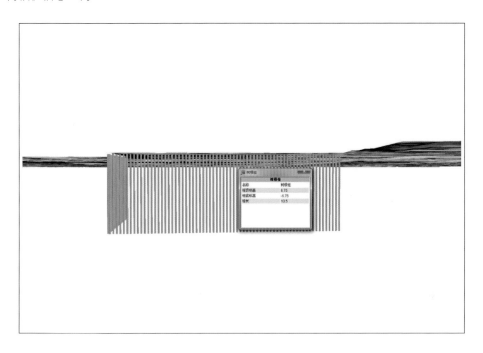

9. 三轴深搅桩

10. 三轴深搅桩穿过地层情况

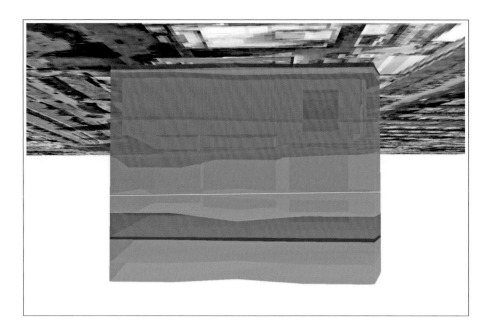

11. 三轴深搅桩信息查询

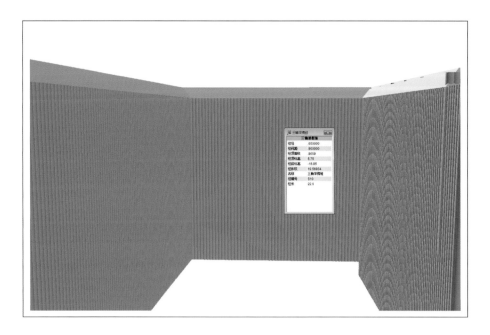

12. 支护桩

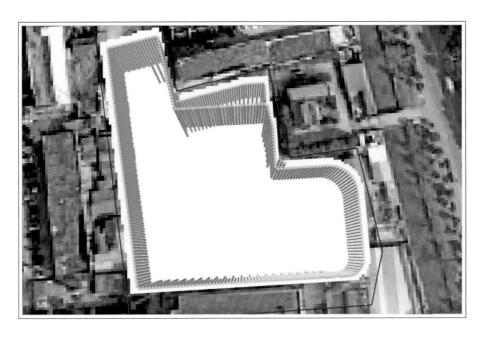

13. 支护桩顶部冠梁

14. 支护桩穿过地层情况（AB）

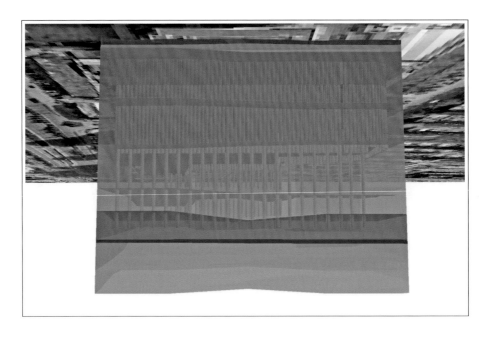

15. 支护桩穿过地层情况（BC）

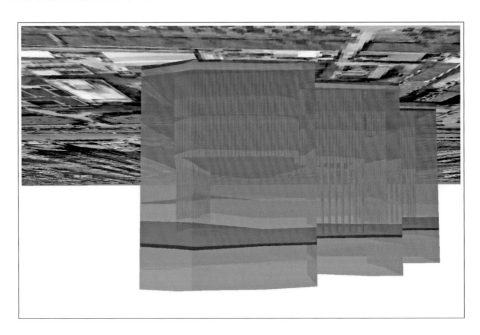

16. 支护桩穿过地层情况（CDD'EE'F'G）

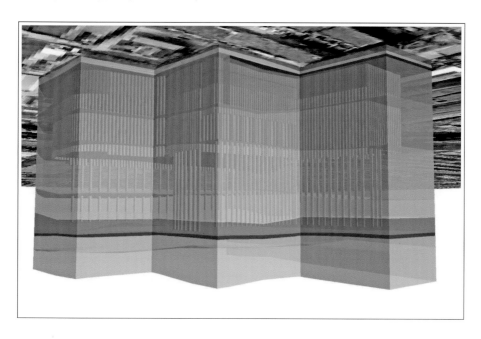

17. 支护桩穿过地层情况（GG'H）

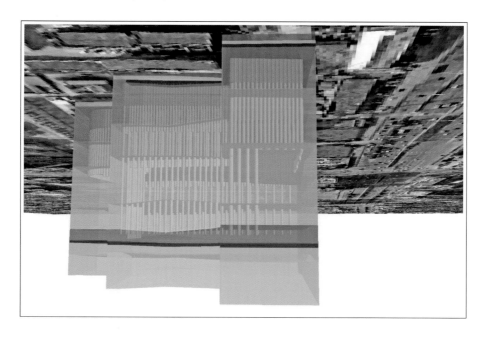

18. 支护桩穿过地层情况（HA）

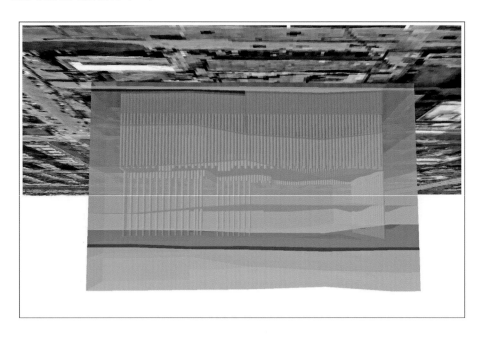

19. 支护桩信息查询

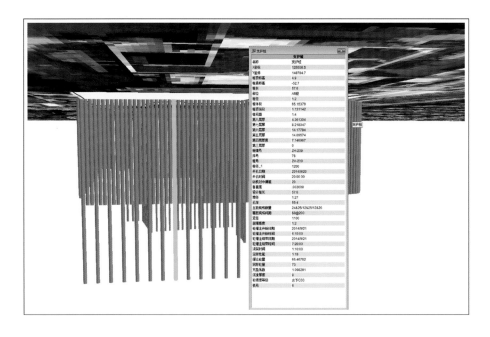

20. 高压旋喷桩

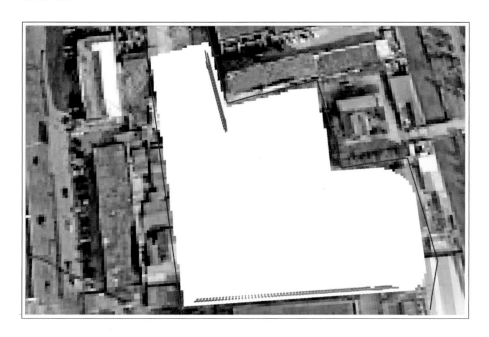

21. 高压旋喷桩穿过地层情况（AB)

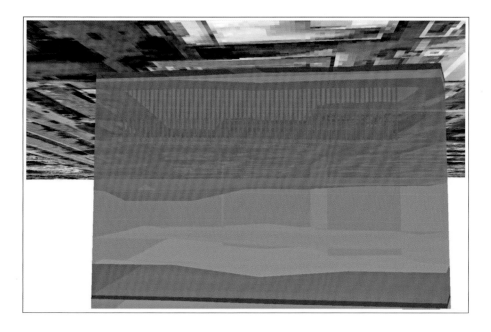

22. 高压旋喷桩穿过地层情况（FF'G)

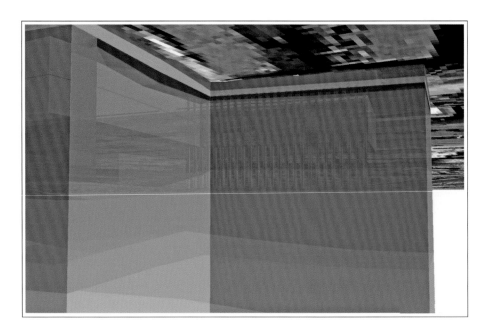

23. 高压旋喷桩信息查询

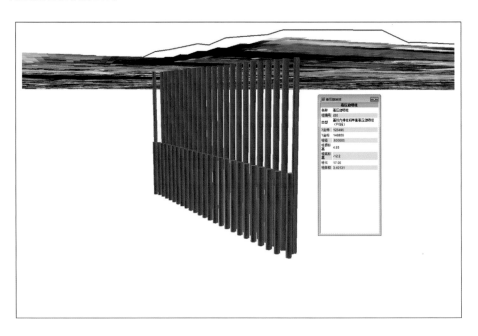

24. 双重管高压旋喷桩

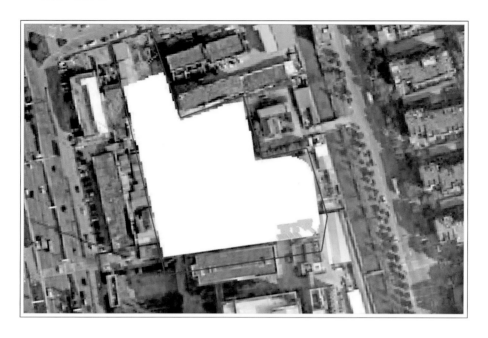

25. 双重管高压旋喷桩穿透地层情况

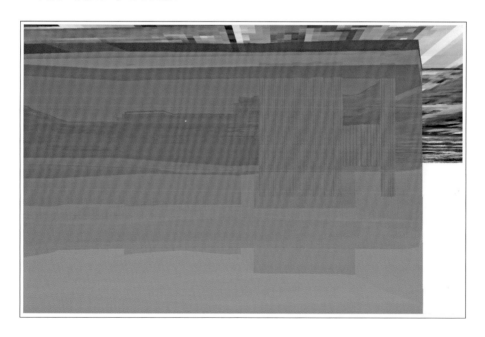

26. 双重管高压旋喷桩信息查询

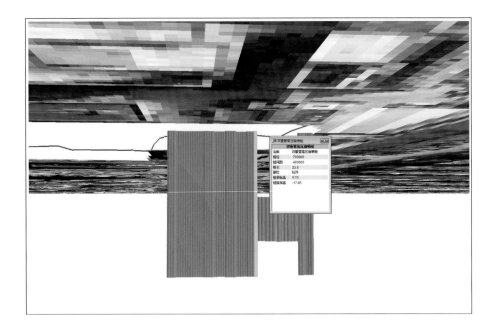

27. 基础桩分布

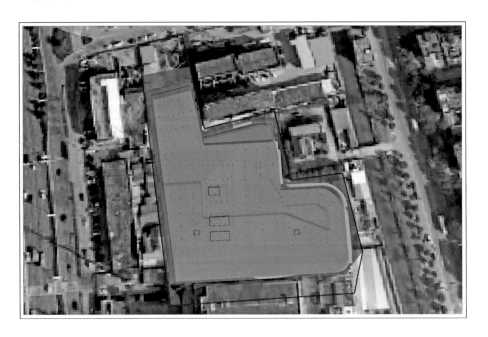

28. 老基础桩位置（高度、桩长不确定）

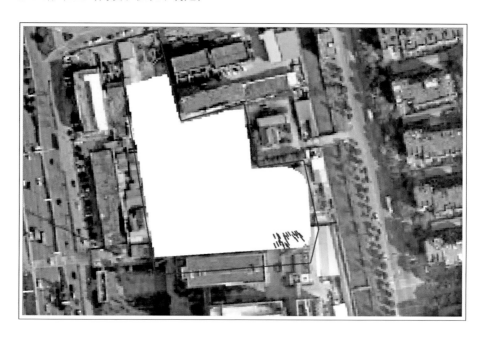

29. 基础桩穿透地层情况

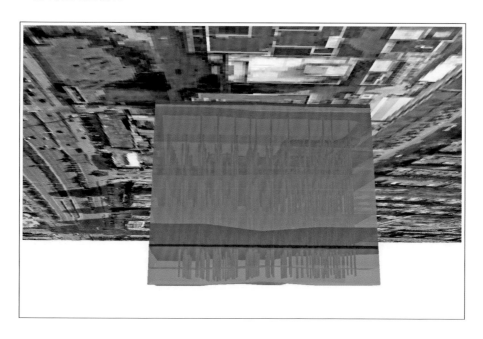

30. 基础桩信息查询

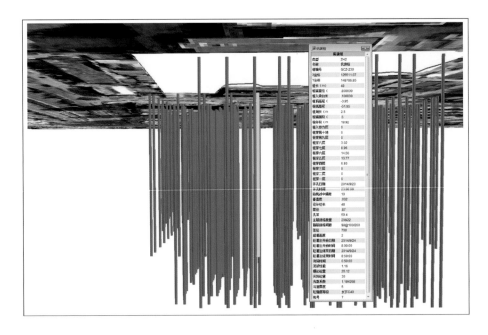

31. 立柱桩（橘黄色）

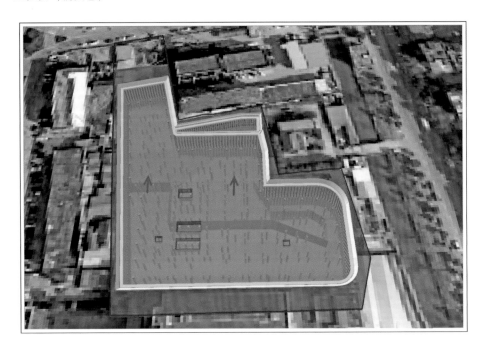

32. 立柱桩穿过地层情况

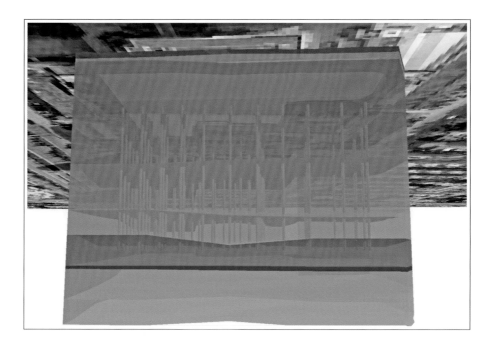

33. 立柱桩信息查询

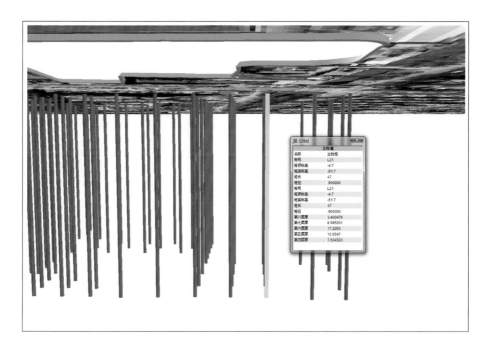

34. 基坑内部三轴深搅桩

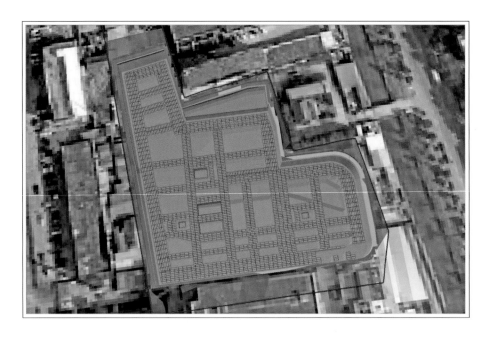

35. 基坑内部三轴深搅桩穿过地层情况

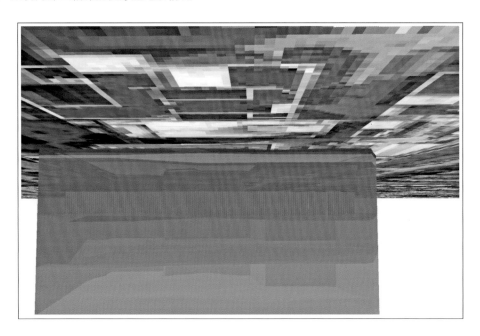

36. 基坑内部三轴深搅桩信息查询

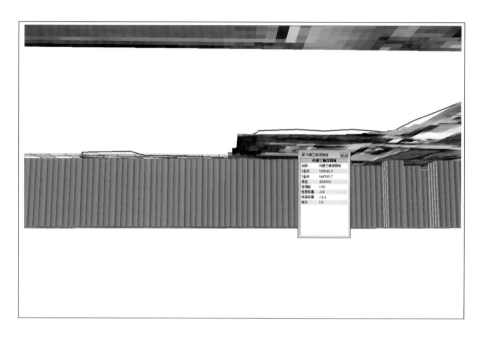

37. 基坑内部三轴深搅桩与基础桩、立柱桩冲突位置

38. 桩基整体深入地层情况（AB 段方向）

39. 桩基整体深入地层情况（BC 段方向）

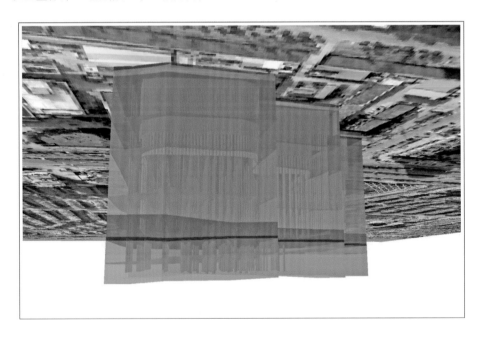

40. 桩基整体深入地层情况（CDE'F'G 段方向）

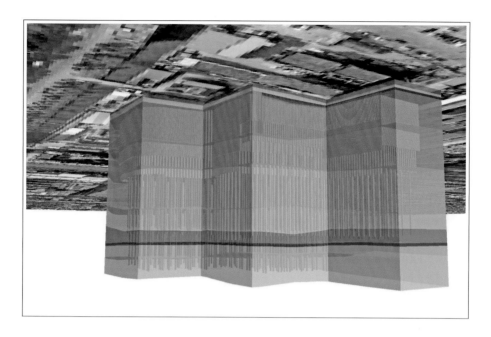

41. 桩基整体深入地层情况（GG'H 段方向）

42. 桩基整体深入地层情况（HA 段方向）

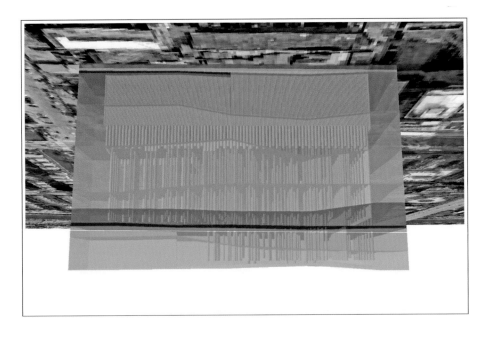

43. 桩承台

44. 桩承台信息查询

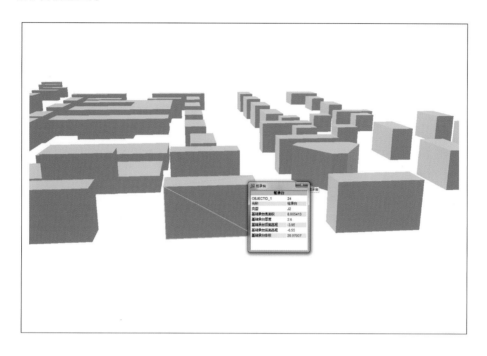

45. 基础连梁

46. 基础连梁信息查询

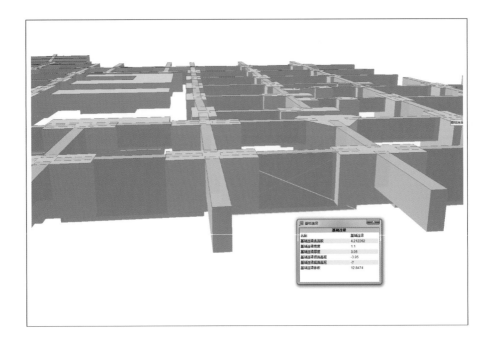

47. 基础底板

48. 混凝土墙

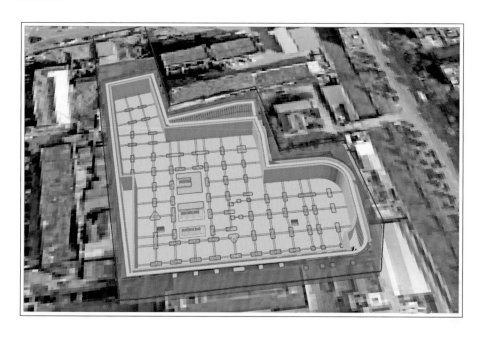

49. 基坑边缘 1：1 放坡

50. 1层支撑梁

51. 2层支撑梁

建筑工程数字化服务

（B1F、B2F 预留模拟问题报告）

工程名称：_____江苏省妇幼保健院住院综合楼_____

阶　　段：_____施工图_____

内　　容：_____B1F、B2F 预留洞_____

合同编号：_____

项目负责人：_____　审定人：_____

咨询单位：_____山东同圆数字科技有限公司_____

完成日期：_____2015-06-02_____

序号	土建-001
2D 图号图名	结施-04: 负二层人防地下室墙柱平面布置图
描　述	结施-04, KZ-2 名称标注错误
日期:	

图纸 2D 截图 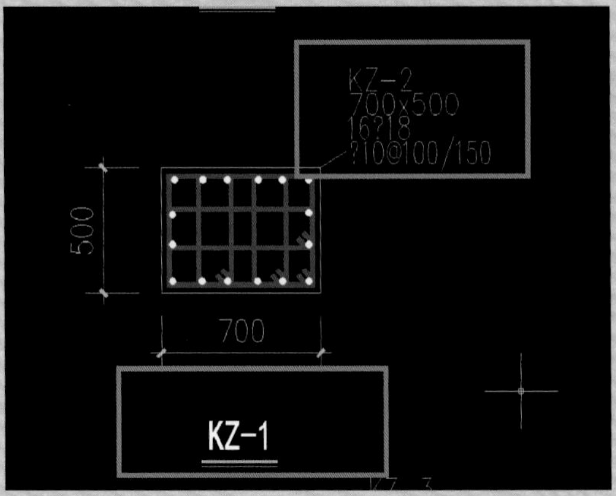	模型 3D 截图

KZ-2
700x500
16?18
?10@100/150

500

700

KZ-1

回复: 以钢筋截面处标注为准 KZ-2

序号	土建-002
2D图号图名	战时救护站平面图 B-3号口部平面图
描述	P轴交3轴右侧出墙的位置在战时救护站平面图和B-3号口部平面图中的不相符

日期：

图纸2D截图	模型3D截图

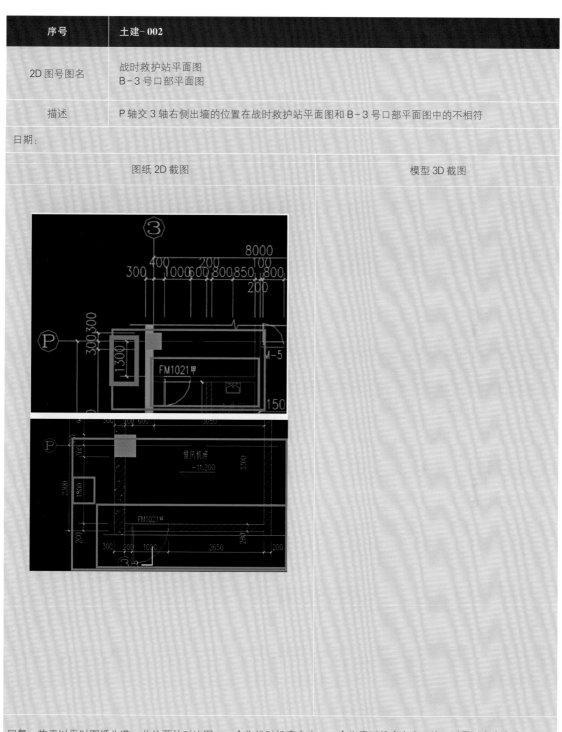

回复：施工以平时图纸为准，此处两处对比图，一个为战时机房大小，一个为平时机房大小，施工以平时大小为准

序号	土建-003
2D 图号图名	负二层人防地下室顶板配筋图 B-3 号口部平面图
描述	P 轴交 4 轴左侧负二层人防地下室顶板配筋图此区域板顶标高是-6.800 m，在 B-3 号口部大样图中此区域板顶标高是-6.500 m，L1 300 mm×600 mm，L2 300 mm×1 700 mm 梁顶高于板顶
日期：	

图纸 2D 截图	模型 3D 截图
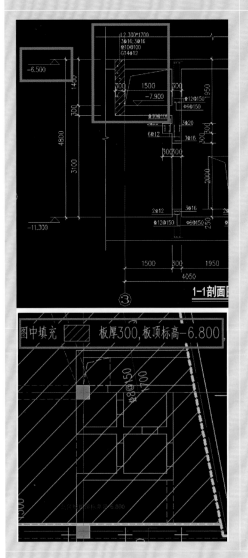	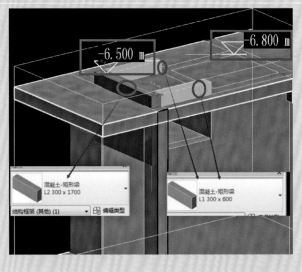

回复：

序号	土建-004
2D 图号图名	负二层人防地下室墙柱平面布置图 负二层人防地下室平时平面图
描述	N/M 轴交 11/12 轴处结构图和建筑图的位置不相符,请核对

日期:

图纸 2D 截图	模型 3D 截图

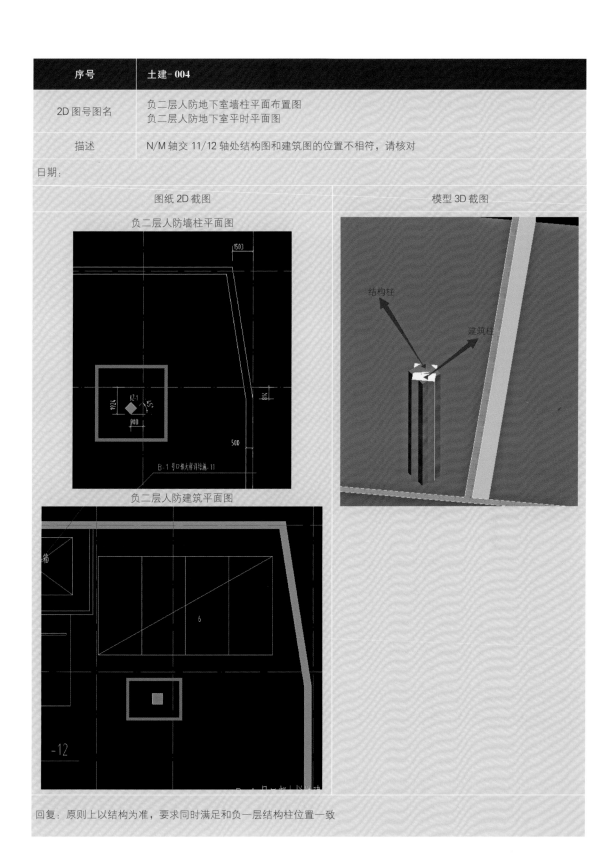

负二层人防墙柱平面图

负二层人防建筑平面图

回复:原则上以结构为准,要求同时满足和负一层结构柱位置一致

序号	机电-001
2D 图号图名	暖施-07：平时进、排风机房平、剖面图
描述	人防负二层 风预埋Ⅲ型刚性密闭管与放射性监测取样管中心标高−3.900

图纸 2D 截图	模型 3D 截图

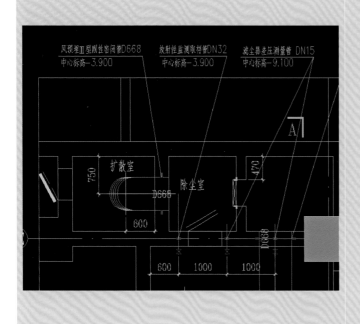

回复：标注有误，应为−9.100

序号	机电-002
2D图号图名	暖施-09修：战时排风口部平面图；人防地下室平时通风平面图
描述	人防负二层 10-11轴交L-M轴标高碰撞修改

图纸2D截图	模型3D截图

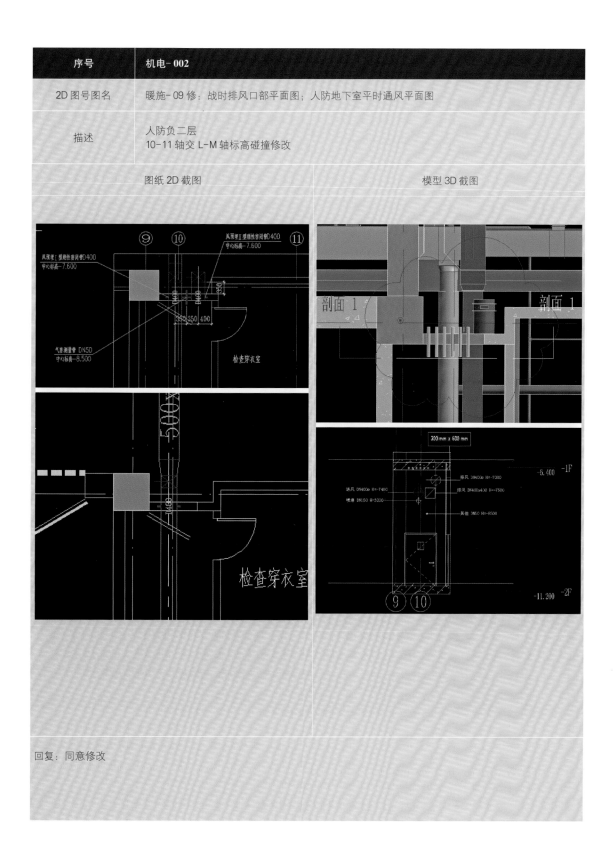

回复：同意修改

序号	机电-003

2D 图号图名	暖施-09 修：战时进风口部平面图
描述	人防负二层 风预埋Ⅲ型刚性密闭管 D500，中心标高－8.225 撞梁。 是否可改为－8.400

图纸 2D 截图	模型 3D 截图

回复：可以

序号	机电-004

2D 图号图名	图纸编号 S103-G1：1 层给排水及消火栓消防平面图 图纸编号 S102-G1：负一层给排水及消火栓消防平面图 图纸编号 S309：冷凝水排水系统展开图
描述	问题 1：W38 排水管水平穿柱和立管穿柱上行（水平移套管位置）； 问题 2：NL4 冷凝水排水管标高 − 0.200 m，接漏斗支管三通管件安装空间不够（多处此类问题）

图纸 2D 截图	模型 3D 截图

C-D 轴交 3-4 轴

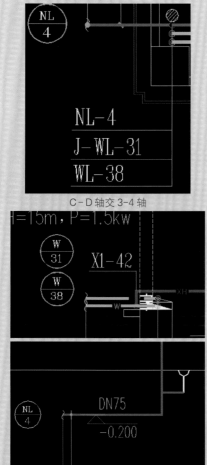

C-D 轴交 3-4 轴

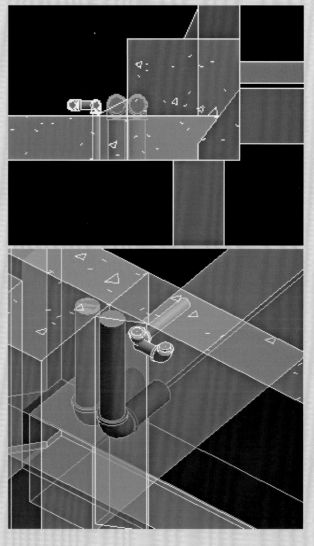

回复：问题 1　出修改图，立管将水平移动；
　　　问题 2　出修改图，2 层以上冷凝水排水在地面上贴墙排放，1 层单独预埋排放

299

序号	机电-005
2D 图号图名	图纸编号 S102-G1：负一层给排水及消火栓消防平面图
描述	问题：D-J 轴交 14-15 轴（W/34）污水管水平方向穿柱穿梁，需水平调整，出户套管标高需要调整

图纸 2D 截图	模型 3D 截图

D-E轴交 14-15 轴

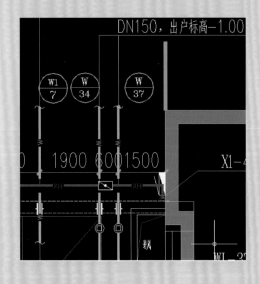

H-J轴交 14-15 轴

回复：出修改图，立管将水平移动

序号	机电-006
2D图号图名	图纸编号 S103-G1：1 层给排水及消火栓消防平面图 图纸编号 D201：负一层配电平面
描述	问题 1：D-J 轴交 14-15 轴（W/34）污水管水平方向穿柱穿梁，建议水平调整，出户套管标高建议 　　　　调整； 问题 2：污水管与强电竖向桥架位置重合

图纸 2D 截图	模型 3D 截图

D-J 轴交 14-15 轴

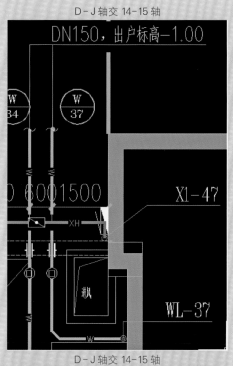

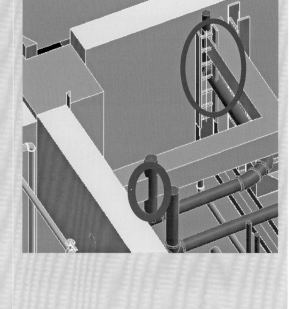

D-J 轴交 14-15 轴

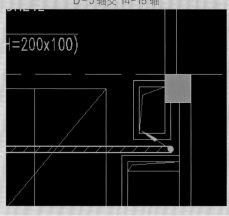

回复：问题 1　出修改图，立管将水平移动，出户管标高下降；
　　　问题 2　出修改图，立管将水平移动

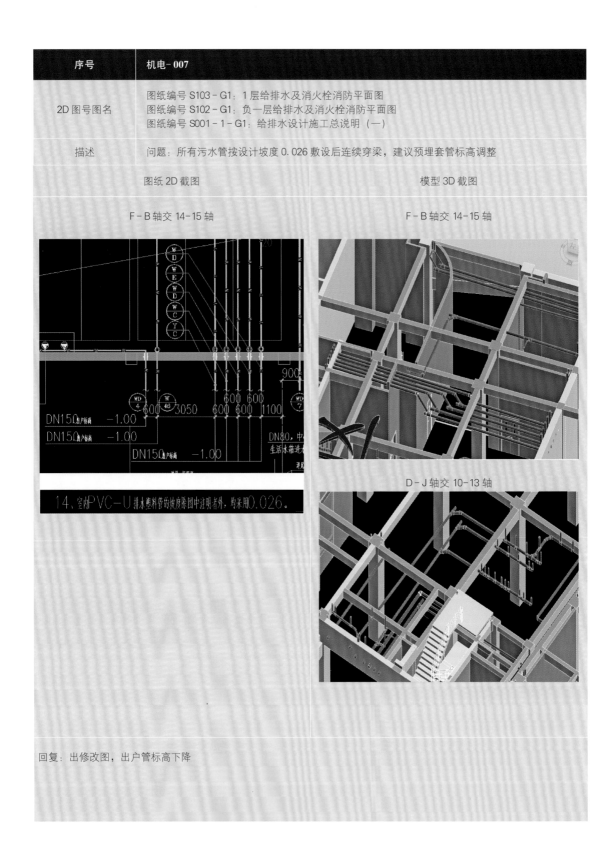

序号	机电-007
2D 图号图名	图纸编号 S103-G1：1 层给排水及消火栓消防平面图 图纸编号 S102-G1：负一层给排水及消火栓消防平面图 图纸编号 S001-1-G1：给排水设计施工总说明（一）
描述	问题：所有污水管按设计坡度 0.026 敷设后连续穿梁，建议预埋套管标高调整

图纸 2D 截图 | 模型 3D 截图

F-B 轴交 14-15 轴 | F-B 轴交 14-15 轴

D-J 轴交 10-13 轴

14. 室内PVC-U排水塑料管的坡度除图中注明者外，均采用0.026。

回复：出修改图，出户管标高下降

序号	机电-008
2D图号图名	图纸编号 S103－G1：1层给排水及消火栓消防平面图
描述	问题：卫生间立管穿梁建议建筑调整落水点位
图纸 2D 截图	模型 3D 截图

一层 11-12 轴交 A-B 轴

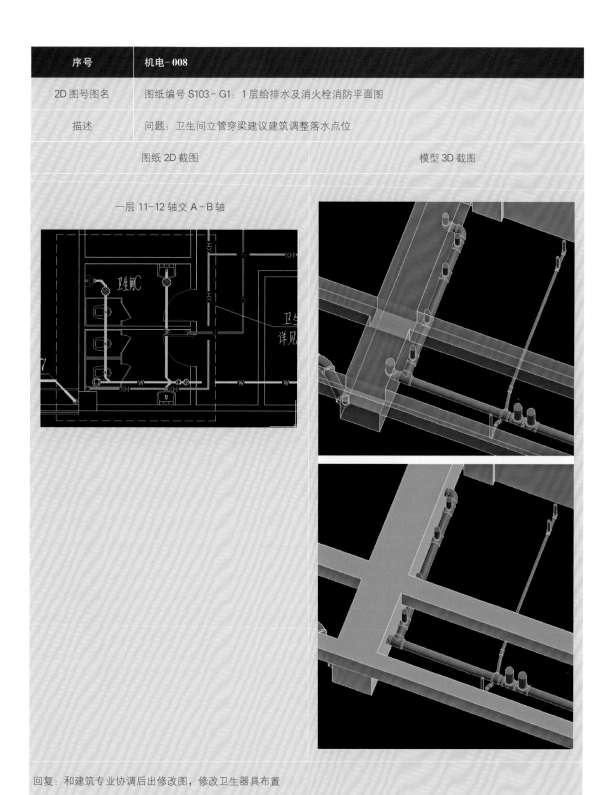

回复：和建筑专业协调后出修改图，修改卫生器具布置

F3 土建模拟建造报告

建筑工程数字化服务

（土建模拟建造报告）

工 程 名 称： 江苏省妇幼保健院住院综合楼

阶 段： 施工图

内 容： 土建模拟建造

项目负责人： ＊＊＊ 审定人： ＊＊＊

咨 询 单 位： 山东同圆数字科技有限公司

完 成 日 期： 2015－03

序号	土建-001

2D 图号图名	结施 G203：基础层－15 层框架柱配筋详图 结施 G216：1♯楼 5 层梁配筋图
描述	轴网 10 交 G－H 之间，结构柱 KZ5 框架柱图纸与框架梁图纸相交的梁相差 100 mm，结构框架梁图纸的柱子符合建筑图纸。多处出现同样问题

图纸 2D 截图	模型 3D 截图

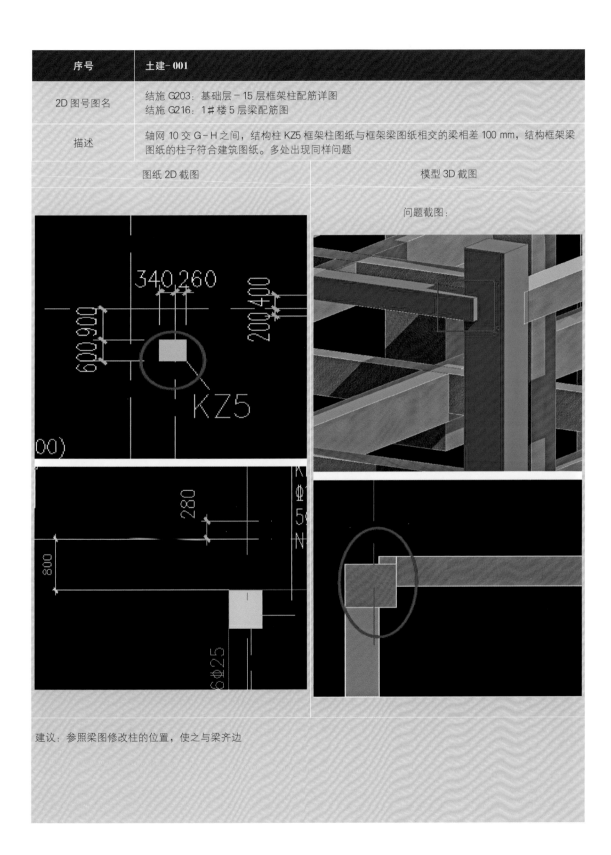

问题截图：

建议：参照梁图修改柱的位置，使之与梁齐边

序号	土建-002
2D 图号图名	结施 G207：1#楼 13.45～73.20 墙配筋图 建施 J106：5 层平面
描述	轴线 6 和 J-L 之间，结构的连梁位置与建筑的墙位置有偏差，建筑不符合结构图纸

图纸 2D 截图	模型 3D 截图

轴线 6 和 J-L 之间，结构的连梁位置与建筑的墙位置有偏差，建筑不符合结构图纸

建议：

序号	土建- 003
2D 图号图名	5 层—15 层框架柱配筋详图 5 层平面
描述	轴网：H—J 轴交 7 轴。阐述：建筑图纸中剪力墙位置与结构图纸中有偏移

图纸 2D 截图	模型 3D 截图

建筑

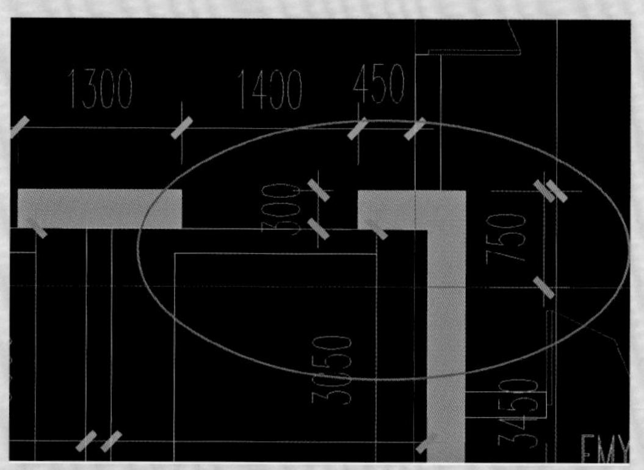

结构

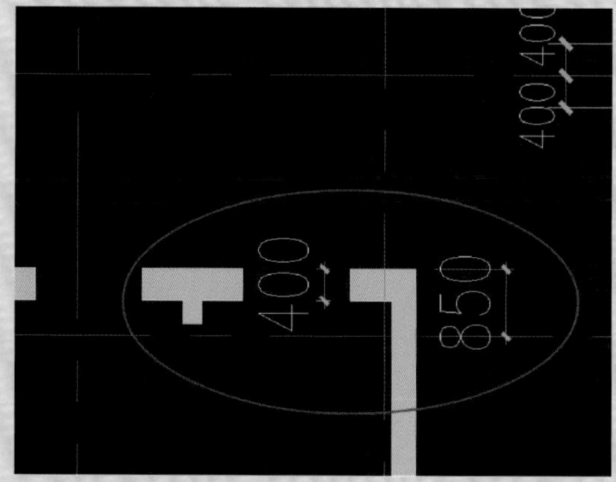

建议：

序号	土建-004
2D 图号图名	结施 G240：2#楼 8—11 层梁配筋图 结施 G203：5—15 层框架柱配筋详图
描述	轴网：15-16 轴交 F 轴。阐述：根据柱表，KZ15 和 KZ16 在 9 层以上变为 600 mm×600 mm，即截面变小，说明中指出"未注定位者，柱中心线均与轴线重合"，而梁图没变，因此造成多处梁与柱不齐边

图纸 2D 截图	模型 3D 截图

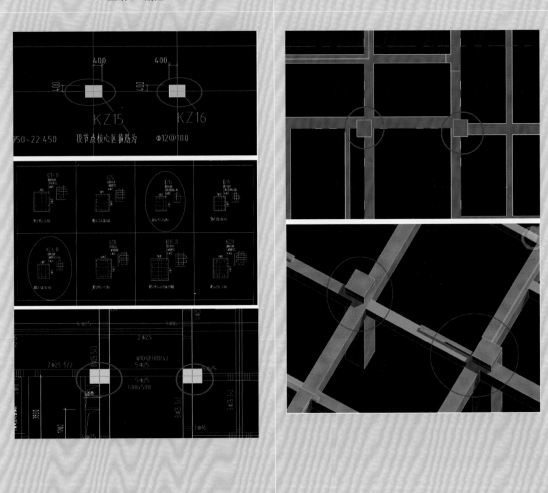

建议：

序号	土建-005
2D 图号图名	建施 J 601：楼梯 1 详图、1—1 剖面 建施 J113：机房层平面 结施 G222：1#楼屋面层结构布置图及板配筋图
描述	轴网：6-7 轴交 J—L 轴。阐述：根据楼梯大样图来看，门底距离屋顶层地面的高度为 0.4 m（屋顶标高 73.2 m），也并未注明此处有台阶。电梯机房处建筑图纸电梯井处为 74.700 m，结构图纸整个电梯机房为 74.700 m，建筑图纸和结构图纸是否正确

图纸 2D 截图	模型 3D 截图
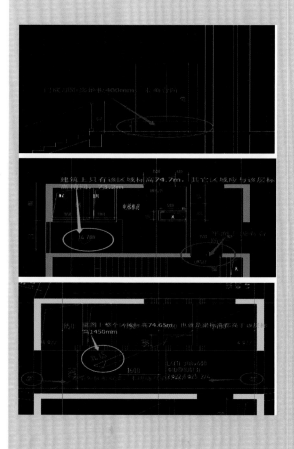	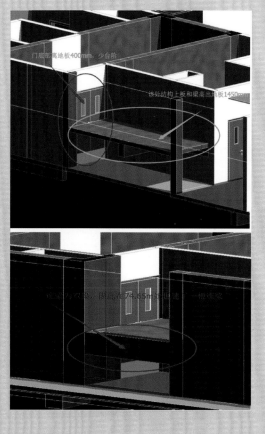

建议：

建筑工程数字化服务

（机电模拟建造报告）

工程名称： <u>江苏省妇幼保健院住院综合楼</u>

阶　　段： <u>施工图</u>

内　　容： <u>机电模拟建造</u>

项目负责人： <u>＊＊＊</u>　　　审定人： <u>＊＊＊</u>

咨询单位： <u>山东同圆数字科技有限公司</u>

完成日期： <u>2015-06-05</u>

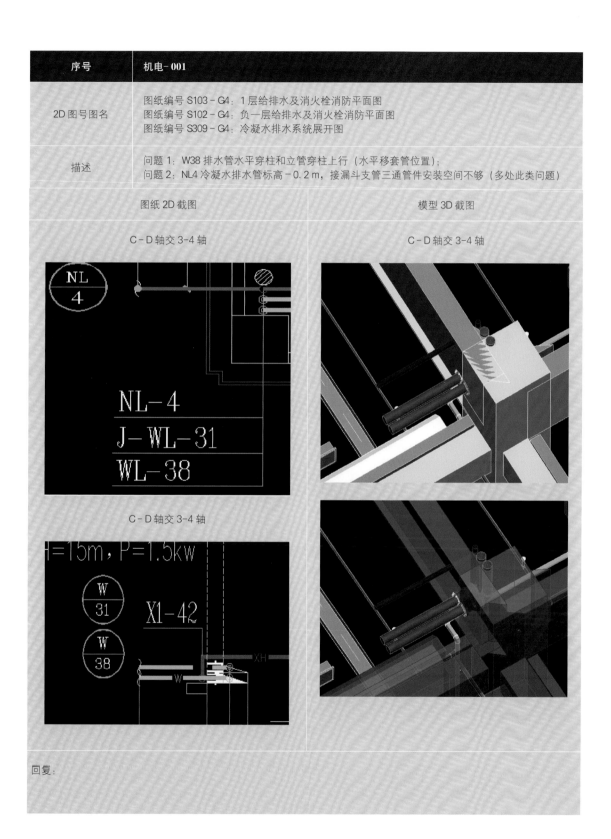

序号	机电-001
2D 图号图名	图纸编号 S103－G4：1层给排水及消火栓消防平面图 图纸编号 S102－G4：负一层给排水及消火栓消防平面图 图纸编号 S309－G4：冷凝水排水系统展开图
描述	问题 1：W38 排水管水平穿柱和立管穿柱上行（水平移套管位置）； 问题 2：NL4 冷凝水排水管标高－0.2 m，接漏斗支管三通管件安装空间不够（多处此类问题）

图纸 2D 截图	模型 3D 截图
C－D 轴交 3-4 轴	C－D 轴交 3-4 轴

C－D 轴交 3-4 轴

回复：

序号	机电-002
2D图号图名	图纸编号 S103-G4：1层给排水及消火栓消防平面图 图纸编号 S102-G4：负一层给排水及消火栓消防平面图
描述	问题：D-J轴交 14-15轴（W/34）污水管水平方向穿柱穿梁，需水平调整，出户套管标高需要调整

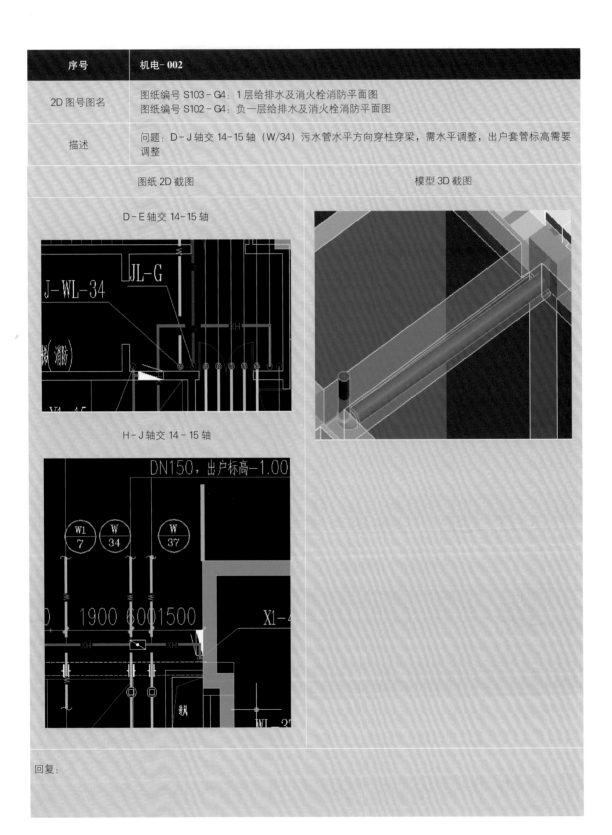

图纸 2D 截图

模型 3D 截图

D-E轴交 14-15轴

J-WL-34

JL-G

（消防）

H-J轴交 14-15轴

DN150，出户标高-1.00

W1
7

W
34

W
37

1900 600 1500

X1-4

WL-37

回复：

序号	机电-003
2D 图号图名	图纸编号 S102-G4：负一层层给排水及消火栓消防平面图 图纸编号 S103-G4：1层给排水及消火栓消防平面图 图纸编号 D201-G2：负一层配电平面 图纸编号 N103-G2：负一层空调水平面
描述	问题1：G-J轴交 14-15 轴（W/34）污水管水平方向穿柱穿梁，建议水平调整，出户套管标高建议调整。 问题2：污水管与强电竖向桥架位置重合，主管相撞，如何移动？ 问题3：空调水立管穿梁。冷供冷回立管与污水主管相撞，如何移动？

图纸 2D 截图	模型 3D 截图

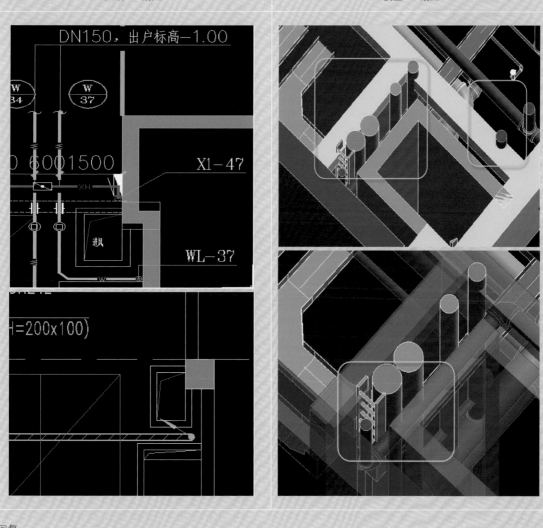

回复：

序号	机电-004

2D 图号图名	图纸编号 S102-G4：1 层给排水及消火栓消防平面图 图纸编号 S103-G4：负一层给排水及消火栓消防平面图 图纸编号 S001-1-G1：给排水设计施工总说明（一）
描述	问题：所有污水管按设计坡度 0.026 敷设后连续穿梁，建议预埋套管标高调整

图纸 2D 截图	模型 3D 截图
F-B 轴交 14-15 轴	F-B 轴交 14-15 轴

D-J 轴交 10-13 轴

回复：

序号	机电-005

2D 图号图名	图纸编号 S103-G4：1 层给排水及消火栓消防平面图 图纸编号 S103-G4：负一层给排水及消火栓消防平面图
描述	问题：卫生间立管穿梁建议建筑调整落水点位

图纸 2D 截图	模型 3D 截图

1 层 11-12 轴交 A-B 轴

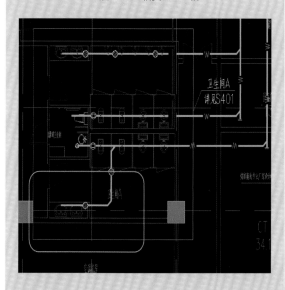
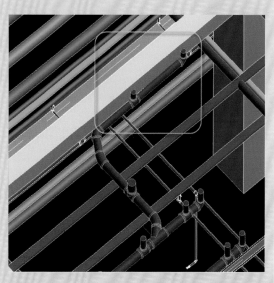

回复：

建筑工程数字化服务

（净高分析报告）

工程 名 称： <u>江苏省妇幼保健院住院综合楼</u>

阶　　　段： <u>施工图</u>

内　　　容： <u>净高分析</u>

项目负责人： <u>＊＊＊</u>　　　审定人： <u>＊＊＊</u>

咨 询 单 位： <u>山东同圆数字科技有限公司</u>

完 成 日 期： <u>2015-08-01</u>

序号	净高分析-001	
日期	2014-08-01	信息
发出人	TYBIM	
图号、图名	负一层走廊净高分析	层高：6 400 mm 走廊宽度：2 100 mm 最大梁：500 mm×1 000 mm 梁下空间：4 000 mm 梁下安装空间：500 mm
问题描述	剖面位置：N−P轴交 4-5 轴； 方案中净高：3 500 mm（考虑支架）； 此处为坡道下，标高较低	

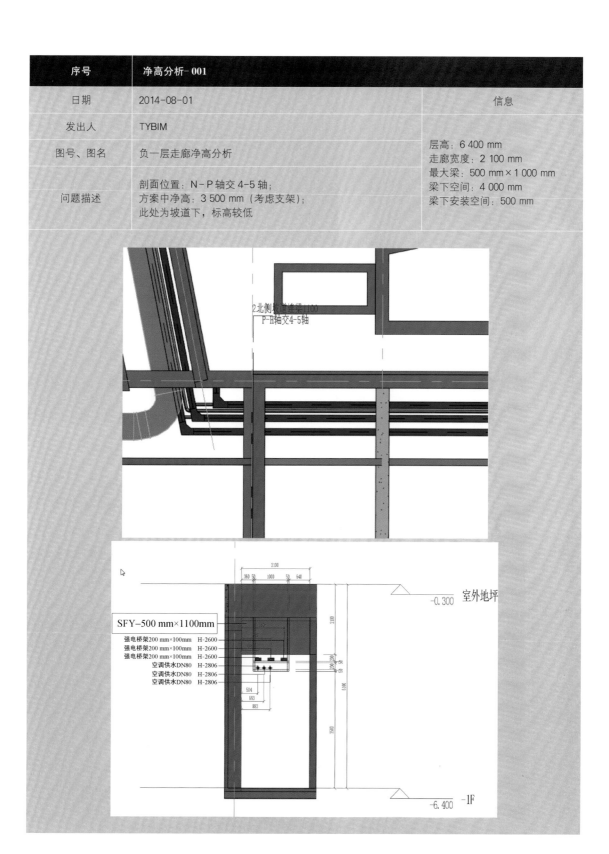

序号	净高分析-002	
日期	2014-08-01	信息
发出人	TYBIM	
图号、图名	负一层走廊净高分析	层高：6 400 mm 走廊宽度：2 100 mm 最大梁：400 mm×700 mm 梁下空间：5 650 mm 梁下安装空间：1 000 mm
问题描述	剖面位置：G-H轴交 7-8 轴； 方案中净高：4 650（考虑支架）； 此处是管井位置	

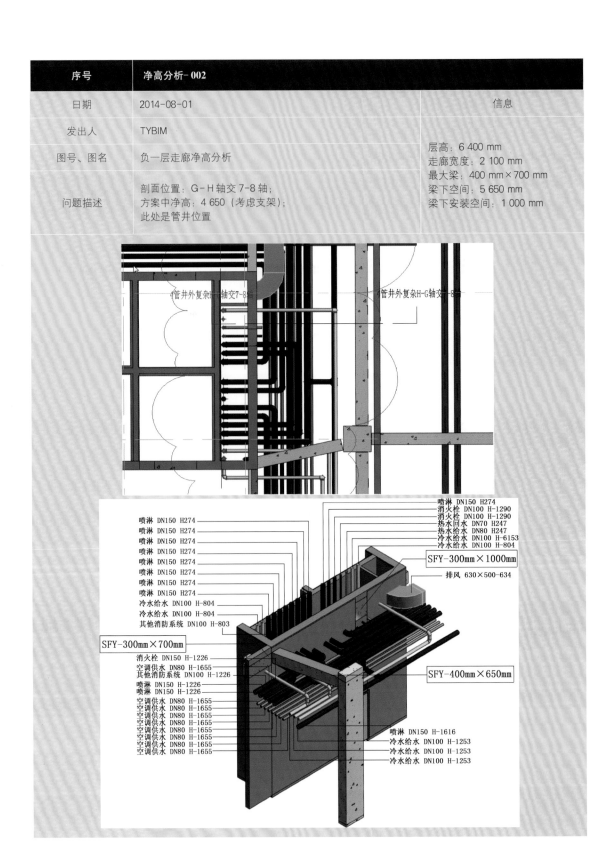

序号	净高分析-003	
日期	2014-08-01	信息
发出人	TYBIM	
图号、图名	负一层走廊净高分析	层高：6 400 mm 走廊宽度：2 100 mm 最大梁：400×700 mm 梁下空间：5 650 mm 梁下安装空间：1 000 mm
问题描述	剖面位置：H-J 轴交 7-8 轴坡道下； 方案中净高：4 650 mm（考虑支架）； 此处是管井及电气间的位置管线密集	

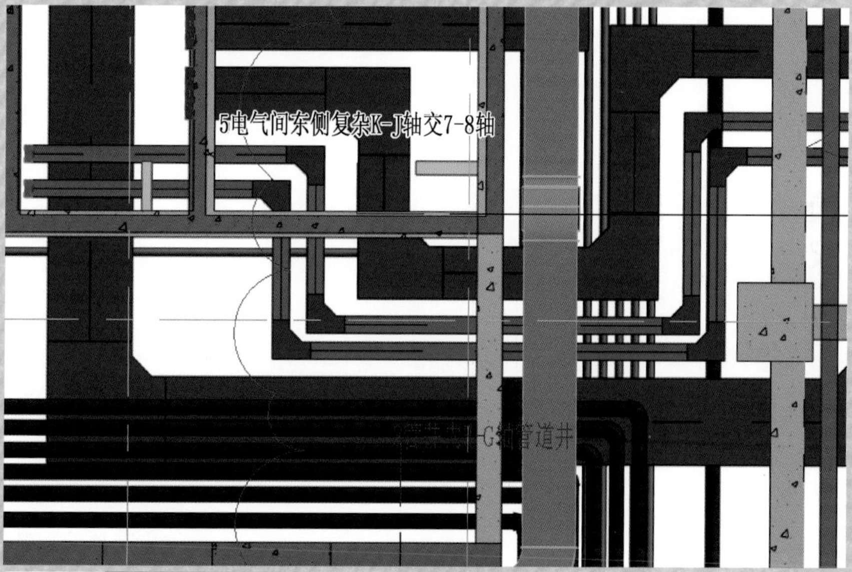

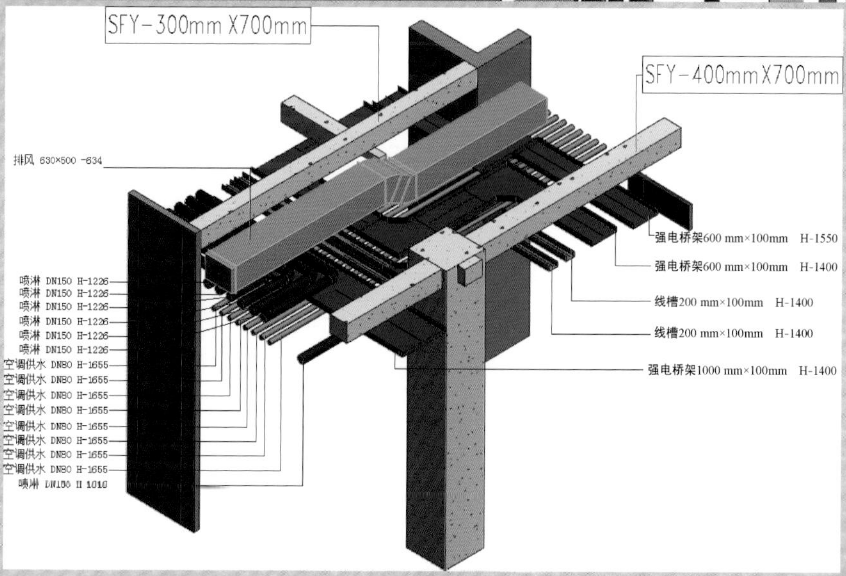

5电气间东侧复架K-J轴交7-8轴

管井 H-G轴管道井

SFY-300mm X700mm

SFY-400mm X700mm

排风 630×500 -634

强电桥架600 mm×100mm H-1550
强电桥架600 mm×100mm H-1400
线槽200 mm×100mm H-1400
线槽200 mm×100mm H-1400
强电桥架1000 mm×100mm H-1400

喷淋 DN150 H-1226
喷淋 DN150 H-1226
喷淋 DN150 H-1226
喷淋 DN150 H-1226
喷淋 DN150 H-1226
喷淋 DN150 H-1226
空调供水 DN80 H-1655
空调供水 DN80 H-1655
空调供水 DN80 H-1655
空调供水 DN80 H-1655
空调供水 DN80 H-1655
空调供水 DN80 H-1655
空调供水 DN80 H-1655
喷淋 DN150 H-1010

F6 塔吊模拟建造

建筑工程数字化服务

（塔吊模拟建造报告）

工 程 名 称： <u>江苏省妇幼保健院住院综合楼</u>

阶　　　段： <u>施工阶段</u>

内　　　容： <u>塔吊模拟建造</u>

项目负责人： <u>＊＊＊</u>　　　审定人： <u>＊＊＊</u>

咨 询 单 位： <u>山东同圆数字科技有限公司</u>

完 成 日 期： <u>2015-03-07</u>

一、模拟参考依据

江苏省妇幼保健院住院综合楼临时设施布置图 B 版 2015. 3. 12。

二、塔吊报告成果说明

1. 内容说明

按照临设布置及场地周边现状搭建模型（周边无高度数据建筑按每层 4 m 建模），按照塔吊最大臂长 57 m 测试。

2. 模拟软件

Navisworks Manage 2014。

三、结果

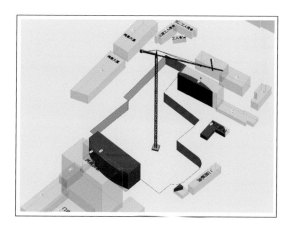

上图中红色区域为现状与塔吊的冲突区域。

吊装时，塔吊中心距北侧 5 层建筑最大距离为 53. 08 m，距东北侧 1 层建筑（龙江泵站）最大距离为 36. 79 m，距南侧原病房楼最大距离为 39. 01 m。

F7 光导管模拟建造报告

建筑工程数字化服务

（光导管模拟建造报告）

工程名称：_____江苏省妇幼保健院住院综合楼_____

阶　　段：_____施工图_____

内　　容：_____光导管模拟建造_____

项目负责人：___＊＊＊___　　审定人：___＊＊＊___

咨询单位：_____山东同圆数字科技有限公司_____

完成日期：_____2015-03-09_____

序号	机电-001
2D图号图名	负一层平面图光导照明布置
描述	H-K轴与11-13轴2处光导管照明与结构梁发生碰撞 E-F轴与2-3轴1处光导管照明与结构梁发生碰撞

图纸 2D 截图	模型 3D 截图

建议：

序号	光导管问题 - 002
2D 图号图名	3 层平面、5 层平面
描述	3 层和 5 层位置上有楼板，无法使用光导管

图纸 2D 截图	模型 3D 截图

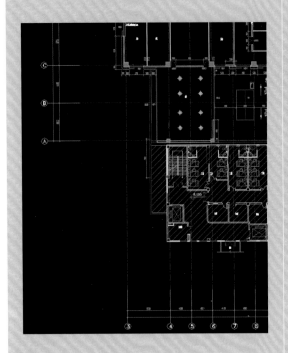

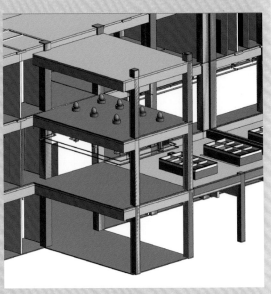

建议：

序号	光导管问题-003
2D 图号图名	12 层平面
描述	C-D 轴与 11-12 轴处光导管照明与墙发生碰撞 G-H 轴与 16-17 轴处光导管照明与墙发生碰撞

图纸 2D 截图	模型 3D 截图

建议：

F8 幕墙模拟建造报告

建筑工程数字化服务

（幕墙模拟建造报告）

工 程 名 称： ＿＿＿＿＿＿江苏省妇幼保健院住院综合楼＿＿＿＿＿＿

阶　　　　段： ＿＿＿＿＿＿＿＿＿＿施工图＿＿＿＿＿＿＿＿＿＿

内　　　　容： ＿＿＿＿＿＿＿＿幕墙模拟建造＿＿＿＿＿＿＿＿

项目负责人： ＿＿＿＊＊＊＿＿＿　审定人：＿＿＿＊＊＊＿＿＿

咨 询 单 位： ＿＿＿＿＿山东同圆数字科技有限公司＿＿＿＿＿

完 成 日 期： ＿＿＿＿＿＿＿＿＿2015-10＿＿＿＿＿＿＿＿＿

幕墙模拟建造报告单

序号	土建-001
2D图号图名	PM-02：2层幕墙平面布置图 DY-01：幕墙大样图
描述	轴网A-C交4轴，MQ11在PM-02二层幕墙平面布置图上宽度为13.1 m，与DY-01幕墙大样图上面的MQ11宽度12.9 m不符

图纸2D截图	模型3D截图
二层幕墙平面布置图	BIM模型

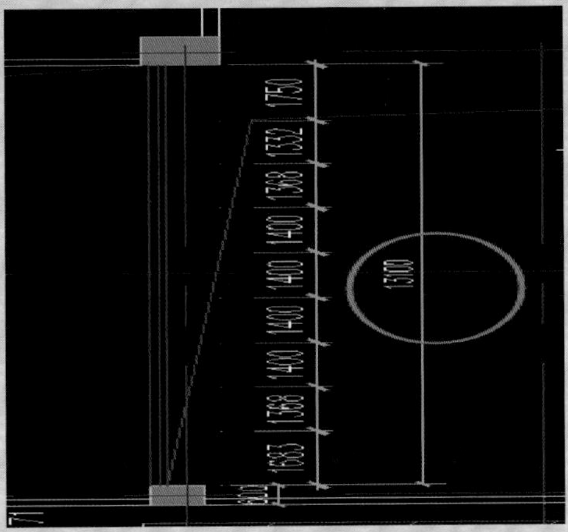

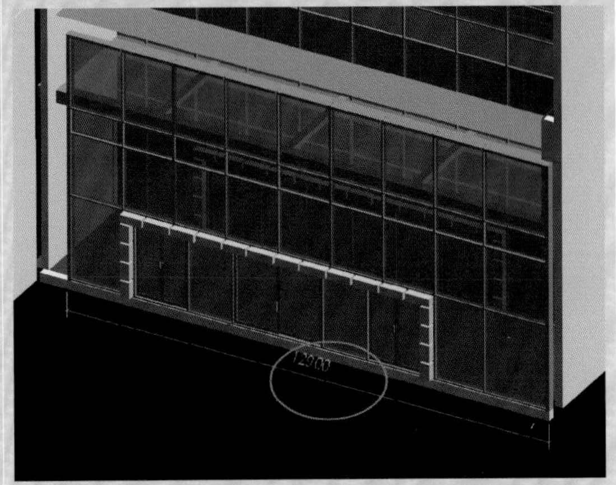

（按照DY-01幕墙大样图制作）

幕墙大样图

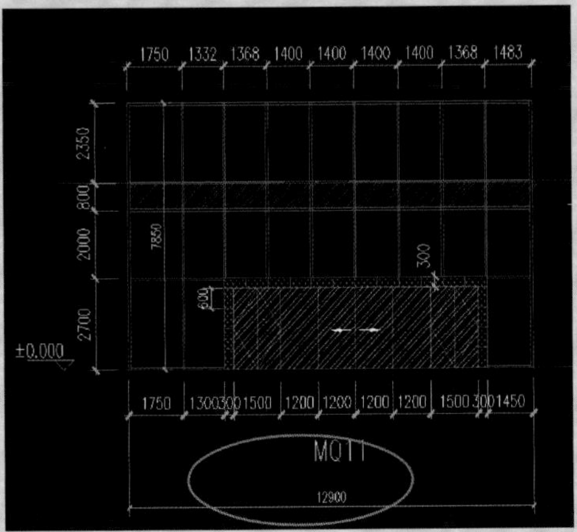

回复：

序号	土建-002
2D图号图名	PM-06：6层幕墙平面布置图 PM-05：5层幕墙平面布置图
描述	轴网C-D交3，PM-06六层幕墙平面布置图上的图纸整体出现向下偏移，与其他层不同

图纸2D截图	模型3D截图
PM-06：6层幕墙平面布置图	BIM模型

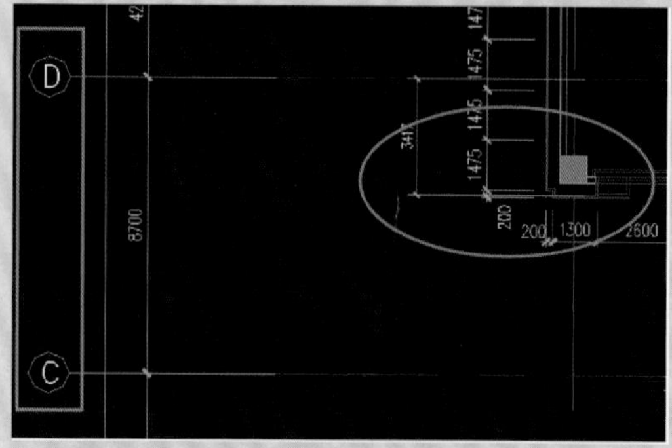

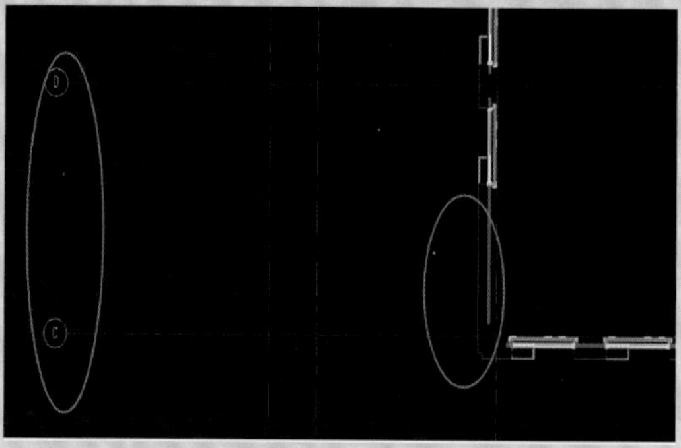

PM-05：5层幕墙平面布置图

（模型位置按照5层幕墙平面布置图定位）

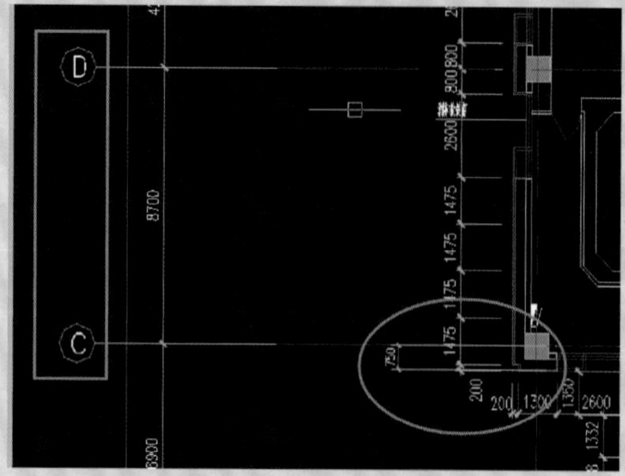

回复：

序号	土建-003
2D 图号图名	PM-03：3 层幕墙平面布置图
描述	轴网 14-17 交 A 轴，3 层幕墙平面布置图上的幕墙缺少幕墙编号和幕墙大样

图纸 2D 截图	模型 3D 截图
3 层幕墙平面布置图	BIM 模型

(幕墙按照南立面图制作)

回复：

序号	土建-004
2D 图号图名	PM－06：6 层幕墙平面布置图
描述	轴网 H－J 交 9－10，6 层幕墙平面布置图的幕墙缺少幕墙标号和幕墙大样

图纸 2D 截图	模型 3D 截图
六层幕墙平面布置图	BIM 模型

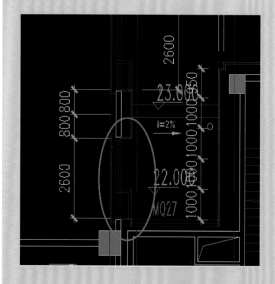

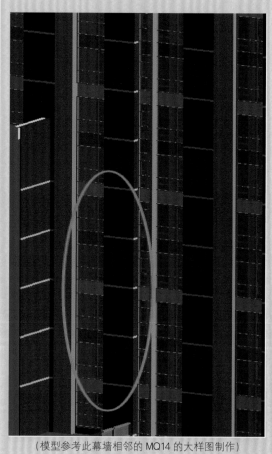

（模型参考此幕墙相邻的 MQ14 的大样图制作）

回复：

序号	土建-005
2D 图号图名	结构梁图、幕墙预埋件图纸
描述	轴网：A-C轴交3-4轴。阐述：结构图纸中在标高5.3 m的位置处没有结构梁。在幕墙预埋件图纸中是此处标高5.3 m处表示有结构梁。请甲方给予明确的指示是否此处有梁。请落实
日期	2015-12

图纸 2D 截图	模型 3D 截图
结构图纸	BIM 模型

幕墙预埋件图纸

回复：

附录 G 江苏省妇幼保健院基建办微信公众号

附录 H 近五年江苏省妇幼保健院公开发表的论文

序号	姓名	论文题目	杂志名称	时间
1	严鹏华，赵奕华，张玉彬，徐丹	突破设计局限的医院洁净手术部升级改造的探讨	中国医院建筑与装备	
2	金蕾，张玉彬，赵奕华	绿色建筑设计评价标识创建体会	中国医院建筑与装备	
3	徐丹，张玉彬，赵奕华，严鹏华	医院建设中土方工程的风险识别与控制	项目管理技术	
4	张玉彬，赵奕华	浅谈数字技术应用与医院后勤管理模式创新	中国医院建筑与装备	2015 年
5	张玉彬，罗乐，谢涛，景慎旗，黄如春	医院后勤保障日常运行成本的分类研究	现代医院管理	
6	徐丹，张玉彬，赵奕华	效益视角下的医院基建招标规范化管理研究	工程管理学报	
7	任俊霞，张玉彬，金正开，金蕾	基坑支护工程中建筑材料管控要点探讨	中国医院建筑与装备	
8	张玉彬，吕政飞，黄如春	我院智慧能源管理平台的探究与评价	中国医疗设备	2016 年
9	金蕾，张玉彬，赵奕华	混凝土浇筑质量控制的实践和体会——以江苏省妇幼保健院住院综合楼项目地下室混凝土浇筑为例	中国医院建筑与装备	
10	徐丹，赵奕华，张玉彬	医院基建项目全过程跟踪审计研究	中国医院建筑与装备	2018 年
11	严鹏华，张玉彬，赵奕华	BIM 技术在医院建设项目综合管线工程中的应用	中国医院建筑与装备	
12	金正开，张玉彬，赵奕华	BIM 技术在住院综合楼结构施工中的实践与研究	中国医院建筑与装备	
13	张玉彬，赵奕华，李迁，贾琼	基于 BIM 竣工模型的医院智慧运维系统集成研究	工程管理学报	2019 年

附录I 项目对外交流情况

序号	演讲题目	时间	会议名称	主讲人
1	BIM 在医院建设中的应用	2015 年 4 月 16 日	"医院后勤现代化管理"学习班	赵奕华
2	医院工程项目管理的探索与实践——引入新思维,建立新常态	2016 年 4 月 13 日	"医院后勤现代化管理"学习班	赵奕华
3	BIM 在住院综合楼全生命周期中应用	2016 年 5 月 21 日	第 17 届全国医院建设大会	赵奕华
4	BIM 在住院综合楼全生命周期中应用	2016 年 7 月 2 日	南京大学工程硕士微讲堂	张玉彬
5	BIM 在住院综合楼建设中的应用	2017 年 8 月 5 日	绿色医院建设高峰论坛暨 2017 年医疗建筑合成设计学术年会	赵奕华
6	医院建设项目 BIM 的应用管理研究——集成与共享	2018 年 3 月 7 日	江苏省医院协会医院建筑应用 BIM 技术学术研讨会	赵奕华
7	医院建设开办项目管理实践	2018 年 4 月 20 日	郑州后勤年会	赵奕华
8	医院建设项目 BIM 的应用分享	2018 年 5 月 20 日	第 19 届全国医院建设大会	赵奕华
9	当通话和彩绘走进医院	2018 年 5 月 19 日	第 19 届全国医院建设大会	赵奕华
10	医院机电设计集成的思考——绿色节能与服务品质的平衡	2018 年 5 月 19 日	第 19 届全国医院建设大会	张玉彬
11	妇幼保健院新楼建设与发展	2019 年 4 月 14 日	第 20 届全国医院建设大会	赵奕华
12	医技科室建设联动管理	2019 年 4 月 14 日	第 20 届全国医院建设大会	赵奕华
13	医院建设业主方集成管理要点	2019 年 4 月 14 日	第 20 届全国医院建设大会	张玉彬
14	基于 BIM 的医院空间建设	2019 年 2 月 27 日	医院建筑艺术与光环境论坛	赵奕华
15	医院供配电运维管理	2019 年 3 月 27 日	第四届全国医院后勤精细化管理高峰论坛	赵奕华
16	医院建筑设计与艺术疗愈	2019 年 6 月 16 日	现代医院室内设计与软装家具配置高峰论坛	赵奕华
17	基于全生命周期的医院后勤运维体系设计	2019 年 6 月 29 日	粤港澳大湾区明日医院建设高峰论坛	赵奕华
18	BIM 技术在江苏省妇幼保健院建设中的应用	2019 年 7 月 20 日	绿色医院建设与后勤精细化管理论坛	赵奕华
19	高效、平稳接手基建项目运维	2019 年 8 月 23 日	医院节能与后勤管理培训班	赵奕华
20	高效、平衡接手基建项目运维	2019 年 9 月 7 日	第二届京津冀医院建设论坛	赵奕华

附录 J　项目获奖情况

序号	时间	名称
1	2015 年 11 月	二星级绿色建筑设计标识证书
2	2017 年	2017 年度江苏省示范监理项目
3	2017 年	项目总负责人赵奕华获得"江苏省三八红旗手"
4	2017 年 04 月	南京市优质结构工程
5	2017 年 05 月	第 4 届全国十佳医院基建管理者，院长组——赵奕华，处科长组——张玉彬
6	2017 年 11 月	第 3 届中国建设工程 BIM 大赛卓越工程项目三等奖
7	2018 年 03 月	第 5 届中国医疗环境与健康大会——全国优秀手术室工程奖及全国优秀手术室工程建设管理奖
8	2018 年 05 月	第 19 届全国医院建设大会——最美医院
9	2018 年 07 月	南京大学工程管理学院 BIM 技术研究院，顾问赵奕华，研究员张玉彬
10	2018 年 10 月	十佳医院基建管理项目奖
11	2018 年 12 月	2017—2018 年度中国建筑工程装饰奖（幕墙工程）
12	2018 年 12 月	2018 年安装行业 BIM 技术应用成果"行业先进（III 类）"
13	2019 年 06 月	南京市优质工程奖"金陵杯"（房屋建筑工程）
14	2019 年 06 月	南京市装饰装修工程"金陵杯"奖
15	—	多次获得医院建设协会省级、国家级优秀论文一、二、三等奖

参考文献

［1］余雷,张建忠,蒋凤昌,等.BIM在医院建筑全生命周期中的应用[M].上海:同济大学出版社,2017.

［2］吴锦华,张建忠,乐云.医院改扩建项目设计、施工和管理[M].上海:同济大学出版社,2017.

［3］《中国医院建设指南》编撰委员会.中国医院建设指南[M].4版.北京:研究出版社,2019.

［4］廖阳.BIM技术在医院机电管综的应用[J].通讯世界,2015(06):198-199.

［5］郭光远,孙建成,吴永庆.BIM技术在大型医院建设过程中的应用[J].中国标准化,2017(04):106-107.

［6］吴玉凤.BIM在医院运维阶段的应用研究[J].中小企业管理与科技(上旬刊),2017(08):157-158.

［7］谢春清.基于BIM的X医院机电安装项目进度计划研究[D].大连:大连理工大学,2015.

［8］查雅.某医院工程项目设计BIM应用研究[D].郑州:郑州大学,2016.

［9］徐博升.大型医院基建工程管理信息系统的研究与应用[D].杭州:浙江理工大学,2015.

［10］庞玉成,林宁.医院建设项目的业主方集成管理研究[J].建筑经济,2012(08):42-46.

［11］General Services Administration (GSA) 3D-4D-BIM Program [EB/OL]. www.gsa.gov/bim.

［12］琚娟.基于BIM的设计施工跨阶段数据交换标准研究[J].土木建筑工程信息技术,2016,8(04):21-26.

［13］National Institute of Building Sciences. United States National

［14］Building Information Modeling Standard[R].American,Version1-Part 1Govermment Construction Strategy,Cabinet Office [EB/OL]. http//www.cabinetoffice.gov.uk/.

［15］祝连波,田云峰.我国建筑业BIM研究文献综述[J].建筑设计管理,2014(02):33-37.

［16］贺灵童.RIM在全球的应用现状[J].工程质量,2013,31(3):12-19

［17］N Gu, K London. Understanding and facilitating BIM adoption in the AEC industry[J].Automation in construction,2010,19:988-999.

［18］Foad Faizi, Marzieh Noorani, Abdolkarimet Ghaedi. Design an Optimum Pattern of Orientation in Residential Complexes by Analyzing the Level of Energy Consumption (Case Study:Maskan Mehr Complexes, Tehran,Iran)[J].Procedia Engineering,2011,21:1179-1187.

［19］Athanasios Tsanas, Angeliki Xifara. Accurate quantitative estimation of energy performance of residential buildings using statistical machine learning tools[J].Energy and Buildings,2012,49:560-567.

［20］Tauscher, Mikulakova, Beucke. Automated generation of construction schedules based on the IFC object model [J].Computing in civil engineering, 2009:666-674.

［21］H Hamid, B Burcin. A research outlook for real-time information management by integrating advanced field data acquisition systems and building information modeling[J].Journal of Construction Engineering,2009,2.

［22］H Behzadan Amir, Asif Iqbal, R Kamat Vineet, A collaborative augmented reality based modeling environment for construction engineering and management education[M].2011.

［23］Tamera, Lee Mcuen, Scheduling, estimating and BIM:A profitable combination[M].2008.

[24] Changfeng Fu, Chassan Aound, Angela Lee. IFC model viewer to support nD model application[J].Automation in Construction,2006(15):178-185.

[25] Eastman, Teicholz, Sackset, BIM handbook: A guide to building information modeling for owners, managers, designers, engineers and contractors[M]. Wiley: Hoboken,2011.

[26] 李恒,郭红领,黄霆,等.BIM 在建设项目中应用模式研究[J].工程管理学报,2010,24(5):525-529.

[27] 李明瑞.基于 BIM 技术的建筑工程项目集成管理模式研究[D].南京:南京林业大学,2015.

[28] 清华大学软件学院 BIM 课题组.中国建筑信息模型标准框架研究[J].土木建筑工程信息技术,2010,2(2):1-5.

[29] 寿文池.BIM 环境下的工程项目管理协同机制研究[D].重庆:重庆大学,2014.

[30] 沈维龙.基于 BIM 技术的建筑设备协同设计研究[D].南京:南京师范大学,2015.

[31] 李志静.跨组织间 BIM 协同应用的实施模式研究[D].哈尔滨:哈尔滨工业大学,2015.

[32] 何关培.我国 BIM 发展战略和模式探讨(一)[J].土木建筑工程信息技术,2011,3(2):114-118.

[33] 何关培.我国 BIM 发展战略和模式探讨(二)[J].土木建筑工程信息技术,2011,3(3):112-117.

[34] 何关培.我国 BIM 发展战略和模式探讨(三)[J].土木建筑工程信息技术,2011,3(4):112-117.

[35] 祝连波,田云峰.我国建筑业 BIM 研究文献综述[J].建筑设计管理,2014,2:33-36

[36] 何清华,潘海涛,李永奎,等.基于云计算的 BIM 实施框架研究[J].建筑经济,2012,5:86-89.

[37] 李相荣.BIM(建筑信息模型)应用于房地产项目管理信息化[D].北京:北京交通大学,2011.

[38] 何晨琛.基于 BIM 技术的建设项目进度控制方法研究[D].武汉:武汉理工大学,2013.

[39] 张树捷.BIM 在工程造价管理中的应用研究[J].建筑经济,2012,2:20-24.

[40] 李静,方后春,罗春贺.基于 BIM 的全过程造价管理研究[J].建筑经济,2012,9:96-100.

[41] 殷小非.基于 BIM 和 IPD 协同管理模式的建设工程造价管理研究[D].大连:大连理工大学,2015.

[42] 张建平,李丁,林佳瑞,等.BIM 在工程施工中的应用[J].施工技术,2012,41(371):10-17.

[43] 柳娟花.基于 BIM 的虚拟施工技术应用研究[D].西安:西安建筑科技大学,2012.

[44] 范喆.基于 BIM 技术的施工阶段 4D 资源动态管理[D].北京:清华大学,2010.

[45] 姜韶华,李倩.基于 BIM 的建设项目文档管理系统设计[J].工程管理学报,2012,26(1):59-63.

[46] 黄治国.建筑工程项目信息管理中技术应用研究[D].北京:北京交通大学,2016.

[47] 徐磊.建设工程数字化集成管理研究[D].济南:山东建筑大学,2015.

[48] David Dixon. Integated Support For Project Management[J]. Imperial Software Technology, 1990.

[49] L Riggs Jeffrey, B Brown Sheila, P Trueblood Robert. Integration of technical, cost, and schedule risks in project management[J]. Computers & Operations Research, 1994, 5(21): 521-533.

[50] L Kanapeckiene, A Kaklauskas, K Zavadskas E. Integrated knowledge management model and system for construction projects[J]. Engineering Applications of Artificial Intelligence,2010,7(23): 1200-1215.

[51] Xiaojing Tu, Weimin Feng.Integrated Management of Construction Project Based on Knowledge Base[J]. Advanced Materials Research Journal, 2011: 243-249.

[52] Mohan M.Kumaraswamy, Florence Yean Yng Ling, M. Motiar Rahman, Constructing Relationally Integrated

Teams[J].Journal of Construction Engineering and Management,2005,131(10):1076-1086.

[53] Bosher L, Dainty A, Carrillo P; et al. Integrating disaster risk management into construction: a UK perspective [J].Building Research and information, 2007,35(2):163-177.

[54] 王丰碑.基于BIM技术的建筑工程信息查询系统设计与应用[D].郑州:郑州大学,2016.

[55] 盛昭瀚,游庆仲,李迁.大型复杂工程管理的方法论和方法:综合集成管理-以苏通大桥为例[J].科技进步与对策,2008,25(10):193-197.

[56] 张国宗.大型公益建设项目全寿命集成管理模式研究[J].技术经济与管理研究, 2009(06): 52-55.

[57] 徐武明,徐玖平.大型工程建设项目组织综合集成模式[J].管理学报,2012(01): 132-138.

[58] 赵丽坤.工程项目综合集成化管理模式研究[D].天津:河北工业大学, 2003.

[59] 郭晓霞.建设工程项目集成管理系统的研究[D].西安:西安建筑科技大学,2005.

[60] 田野.我国大型建设项目多维度集成管理及其评价研究[D].成都:西南交通大学,2007.

[61] 夏胜权.基于综合集成研讨厅的工程项目集成风险管理研究[J].科技信息,2009(25):434-435.

[62] 王华,尹伊林,吕文学.现代建设项目全寿命周期组织集成的实现问题[J].工业工程,2005(02):38-41.

[63] 薛小龙.建设供应链协调及其支撑平台研究[D].哈尔滨:哈尔滨工业大学,2006.

[64] 戚安邦.多要素项目集成管理方法研究[J].南开管理评论,2002.06:70-75.

[65] 刘尔烈,蔡耿谦.工程项目集成化管理[J].港工技术, 2001(04):19-21.

[66] 涂小京.建筑工程项目信息化集成管理技术及系统研究[D].武汉:武汉科技大学, 2012.

[67] 仉冰.工程集成化管理理论与创新[D].大连:大连理工大学, 2005.

[68] 陈敬武,袁鹏武.建设项目目标集成管理模式研究[J].施工技术, 2008(02):9-11.

[69] 万冬君.基于全寿命期的建设工程项目集成化管理模式研究[J].土木工程学报,2012(S2):267-271.

[70] Tamera, Lee Mcuen, Scheduling, estimating and BIM: A profitable combination[M].2008.

[71] Ospina Alvarado, Castro Lacouture. Interaction of processes and phases in project scheduling using BIM for AECFM integration[J].Construction Research Congress,2010:939-947.

[72] Changfeng Fu, Chassan Aound, Angela Lee. IFC model viewer to support nD model application[J]. Automation in Construction,2006(15): 178-185.

[73] 丁卫平,陈建国.4D技术在工程项目管理中的应用和发展趋势[J].基建优化,2004, 25(4):1-4.

[74] 张洋.基于BIM的建筑工程信息集成与管理研究[D].北京:清华大学,2009.

[75] 张海燕.基于BIM的建设领域文本信息管理研究[D].大连:大连理工大学,2013.

[76] 陈彦,戴红军,刘晶,等.建筑信息模型(BIM)在工程项目管理信息系统中的框架研究[J].施工技术,2008(02):5-8.

[77] 郑聪.基于BIM的建筑集成化设计研究[D].长沙:中南大学,2012.

[70] 潘怡冰,陆鑫,黄晴 基于BIM的大型项目群信息集成管理研究[J].建筑经济,2012(03):41-43.

[79] Eastman,C.The Use of Computers Instead of Drawings[J].AIA.1975(03):46-50.

[80] Goldberg,H.E.The Building Information Model[J].CADalyst, 2004,21:56-58.

[81] 丁士昭.建设工程信息化导论[M].北京:中国建筑工业出版社,2006.

[82] NIBS National BIM Standard Project Committee. National BIM Standard[EB/OL]. http://llcic.vtt. fi/projectets/vbe-net/data/What is the NBIMS .pdf,5-12.

[83] 宋勇刚.BIM 在项目设计阶段的应用研究[D].大连:大连理工大学,2014.

[84] 蒋铮鹤,陈礼仪.基于全寿命周期的变电站设计集成研究[J].工程管理学报,2010,24(03):304-307.

[85] America, A. The Contractors Guide to BIM. URL:http://iweb.agc.org/iweb/Purchase/Product Detail.aspx, 2005.

[86] Azhar, S.Building Information Modeling (BIM):Trends, Benefits, Risks, and Challenges for the AEC Industry. Leadership and Management in Engineering[J]. 2011.11(3):p.241-252.

[87] Group, C.I.C.R.. BIM project execution planning guide[D]. Pennsylvania State University, 2010.

[88] Ethridge D E.Research Methodology in Applied Economics:Organizing,Planning,and Conducting Economic Research [M].Ames,Iowa:Iowa Status University Press,1995.

[89] 李金海.基于霍尔三维结构的项目管理集成化研究[J].河北工业大学学报, 2008(04):25-29.

[90] 钱学森,于景元,戴汝为.一个科学新领域—开放的复杂巨系统及其方法论[J].自然杂志,1990,13(2):3-10.

[91] 曾永乐.基于全寿命周期的工程项目管理复杂性分析与评估[D].南京:南京大学,2013.

[92] 张飞涟,郭三伟,杨中杰.基于 BIM 的建设工程项目全寿命期集成管理研究[J].铁道科学与工程学报,2015,12(03):702-708.

[93] 张玉彬,赵奕华.浅谈数字技术应用与医院后勤管理模式创新[J].中国医院建筑与装备,2015(11):85-86.

[94] 刘素琴.BIM 技术在工程变更管理中设计阶段的应用研究[D].南昌:南昌大学,2014.

[95] 张建新.建筑信息模型在我国工程设计行业中应用障碍研究[J].工程管理学报,2010,8(4):387-392.

[96] 李永奎,何清华,钱丽丽,等.在国内外应用的现状及障碍研究[J].工程管理学报.2012(01):12-16.

[97] 赵霞.建筑工业 4.0 视角下基于 BIM 的建筑集成设计方法研究[D].北京:北京交通大学,2015.

[98] 聂娜,周晶.综合集成管理下的大型工程组织系统[J].系统科学学报.2013,21(3):46-49.

[99] 刘丽文.生产与运作管理[M].北京:清华大学出版社,2014.

[100] 戚安邦.现代项目组织集成管理模型与方法的研究[J].项目管理技术,

[101] 盛昭瀚.大型工程综合集成管理[M].北京:科学出版社,2009.

[102] 冯谈,郭容赛,刘一宁.三维 GIS 应用于规划审批中的关键技术研究[J].测绘通报,2012,S1:555-558.

[103] 张兵,甄志禄.复杂建设工程项目管理协同文化构建研究[J].西安电子科技大学学报(社会科学版),2014,24(03):9-15.

[104] 王冠军.基于 BIM 的工程项目组织沟通管理研究[D].长沙:中南大学,2013.

[105] 师征.基于 BIM 的工程项目管理流程与组织设计研究[D].西安:西安建筑科技大学,2012.

[106] 徐武明,徐玖平.大型工程建设项目组织综合集成模式[J].管理学报.2012,9(1):132-138.

[107] 李迁,盛昭瀚.大型工程决策的适应性思维及其决策管理模式[J].现代经济探讨,2013(08):47-51.

[108] 李迁,游庆仲,盛昭瀚.大型建设工程的技术创新系统研究[J].科学学与科学技术管理,2006(12):93-96.

[109] 许婷,盛昭瀚,李江涛.基于综合集成的复杂工程管理体系研究 [J].复杂系统与复杂性科学.2008,5(03):

51-53.

[110] 程书萍,王茜,李迁.关于综合集成管理职能的探索[J].科学决策,2009(01):1-5.

[111] 王卉佳.基于系统理论的大型工程建设项目工程文化的构建研究[D].南京:南京大学,2011.

[112] Thevenran V,Mawdesley M J.Perception of human risk fac-tors in construction projects: an exploratory study [J].International Journal of Project Management,2004,2(22):131-137

[113] EHW CHAN,MCYAU.Building contractors' behavioral pattern inpricing weather risks[J].International Journal of Project Manage-ment,2007,6(25):615-626.

[114] Anderson,E.S.Understanding Your Project Organi-zation's Character[J].Project Management Journal,2003,34 (4):4-11.

[115] Wideman,R.M. Managing the Project Environment[J]. AEW Services,1990,12(2):24-36.

[116] 梁逍.BIM 在中国建筑设计中的应用探讨[D].太原:太原理工大学,2015.

[117] 蔡悠笛.基于 BIM 技术的建筑设备设计与性能分析研究[D].北京:北京建筑大学,2014.

[118] 李甜.BIM 协同设计在某建筑设计项目中的应用研究[D].成都:西南交通大学,2013.

[119] 王磊,余深海.基于 Revit 的 BIM 协同设计模式探讨[C]//第十四届全国现代结构工程学术研讨会论文集 天津:天津大学,2014:1756-175.

[120] 张波.O2O:移动互联网时代的商业革命[M].北京:机械工业出版社,2014.

[121] 赵霞.建筑工业 4.0 视角下基于 BIM 的建筑集成设计方法研究[D].北京:北京交通大学,2015.

[122] 郑聪.基于 BIM 的建筑集成化设计研究[D].长沙:中南大学,2012.

[123] 张峥.基于 BIM 技术条件下的工程项目设计工作流程的新型模式[D].北京:北京建筑大学,2015.

[124] 马婕.工程项目管理协同体系模型构建研究[D].兰州:兰州理工大学,2016.

[125] 桑培东,肖立周,李春燕,等.BIM 在设计－施工一体化中的应用[J].施工技术,2012,41(16):25-26.

[126] 胡振中.基于 BIM 和 4D 技术的建筑施工冲突与安全分析管理[D].北京:清华大学,2009.

[127] 段玉娟.基于 BIM 信息集成平台的施工总承包成本动态控制[D].西安:长安大学,2013.

[128] 周鹏超.基于 4D-BIM 技术的工程项目进度管理研究[D].南昌:江西理工大学,2015.

[129] 张睿奕.基于 BIM 的建筑设备运行维护可视化管理研究[D].重庆:重庆大学,2014.

[130] 葛文兰等.BIM 第二维度—项目不同参与方的 BIM 应用[M].北京:中国建筑工业出版社,2011.

[131] 杨子玉.BIM 技术在设施管理中的应用研究[D].重庆:重庆大学,2014.

[132] 丁镇棠.大型基础设施工程环境治理中的跟踪审计与公众参与机制研究[D].南京:南京大学,2013.

[133] 王勇.建筑设备工程管理[M].重庆:重庆大学出版社,2004.

[134] 科茨.设施管理手册:超越物业管理[M].北京:中信出版社,2001.

[135] 陈沛章,余龙江,钟燕雄.医院设备管理系统的设计与实现[J].北京生物医学工程,2005(10):341-346.

[136] 曹吉鸣,张军青,缪莉莉.基于 WSR 的设施管理三维要素模型及要素分析[J].经济论坛,2009(20):112-116.

[137] 王汝杰,石博强.现代设备管理[M].北京:冶金工业出版社,2007.

[138] 孙悦.基于 BIM 的建设项目全生命周期信息管理研究[D].哈尔滨:哈尔滨工业大学,2011.

[139] 葛文兰,等.BIM 第二维度—项目不同参与方的 BIM 应用[M].北京:中国建筑工业出版社,2011.

[140] 戴文莹.基于 BIM 技术的装配式建筑研究——以"石榴居"为例[D].武汉:武汉大学,2017.

[141] 张玉琢,张德海,张岐.装配式预制构件 BIM 数据库资源集成机制构件研究[J].智能城市,2019(6):6-7.

[142] 任志涛,郭林林,郝文静.基于 BIM 的装配式建筑项目集成管理模型研究[J].建筑经济,2018(9):27-30.

[143] 肖莉萍.基于 BIM 的施工资源动态管理与优化[D].南昌:南昌航空大学,2015.

[144] 王婷,任琼琼,肖莉萍.基于 BIM5D 的施工资源动态管理研究[J].土木建筑工程信息技术,2016(3):57-61.

[145] 肖阳.BIM 技术在装配式建筑施工阶段的应用研究[D].武汉:武汉工程大学,2017.

[146] 葛斌.BIM 技术在业主方项目管理中的应用效果研究[D].重庆:重庆交通大学,2015.

[147] 刘星.基于 BIM 的工程项目信息协同管理研究[D].重庆:重庆大学,2016.

[148] 冯刚.基于 BIM 的建设工程安全管理体系研究[D].武汉:武汉理工大学,2015.

[149] 张姝.基于 BIM 的建设工程合同管理研究[D].北京:北京建筑大学,2015.

[150] 张强.基于 BIM 的建筑工程全生命周期信息管理研究[D].武汉:武汉工程大学,2017.

[151] 魏建峰.业主基于 BIM 技术的建设工程全生命周期项目管理研究[D].大连:大连理工大学,2016.